乐高 LEGO

简单机械创意设计

程罡　程嘉名◎编著

清華大学出版社
北　京

内 容 简 介

本书定位于乐高入门级培训和技术指导，讲解了5个大类20多件乐高MOC作品，内容涵盖动物、游乐机械、人形机器人、趣味玩具等诸多领域。本书案例丰富多彩、构思巧妙、引人入胜，达到国内同类图书的高水准。本书将看似复杂高深的机械原理用有趣的乐高案例进行展示，做完书中的20多个有趣的案例，读者能在不知不觉中就掌握一些简单的机械原理和设计、搭建技巧，熟悉了乐高零件的使用方法进而对乐高搭建产生浓厚的兴趣。

图书在版编目(CIP)数据

乐高简单机械创意设计 / 程罡，程嘉名编著. —北京：清华大学出版社，2020（2025.3重印）
ISBN 978-7-302-54116-5

Ⅰ. ①乐…　Ⅱ. ①程… ②程…　Ⅲ. ①智能机器人—设计　Ⅳ. ①TP242.6

中国版本图书馆CIP数据核字（2019）第247731号

责任编辑：魏　莹
封面设计：杨玉兰
版式设计：方加青
责任校对：周剑云
责任印制：刘海龙

出版发行：清华大学出版社
网　　址：https://www.tup.com.cn, https://www.wqxuetang.com
地　　址：北京清华大学学研大厦A座　**邮　　编：**100084
社 总 机：010-83470000　**邮　　购：**010-62786544
投稿与读者服务：010-62776969，c-service@tup.tsinghua.edu.cn
质 量 反 馈：010-62772015，zhiliang@tup.tsinghua.edu.cn
印 装 者：北京博海升彩色印刷有限公司
经　　销：全国新华书店
开　　本：185mm×230mm　**印　　张：**15　**字　　数：**167千字
版　　次：2020年1月第1版　**印　　次：**2025年3月第5次印刷
定　　价：79.00元

产品编号：081481-01

前言

乐高经过将近 90 年的发展，逐渐成为一个庞大的积木王国，其中的科技系列产品对于学机械的人有着不可抗拒的魅力，它简直就是真实机械的玩具翻版，使用这些原件几乎可以做出任何你能想到的机械装置。

乐高之于机械结构设计，具有以下几大优势。

一、零件精度高。尽管乐高零件绝大多数都是塑料材质的，但是其具有极高的精度（误差小于百分之一毫米）。乐高的组装完全依靠零件之间的摩擦力，不用螺钉，不用胶水。零件之间的公差配合极为精准，无论是需要间隙配合还是需要阻尼的场合，都做得恰到好处，几千个零件装配在一起都能流畅地运行，用户体验极佳。

二、互换性好。乐高零件具有极佳的互换性和规整性，所有零件都采用统一的模数，只要设计合理，零件之间绝不会出现相互干涉的情况。

三、零件种类多。乐高零件的种类，据统计已经达到了 5300 多种。用这些零件进行机械结构设计，可以创造出的模型几乎是无限的，限制你的只能是想象力了。

从事机械设计的人都应该玩玩乐高，它无须机加工，无须热处理，无须复杂的工具，无须形形色色的材料，只要一双手和一堆零件，在教室、办公室或者家里就能做出一台真正能用的机器，何其神奇、何其有趣！

喜欢动手的孩子也应该玩玩乐高，玩的过程中可以培养孩子多方面的能力，尤其是动手能力和创意能力，这在书本和课堂上很难学到。机械结构也是时下流行的机器人教育的重要组成部分。

本书尝试用乐高表现机械结构，从连杆到能执行一定任务的简单机器，案例的类型尽可能的丰富；从纸飞机发射器到机械钟，从折叠道闸到两足行走机器人，以期给读者带来更多的启发和参考。

在形式上，本书也与时俱进地尝试了“互联网 +”的模式。纸质图书表现动态的机械结构具有天然的不足，因此在需要展示动态效果的环节，我们加上了手机扫描二维码在线观看的服务，使读者以最便捷的方式看到案例的动态视频，可对案例有更加全方位的了解。

为了更好地服务读者，我们还提供了网络技术支持平台，建立了微信公众号和微信群。书中案例我们都配有完整的搭建步骤图。由于篇幅所限，书中的步骤图跨度比较大，可能会造成部分读者搭建困难。在搭建中有需求的读者可以通过网络技术支持平台获取。在学习本书的过程中，读者如有任何技术问题或意见、建议也可以与我们联系。

微信公众号名称：小小工程师

微信群名称：《乐高简单机械创意设计》读者服务

本书在创作过程中，尽量秉持坚持原创精神，但是也不可避免地参考了国内外高手、大神的创意，条件所限无法一一告知，再次一并致歉并表示衷心感谢！

限于笔者的水平，本书错讹之处在所难免，欢迎广大读者不吝赐教，多多批评指正，笔者不胜感激。

编者

目录 CONTENTS

第 1 章　认识乐高……1

1.1　乐高科技和 MOC……1
1.1.1　乐高科技史话……1
1.1.2　MOC……2
1.2　乐高零件概述……3
1.2.1　从砖到科技梁……3
1.2.2　乐高中的销……4
1.2.3　轴类零件……5
1.2.4　齿轮……6
1.2.5　交叉块……7
1.3　有趣的乐高术语……7
1.4　乐高工具……9
1.4.1　拆卸工具……9
1.4.2　搭建软件……10

第 2 章　简单机械结构……13

2.1　十字沟槽机构……13
2.1.1　概述……13
2.1.2　动态效果……13
2.1.3　搭建指南……14
2.2　齿条往复机构……18
2.2.1　概述……18
2.2.2　动态效果……18
2.2.3　搭建指南……19
2.2.4　结构解析……23
2.3　虚拟轴连杆机构……23
2.3.1　概述……23
2.3.2　动态效果……23
2.3.3　搭建指南……24
2.4　齿轮连杆机构……27
2.4.1　概述……27
2.4.2　动态效果……27
2.4.3　搭建指南……28
2.5　直角传动机构……31
2.5.1　概述……31
2.5.2　动态效果……31
2.5.3　搭建指南……32
2.5.4　结构解析……35
2.6　偏心传动机构……35
2.6.1　概述……35
2.6.2　动态效果……35
2.6.3　搭建指南……36

第 3 章　马达和结构……40

3.1　纸飞机发射机……40
3.1.1　作品概述……40
3.1.2　动态效果……40

3.1.3 搭建指南 …… 41
3.1.4 零件指南 …… 45
3.1.5 结构解析 …… 45
3.2 机械钟 …… 46
3.2.1 作品概述 …… 46
3.2.2 动态效果 …… 46
3.2.3 搭建指南 …… 47
3.2.4 零件指南 …… 51
3.2.5 结构解析 …… 52
3.3 机器飞鸟 …… 53
3.3.1 作品概述 …… 53
3.3.2 动态效果 …… 54
3.3.3 搭建指南 …… 54
3.3.4 零件指南 …… 59
3.3.5 结构解析 …… 60
3.4 逆旋风车 …… 61
3.4.1 作品概述 …… 61
3.4.2 动态效果 …… 62
3.4.3 搭建指南 …… 62
3.4.4 零件指南 …… 67
3.4.5 结构解析 …… 68

第 4 章 简单机械装置 …… 69

4.1 滑动式机械门 …… 69
4.1.1 作品概况 …… 69
4.1.2 动态效果 …… 69
4.1.3 搭建指南 …… 71
4.1.4 零件指南 …… 76
4.1.5 结构解析 …… 76
4.2 三片式旋转门 …… 77
4.2.1 作品概况 …… 77
4.2.2 动态效果 …… 78
4.2.3 搭建指南 …… 78
4.2.4 零件指南 …… 87
4.2.5 结构解析 …… 88
4.3 简单两足行走机构 …… 88
4.3.1 作品概况 …… 88
4.3.2 动态效果 …… 89
4.3.3 搭建指南 …… 89
4.3.4 零件指南 …… 94
4.3.5 结构解析 …… 95
4.4 手动陀螺加速器 …… 96
4.4.1 作品概况 …… 96
4.4.2 动态效果 …… 97
4.4.3 搭建指南 …… 97
4.4.4 零件指南 …… 102
4.4.5 结构解析 …… 102

第 5 章 实用机械装置 …… 104

5.1 单杠机器人 …… 104
5.1.1 概述 …… 104
5.1.2 动态效果 …… 104
5.1.3 搭建指南 …… 105
5.2 手机支架 …… 111
5.2.1 概述 …… 111
5.2.2 动态效果 …… 112
5.2.3 搭建指南 …… 112
5.3 变形折叠桌 …… 118

5.3.1 概述……118
5.3.2 动态效果……118
5.3.3 搭建指南……119
5.4 折叠道闸……124
5.4.1 作品概述……124
5.4.2 动态效果……124
5.4.3 搭建指南……125
5.5 发条流星锤……129
5.5.1 作品概述……129
5.5.2 动态效果……130
5.5.3 搭建指南……130
5.5.4 零件指南……136
5.6 发条伸缩车……136
5.6.1 作品概况……136
5.6.2 动态效果……137
5.6.3 搭建指南……137

第6章 动力车辆……145

6.1 漂移车……145
6.1.1 作品概况……145
6.1.2 动态效果……145
6.1.3 零件指南……145
6.1.4 搭建指南……147
6.1.5 结构解析……152
6.1.6 工作原理……153
6.2 扭扭车……154
6.2.1 作品概况……154
6.2.2 动态效果……154
6.2.3 零件指南……155
6.2.4 搭建指南……155
6.2.5 结构解析……163
6.3 绘图车……163
6.3.1 作品概况……163
6.3.2 动态效果……164
6.3.3 零件指南……164
6.3.4 搭建指南……166
6.3.5 结构解析……171
6.4 尺蠖车……172
6.4.1 作品概况……172
6.4.2 动态效果……173
6.4.3 零件指南……173
6.4.4 搭建指南……174
6.4.5 原理解析……179

第7章 简单机器……181

7.1 花环绘图机……181
7.1.1 作品概况……181
7.1.2 动态效果……182
7.1.3 搭建指南……183
7.1.4 零件指南……189
7.1.5 结构解析……189
7.2 两足机器人……190
7.2.1 作品概况……190
7.2.2 动态效果……191
7.2.3 搭建指南……192
7.2.4 零件指南……197
7.2.5 结构解析……198
7.3 机器人推车……199

7.3.1 作品概况……199
7.3.2 动态效果……200
7.3.3 搭建指南……200
7.3.4 零件指南……207
7.3.5 结构解析……208
7.4 跑步机器人……209
7.4.1 作品概况……209
7.4.2 动态效果……209
7.4.3 搭建指南……210
7.4.4 零件指南……221
7.4.5 结构解析……222
零件总表……224

第1章

认识乐高

1.1 乐高科技和 MOC

本书所讲解的机械创意模型设计所采用的器材隶属于乐高科技类原件，因此，我们先从乐高科技元件的发展历程开始介绍。

1.1.1 乐高科技史话

乐高科技作为乐高中的一个门类，已经有超过 40 年的历史了。

1977 年，两位设计师 Jan Ryan 和 Eric Bach 为了让乐高经典积木有更强的可玩性，跳脱以往玩积木的思路，倾力打造了乐高机械组系列。无论是想像大人一样玩的小朋友，还是想像孩子一样玩的大人，都能从乐高机械组系列中收获满满的乐趣。图 1-1 所示为乐高科技 40 周年纪念海报。

图 1-1　乐高科技 40 周年纪念海报

当年还发布了两款乐高科技套装的开山之作 Technic Car Chasis（853）和 Helicopter（852），图 1-2 所示为乐高 853 包装盒。

图 1-2　乐高 853 包装盒

乐高由此开创了一个新的产品门类，并且不断发展壮大。早期的科技系列作品都是静态的，也就是不带有马达的。直到 1996 年，乐高发布了一款具有划时代意义的套装——太空穿梭机（8480），这款产品第一次使用了马达。从此，乐高科技系列进入了电动时代，图 1-3 所示为乐高太空穿梭机 8480 包装盒。

图 1-3　乐高太空穿梭机 8480

到了 2007 年，科技系列再次进化，推出了 PF 系统。PF 是 Power Function 的缩写，包括各种马达、遥控器、遥控接收器和电池箱等。读者可以给作品装上灯光，还可以实现远程无线遥控，使模型的可玩性大幅度提高！

PF 按照功能分可为三大类：电源、控制元件和马达。图 1-4 所示为两种 PF 遥控器和遥控接收器。

未来，乐高还会推出什么样的科技新元件？让我们一起拭目以待。

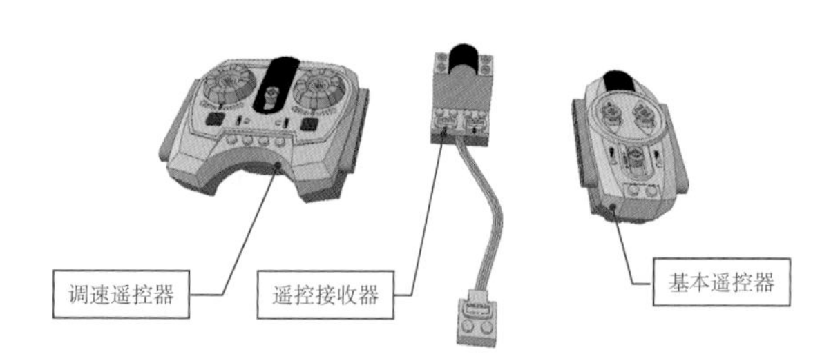

图 1-4　遥控器和遥控接收器

1.1.2　MOC

大多数乐高爱好者接触乐高都是购买官方发布的套装，按照图纸进行搭建。很多人玩乐高也就止步于此了。但是，有一部分爱好者发展到了一个更高的境界，这就是 MOC。

MOC 的全称是 My Own Creation，直译过来就是“我自己创建”，即跳出官方套装（Set）的框架，完全依靠玩家自己的想象力去创造新的模型。

乐高官方几年前推出了一个名为 LEGO Ideas 的项目，旨在鼓励玩家发挥想象力创作新的套装，然后把自己的作品公布在 LEGO Ideas 上，接受来自全球玩家的投票，每年最受欢迎的几款作品可能会有机会成为下一年度的官方套装上市销售。

最早的我的世界 21102、美剧迷超爱的生活大爆炸 21302，以及最近备受摇滚乐迷关注的黄色潜水艇 21306 是 ideas 系列的代表产品，图 1-5 所示为黄色潜水艇 21306。

图 1-5　黄色潜水艇（21306）

MOC 虽然大部分不是出自专业乐高设计师之手（也有部分是乐高注册设计师的个人作品），但其中不乏一些与官方作品平分秋色甚至能够超越官方的大作。基本上高级乐高玩家都在 MOC。

加拿大乐高玩家 Jason Allemann 的 MOC 作品 Maze（立体迷宫），最终被开发成乐高官方ideas套装21305，如图1-6所示。

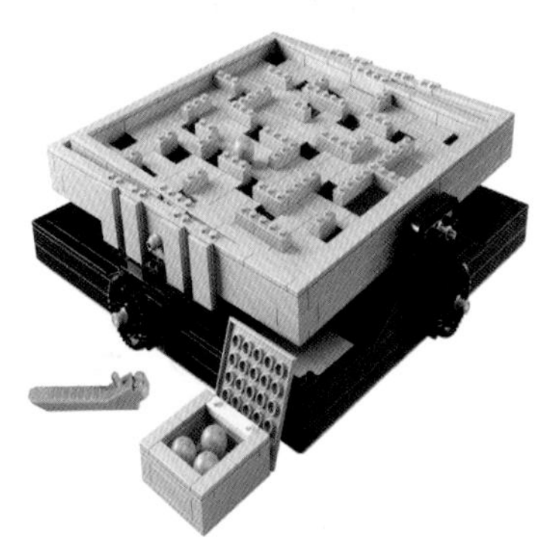

图 1-6 Jason Allemann 和乐高迷宫（21305）

自己的MOC作品最终能成为乐高官方套装，这是每个乐高玩家的至高荣耀。

1.2 乐高零件概述

1.2.1 从砖到科技梁

乐高从创始至今已将近一个世纪，其产品的门类逐渐从积木扩展到科技元件和机器人元件。

砖块是乐高中历史最为悠久的品种，乐高几乎已经成了积木的代名词。乐高砖块的最主要特征是长方体的砖块上有圆柱状的凸点。图1-7为适合学龄前儿童使用的乐高大颗粒积木。

图 1-7 乐高大颗粒积木

随着时代的发展，乐高逐渐发展，出了科技系列元件。最早的形式是在砖块上做出圆孔，这就是所谓的科技砖（Technic Brick）。科技砖上的凸点并非实心圆柱，而是空心圆柱，其圆孔的位置一般是位于两个凸点之间，如图1-8所示。

图 1-8 普通砖和科技砖

后来，乐高又出现了科技梁（Technic Beam），这种零件好像是去掉了凸点、两端加了倒圆角的科技砖，如图1-9所示。

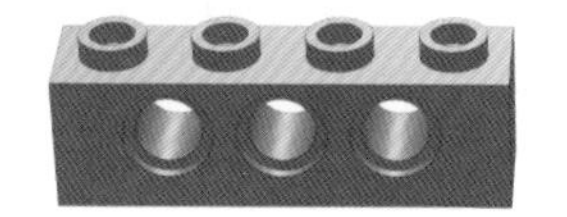

图 1-9　3 孔科技梁和 3 孔科技砖

由于科技梁体积更小，外形更圆润，做出来的作品更加紧凑美观，因此它在科技类作品中被广泛运用。时至今日，科技梁已经成为科技作品设计的主流选择，如无特殊情况，一般都不再使用科技砖进行模型设计了。

与科技砖只有直线类型的零件情况不同，科技梁衍生出很多种形状——直角的、T 字形的、弯曲的等，科技梁上除了有圆形的销孔外，有的还带有十字形的轴孔，如图 1-10 所示为部分乐高科技梁。

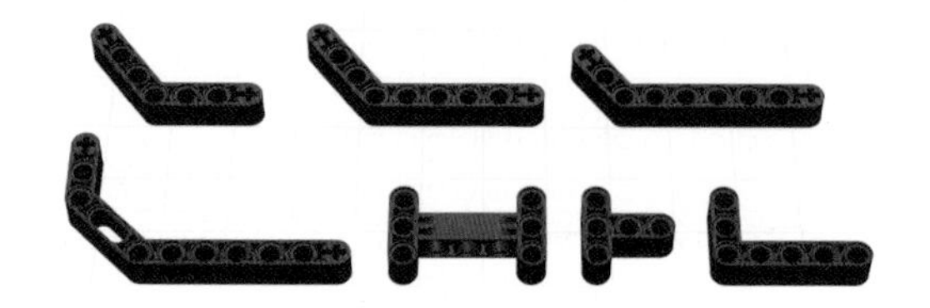

图 1-10　部分乐高科技梁

1.2.2　乐高中的销

科技梁作为模型最主要的框架构建元件，还需要各种连接元件，这就是轴销类零件。乐高中的销（Pin）种类众多，有多种分类方法。如果按照长度（乐高单位）来划分，有 1.1/4、1.1/2、1、2 和 3 单位等几种，如图 1-11 所示。

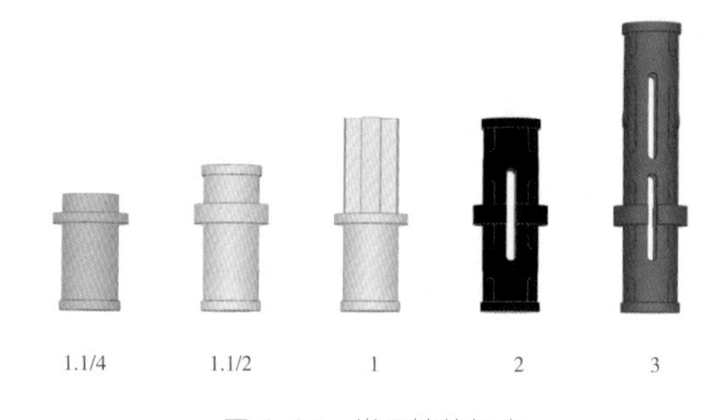

图 1-11　常见销的长度

相同规格的销还有光滑销和摩擦销之分。摩擦销上有用于增加摩擦力的小凸起，装配到销孔中形成过盈配合，因此摩擦销通常用于固定。光滑销一般用作转轴，通常二者不可混用。如图 1-12 所示为最常见的几种光滑销和摩擦销，读者选用时务必注意区分。

图 1-12　摩擦销和光滑销

图 1-12 中相同规格的两种销，左侧的是摩擦销，右侧的是光滑销。

轴销，蓝色的是摩擦销，米色的是光滑销。

2 单位销，黑色的摩擦销，浅灰色的是光滑销。

3 单位销，蓝色的是摩擦销，米色的是光滑销。

3 单位销还有几个特殊的品种，如图 1-13 所示。

图 1-13　三种特殊 3 单位销

图 1-13 中的三种销，在特定场合非常有用。其中“轴孔 + 长销”零件也被称为“大头销”，由于一端有一个凸起的轴孔口，插拔方便，经常被用于两个元件的临时连接。

1.2.3　轴类零件

轴类零件的运用非常广泛，是科技零件中十分重要的类型。目前，轴的规格共有 18 种。长度从 2 个单位开始一直到 32 个单位。其中 12 个单位以下的标准轴，每个单位都有一种规格，12 个单位以上的有 16 和 32 两种规格，如图 1-14 所示。

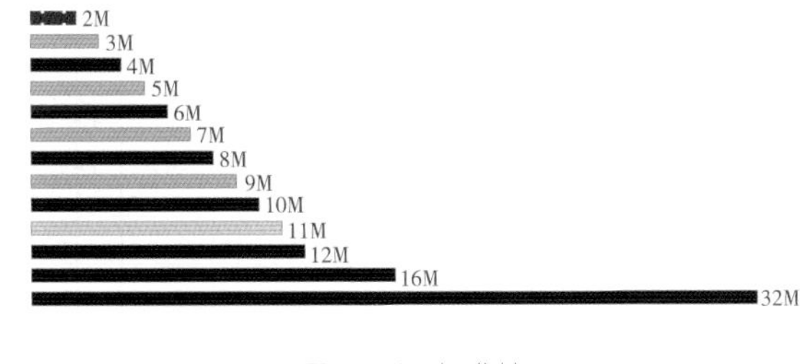

图 1-14　标准轴

为了便于区别，乐高的单数长度轴一般都是浅灰色的，偶数长度的轴一般都是黑色的。其中的 11 号轴比较少见，在设计 MOC 作品的时候尽量不要选用。

除了上述的标准轴，还有几种特殊形状的轴，如图 1-15 所示。

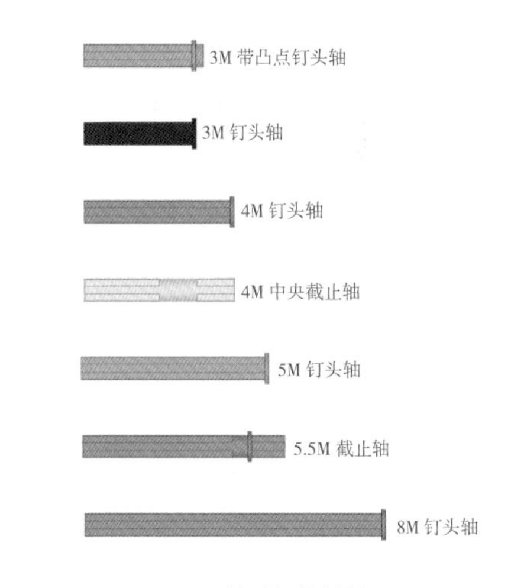

图 1-15　特殊规格的轴

上述几种轴虽然形状特殊，但是也很常用。因为带有钉头，安装在销孔中可以防止轴向的滑动，在特定的场合往往起到不可替代的作用。

轴的横断面都是十字形的，其主要功能是传动和固定。它的用途取决于轴和什么类型的零件连接。如果轴与带有十字孔的元件连接，用于固定。如果轴与销孔连接，轴就可以自由转动，用于传动。图 1-16 是本书中的一个案例，其中轴的运用起到至关重要的作用。

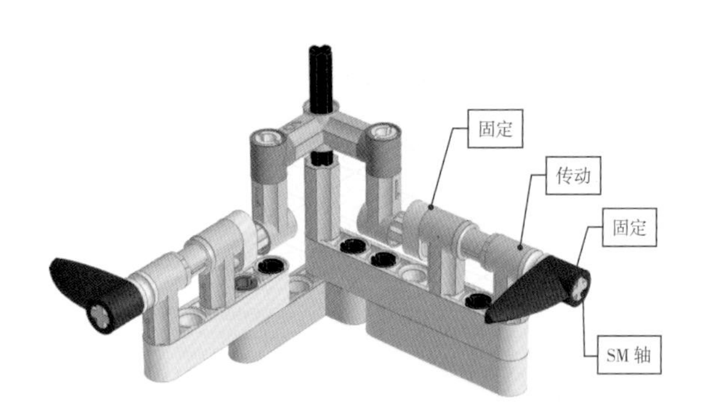

图 1-16 轴的运用

1.2.4 齿轮

对于机械结构设计，齿轮是极其重要的元件。齿轮几乎已经成了机械的代名词。

齿轮的主要作用有：

- 将动力源（马达、手摇、发条马达或者橡筋动力等）的动力传输给机械装置；
- 改变动力源输出的转速和方向；
- 改变动力源输出的扭矩。

齿轮传动具有传输稳定、扭矩大、灵活多变的特点。

乐高中所有马达输出的动力几乎都需要通过齿轮传递给机械装置，使之运行。齿轮系统有两种最基本的结构——加速和减速：

- 如果是小齿轮作为主动齿轮带动大齿轮，则为减速系统，转速降低，扭矩增大。
- 如果是大齿轮作为主动齿轮带动小齿轮，则为加速系统，转速提高，扭矩减小。

如图 1-17 所示为基本的加速和减速系统。

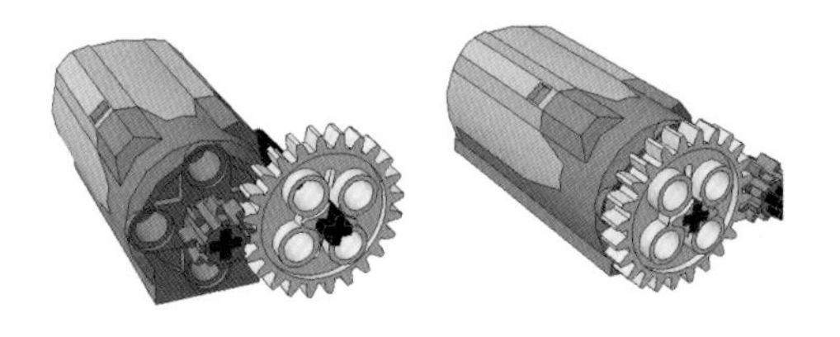

图 1-17 齿轮减速（左）和加速（右）系统

图 1-17 中所采用的齿轮是 8 齿和 24 齿。在减速机构中，减速的齿比为 3 ： 1（24 除以 8），同时扭矩也增加 3 倍。加速系统中则相反，齿比为 1 ： 3，扭矩减小到 1/3。

乐高中的常用齿轮如图 1-18 所示。

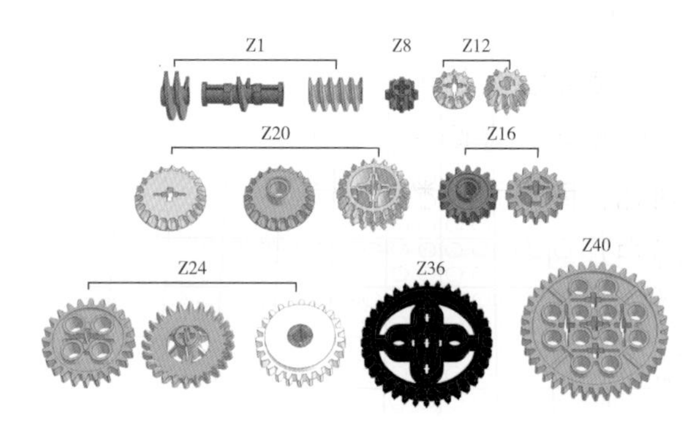

图 1-18 乐高中的常用齿轮

上图的齿轮中，比较特殊的是三种蜗杆，在齿轮系统中，蜗杆算作一个齿的齿轮。Z8、Z16、Z24 和 Z40 是直齿轮，只能用于平行轴之间的传动。Z12、Z20 和 Z36 是锥形齿轮或双面齿轮，这种齿轮既可以用于平行轴，也可以用于相互垂直轴之间的传动，如图 1-19 所示。

图 1-19 双面齿轮的两种用法

1.2.5 交叉块

交叉块是乐高科技零件中的一个大类，主要用于不同角度和方向的零件之间的连接。交叉块种类众多，形态各异。能否灵活、巧妙地使用交叉块，几乎成了区分玩家水平的一个标志。

交叉块虽然形态各异，但是有一个共同的特点：在同一个零件中既有销孔又有轴孔，而且大多数情况下轴孔和销孔在空间中还呈现交叉状态，这可能就是“交叉块”名称的来历。比较典型的零件如图 1-20 所示。

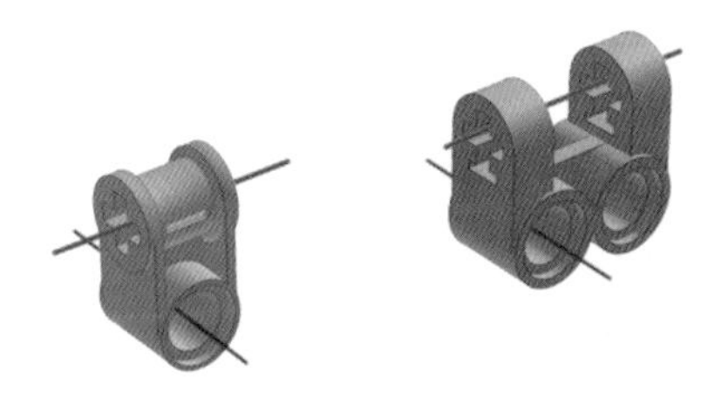

图 1-20 典型的交叉块

上图中的两个交叉块上都带有圆形的销孔和十字轴孔，两种孔在空间中形成交叉。

图 1-21 为爬楼梯机器人，其中大量使用了交叉块。如果没有交叉块，这个作品根本无法完成。图中所标注的是交叉块的编号。

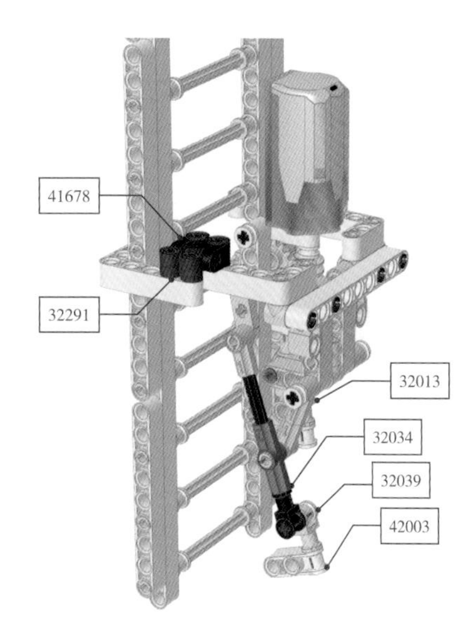

图 1-21 爬楼梯机器人中使用的交叉块

由于篇幅所限，本小节对于乐高零件的介绍较为简略，书中案例部分在“零件指南”中有详细的讲解，请读者留意。

1.3 有趣的乐高术语

常玩乐高的人可能都听说过一些乐高圈子的行话，下面总结了几个，看看大家都知道是什么意思吗?

- 入坑

其实这个不用解释一般人也会懂，就是买了该系列产品并打算持续投入的意思。

乐高比较深的坑有：科技坑、街景坑、人仔坑、星战坑等。

- 人仔

人仔是对乐高产品中“小人”的统称，如图 1-22 所示。

图 1-22　乐高人仔

人仔并不局限于人类，诸如兽人、吸血鬼等鬼怪人仔都算入其中，如图 1-23 所示。但诸如熊、马、猫之类的动物，以及普通的机器人，不算在其中。

图 1-23　非人类人仔

- 肉

它是乐高迷对乐高积木颗粒的称呼，如果单个颗粒则称为“砖”，区别于人仔。

最常用法：一个套装白色颗粒数比较多，通常会被称为“白肉多”。

- 杀肉

所谓杀肉，其实是通过购买套装来补充或丰富自己零件库的行为。

通常作为套装出售的乐高零件要比单独购买更划算。这就好比买汽车一样，买整车的价格肯定比单独买零件价格低。

例如，科技系列中的白色零件是相对稀少的一种零件，如果某一款套装中包含了大量的白色零件，有的玩家往往会购买 3、5 套这款套装来储备自己的白色零件，这时候就会说通过购买 X 套装来“杀肉”。

- 肉桶

颗粒多且单价便宜的套装被称为“肉桶”。圈内比较著名的肉桶有科技系列的 42055（矿山挖掘机）和街景系列中的 10214（伦敦塔桥）等。图 1-24 所示为 10214（伦敦塔桥）。

图 1-24　伦敦塔桥套装

以 10214 为例，整套共 4287 个零件，价格 1400 元左右，单个零件的价格仅为 0.33 元，对于乐高而言，还是很便宜的。

- 净肉

是指为了收集人仔，将套装中的人仔取出，剩余的那些积木颗粒。

- 经典五位数 / 专家系列

虽然乐高现在的编号都是五位数，但在几年前，乐高大部分产品的编号还只是四位数。

为区分于其他产品，乐高从 10000 起依次编号推出了珍藏版乐高产品，尤其到了最近 10 年，这类产品通常都拥有过千甚至几千片颗粒，大都定位 14 岁或 16 岁以上，复杂且更加精美，只在乐高官方等少数渠道发售，被乐高迷们习惯称为“经典五位数”或“专家系列”。

虽然现在全系列都采用五位数编号，但经典五位数依然特指这些 10XXX 编号的产品。比如 10214 伦敦塔桥、10234 悉尼歌剧院之类的。图 1-25 为 10234 悉尼歌剧院的成品。

图 1-25　乐高悉尼歌剧院

- LCP

即 LEGO Certified Professionals，乐高专业认证大师，全球一共有十几位，比如 Nathan Sawaya，以及华人洪子健先生。有兴趣的话大家可以去搜索欣赏一下他们的作品。

1.4 乐高工具

1.4.1 拆卸工具

乐高官方提供了一个拆卸工具——起件器。这个起件器一般会随着某个官方套装附送给玩家，如图 1-26 所示。

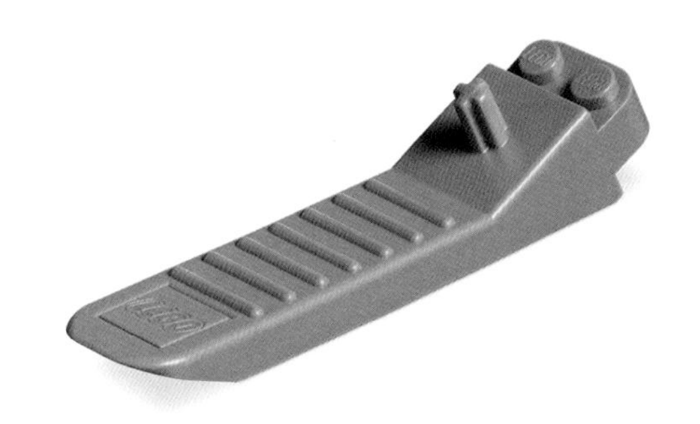

图 1-26　乐高起件器

但是，起件器只能用于砖、板类零件的拆卸，对于科技类零件中的轴、销等零件就无能为力了。这类零件如果直接用手拆除相当费力，有时甚至有受伤的危险。乐高官方没有提供合适的拆除工具，乐高迷们各显神通，发明了各种拆除工具。最近，甚至有厂家专门生产了用于拔销的工具在网上出售，但是用户的反馈似乎并不理想。

这里，给读者推荐一款笔者一直使用的一款非常好用的拆除工具。这个工具原本是一种微波炉防烫夹，笔者无意中发现这个夹子居然还是一种拆除神器。作为拆除工具，这个夹子有诸多优点，总结如下。

- 全金属材质，坚固耐用，如图 1-27 所示。

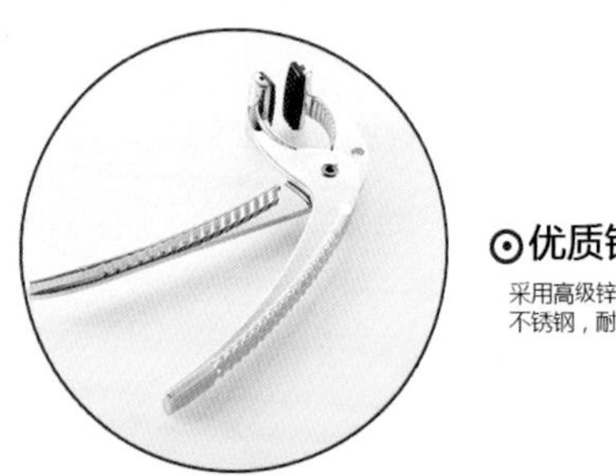

图 1-27　坚固的金属材质

- 把手较长，可以产生较大的夹持力度，轻松拔下各种销和轴，如图 1-28 所示。

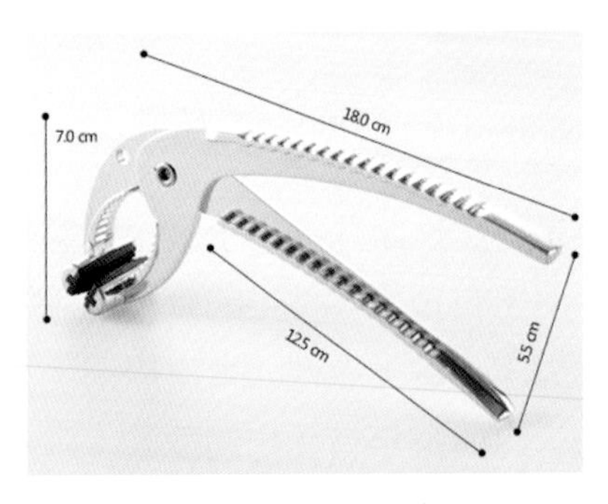

图 1-28　外观尺寸

- 钳口有厚实的橡胶垫，保护零件不受伤，也加大了摩擦力，如图 1-29 所示。

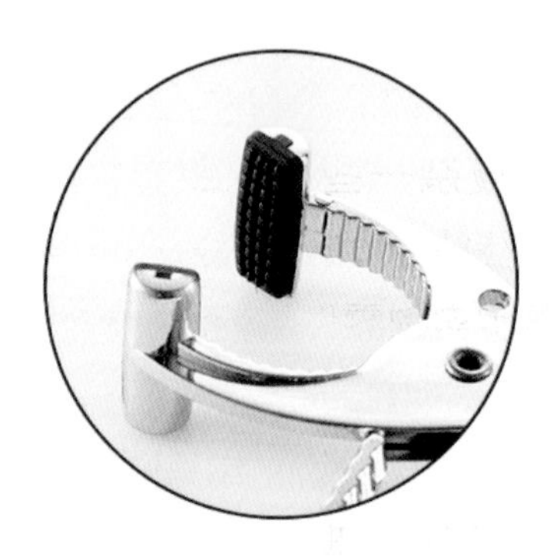

图 1-29　钳口的橡胶垫

- 钳口宽度达到 30mm，可以一次拔下 3~4 根并排的销，也可以直接拔下带有多个销的梁，效率超高，如图 1-30 所示。

图 1-30　一次可拔下多个销和梁

1.4.2　搭建软件

LDD

即 LEGO Digital Designer，它是乐高官方推出的设计软件，也是目前使用最广泛的乐高建模软件之一。通过下载零件库，玩家可以利用它来模拟整个搭建过程，并且可以设定搭建步骤从而生成自己的图纸。如图 1-31 所示为 LDD 软件界面。

对于复杂一些的 MOC 作品来说，创作过程中往往需要进行大量的重新设计和修改，如果用实物零件进行设计，即使是一个零件的替换也可能需要拆掉整个模型。软件的好处就在于，任何修改、替换都只需要鼠标的操作就可以实现，大大提高了设计效率。

LDD 软件生成的模型文件格式是 .lxf，这个格式的文件几乎就是乐高圈内的通用语言，就像五线谱之于音乐一样。

一些作者在分享他们的作品时，往往不会导出为 PDF 图纸，而仅仅是发布一个 .lxf 文件，这个 .lxf 的文件就需要用 LDD 来打开。

LDD 最大的一个缺点是无法自定义生成步骤图，只能自动生成步骤图。但是很多情况下自动生成的步骤图会出现步骤不合理，或出现悬浮零件等问题。

LDraw 系列软件

这个软件系列包括 MLCad、LDView、LPub3D、LDCad 等若干软件，是非官方乐高建模软件中最为成功的一个系列。

相比于官方建模软件 LDD，LDraw 可以自定义生成步骤图，零件库也更加丰富。还可以制作电缆线和橡筋等柔性零件，功能比

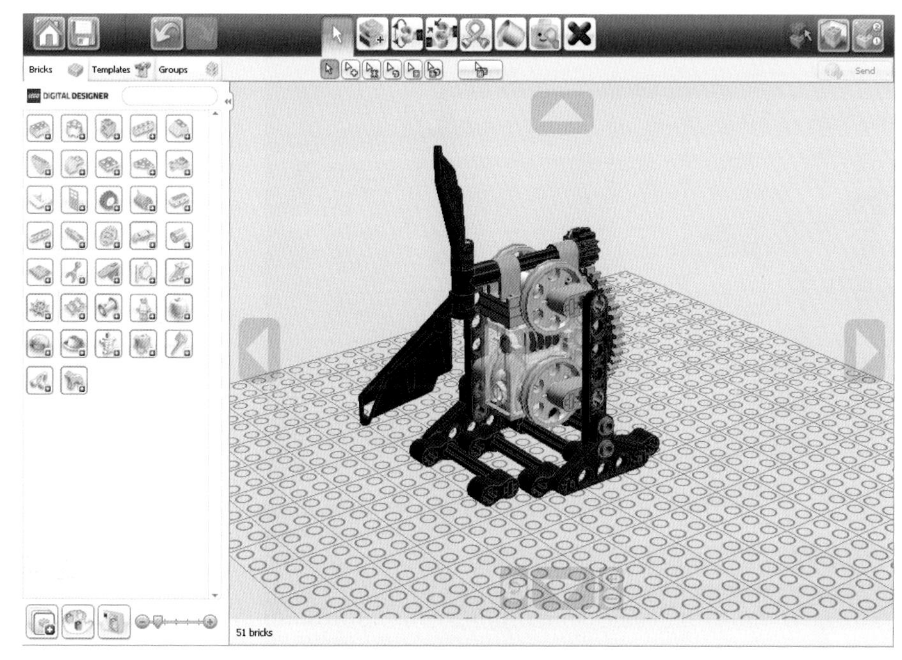

图 1-31　LDD 软件界面

LDD 强大得多。如图 1-32 所示为 MLCad 生成的电缆线。

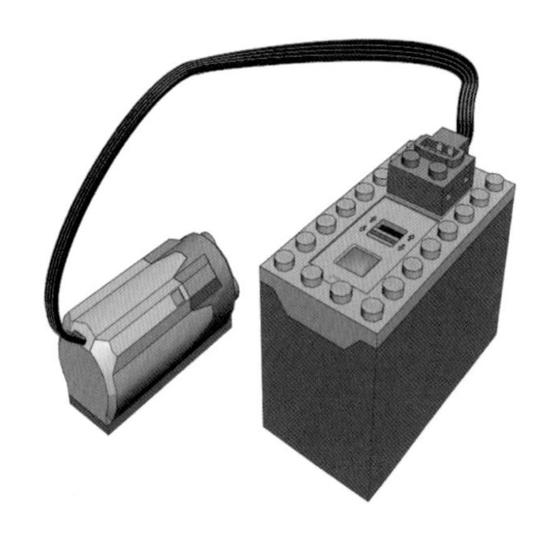

图 1-32　MLCad 生成的电缆线

Studio

Studio 是近年来出现的一款新锐乐高建模软件，这个软件吸收了 LDD 和 MLCad 的优点，博采众长、自成一家。如图 1-33 所示为 studio 软件界面。

Studio 既有 LDD 的易用性，同时自定义制作步骤图比 MLCad 更加方便快捷，零件库与 MLCad 通用。

Studio 可以直接打开 LDD 和 MLCad 生成的模型文件，也可以导出为 lDraw 格式的模型，方便到 LPub 等软件中进一步编辑。

Studio 的渲染效果也是几个软件中最好的。本书中的所有模型截图均来自于 Studio。

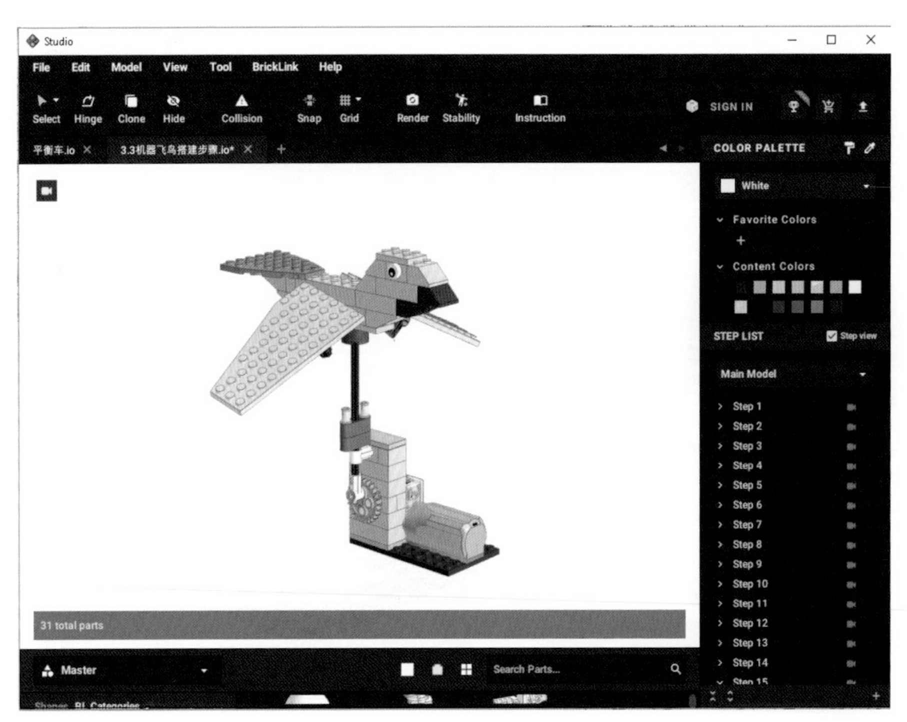

图 1-33　Studio 界面

第2章

简单机械结构

2.1 十字沟槽机构

2.1.1 概述

十字沟槽机构是一种常用的机械机构。沟槽机构用于传动，它可以将一个元件的连续旋转转换为另一个元件间歇性旋转。摆臂的转速是沟槽转速的一倍。

这个十字沟槽机构由支架、传动机构、摆臂、转动沟槽等几部分组成，如图 2-1 所示。

作品概况

零件数量：55

长度：10 单位

宽度：9 单位

高度：8 单位

驱动方式：手动 / 电动

2.1.2 动态效果

转动摇柄，通过连杆和摆臂的作用，前端滑块的运动轨迹是一个不规则的椭圆形，

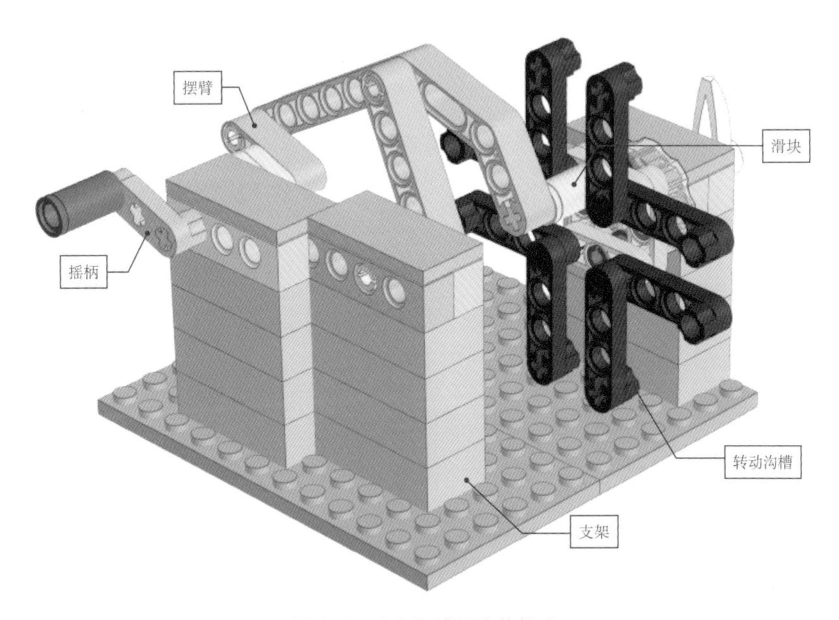

图 2-1 十字沟槽机构的组成

如图 2-2 所示。

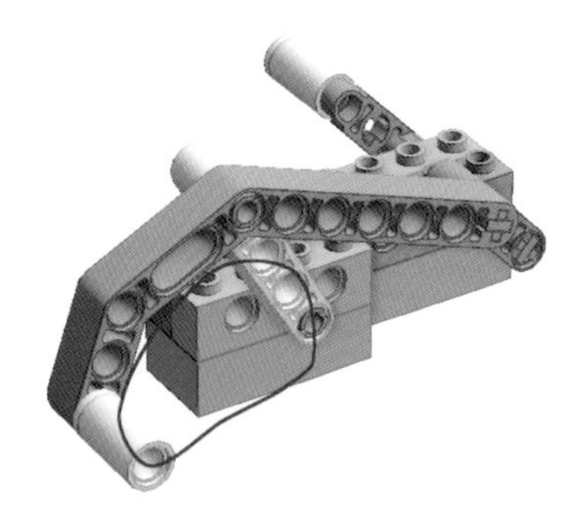

图 2-2　滑块的运动轨迹

图 2-3 是手柄转动一周，十字沟槽的动态效果。

起始位置

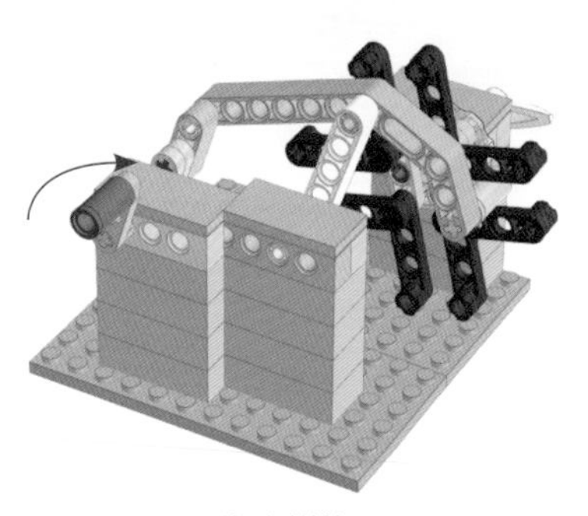

摇柄逆时针转 90°

图 2-3　沟槽机构的几个状态

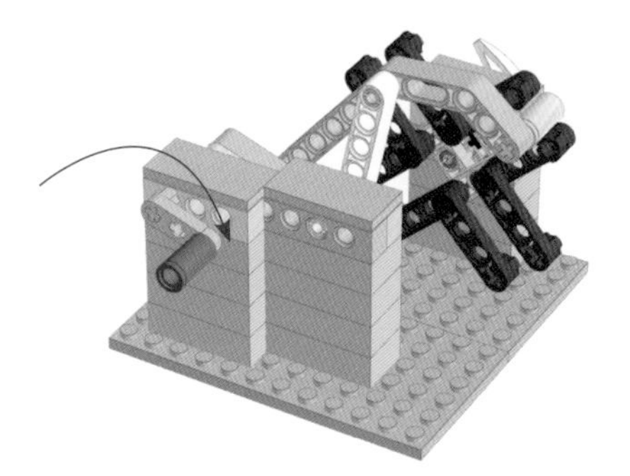

摇柄逆时针转 180°

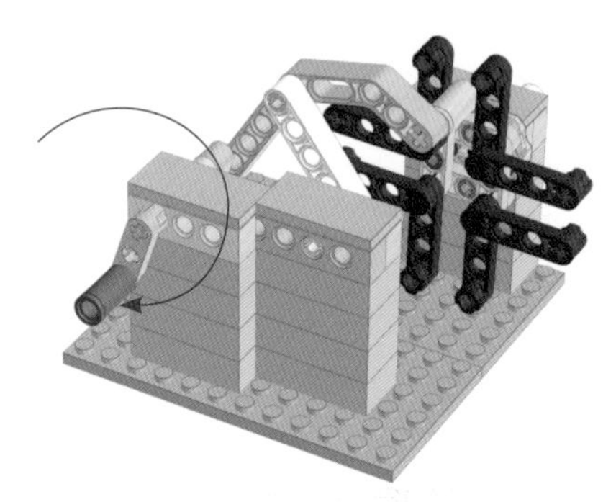

摇柄逆时针转 270°

图 2-3　沟槽机构的几个状态（续）

2.1.3　搭建指南

十字沟槽机构零件表如图 2-4 所示。

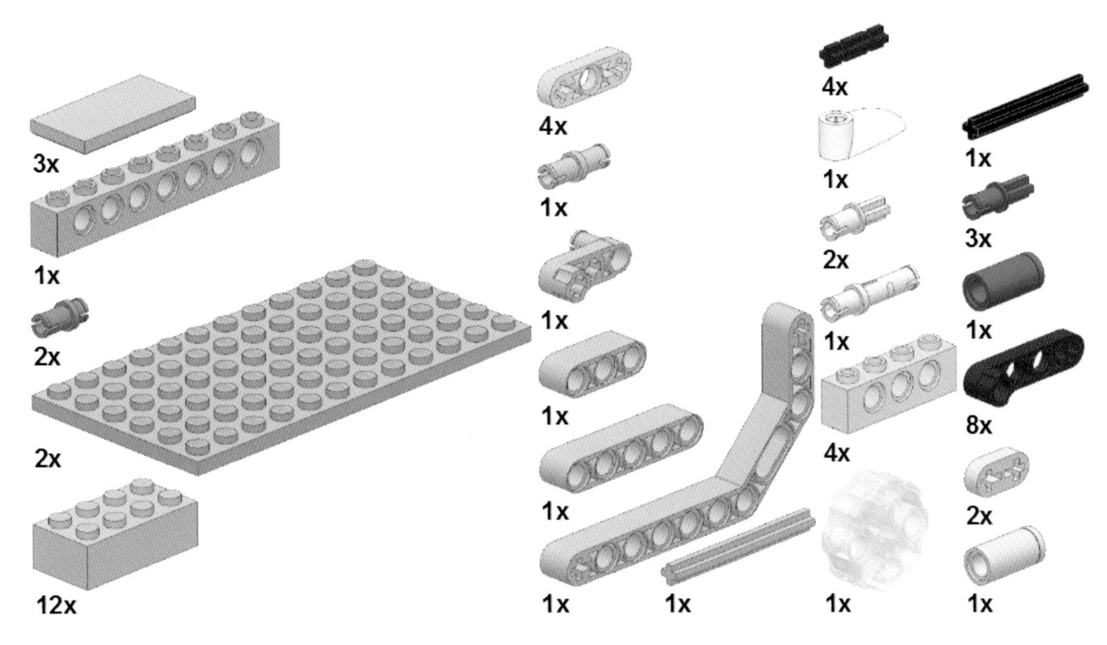

图 2-4 十字沟槽机构零件表

十字沟槽机构简要搭建步骤图：

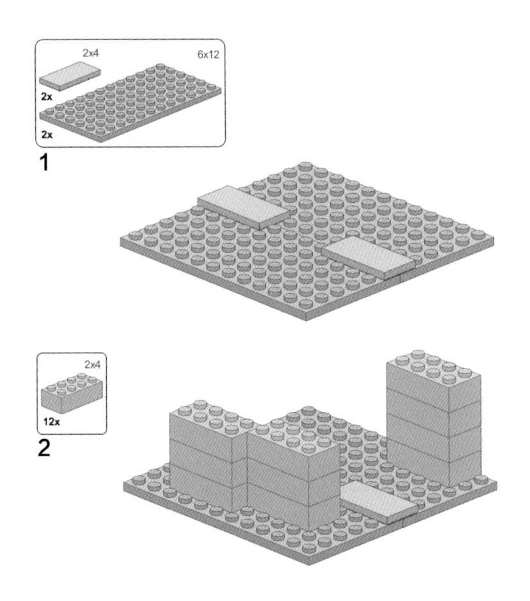

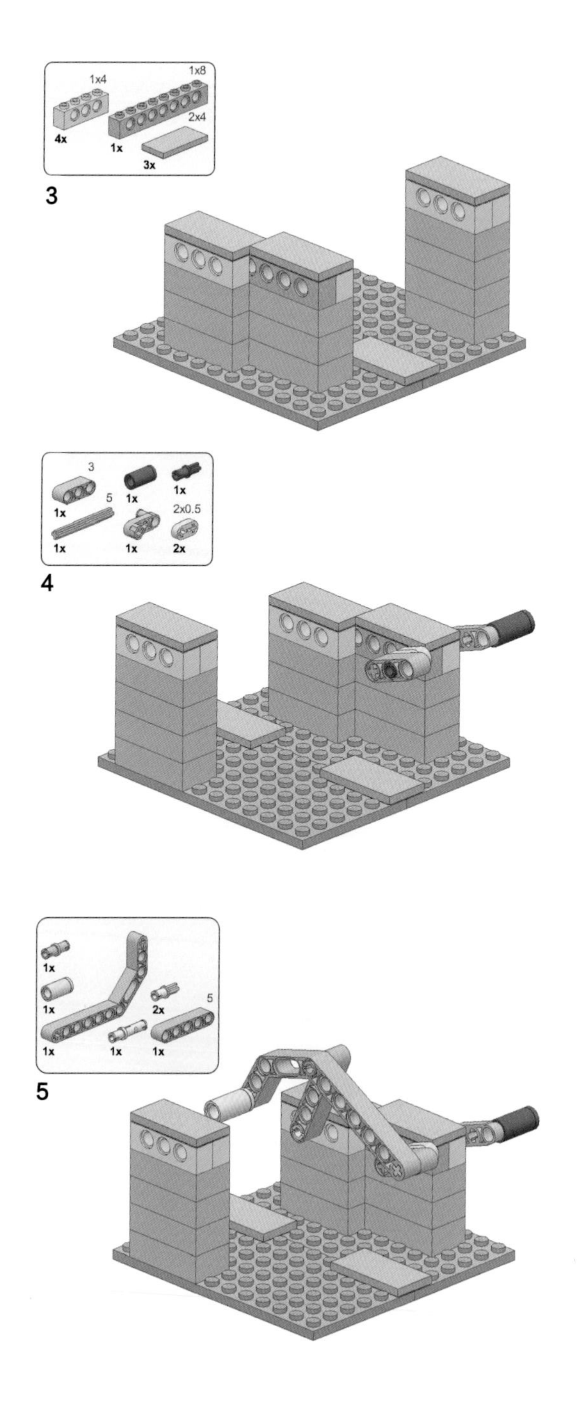
1x4
1x8
2x4
4x
1x
3x
3
1x
5
1x
1x
2x0.5
1x
1x
2x
4
1x
1x
2x
5
1x
1x
1x
5

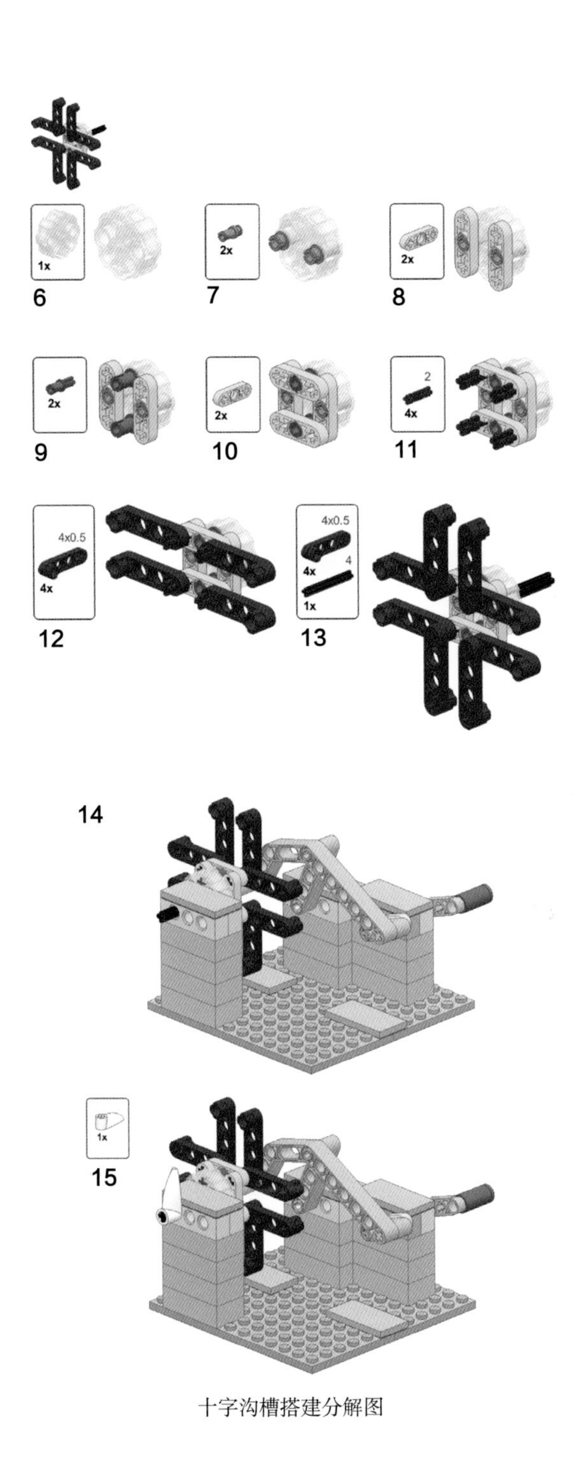

十字沟槽搭建分解图

十字沟槽成品如图 2-5 所示。

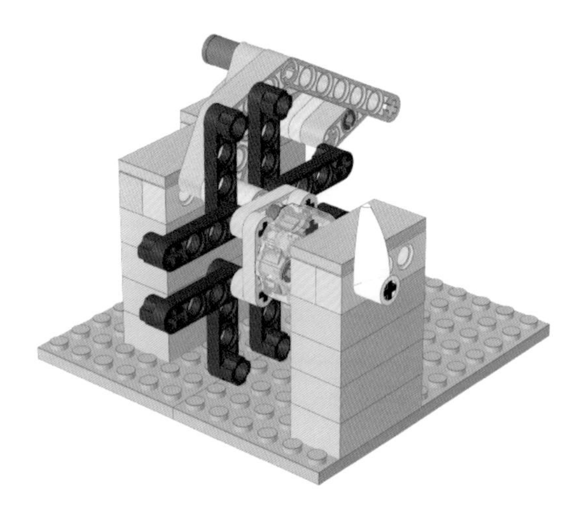

图 2-5　十字沟槽成品

扫码观看十字沟槽机构的视频演示：

2.2 齿条往复机构

2.2.1 概述

齿条往复机构由底座、主动齿条、从动齿条、摆臂、传动机构、支架等部分组成，如图 2-6 所示。

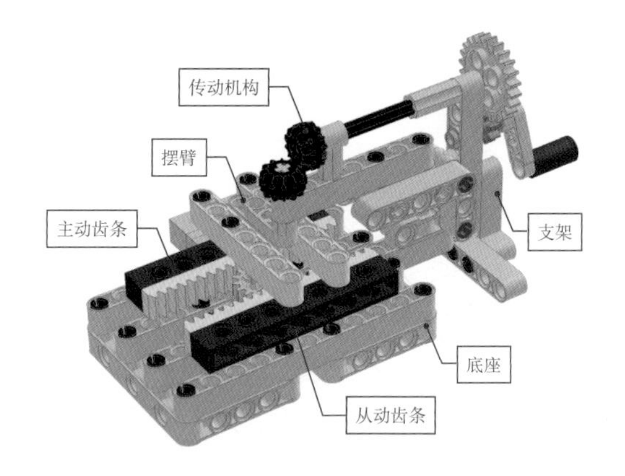

图 2-6　齿条往复机构

作品概况

零件数量：66

长度：19 单位

宽度：8 单位

高度：10 单位

驱动方式：手动 / 电动

2.2.2 动态效果

摇动手柄，通过传动系统，将手柄的动力传递到摆臂。摆臂带动滑块在沟槽中滑动，推动主动齿条往复运动。主动齿条再带动中间的 16T 齿轮转动，然后 16T 齿轮带动从动齿条朝相反方向移动。

如图 2-7 和图 2-8 所示为两个齿条的两个极限位置。

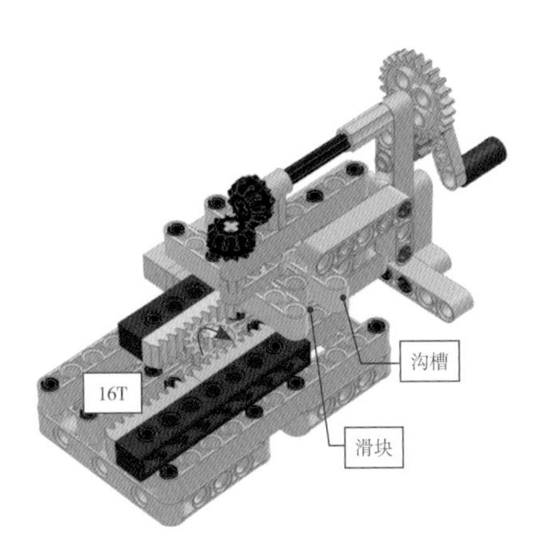

图 2-7　齿条极限位置 1

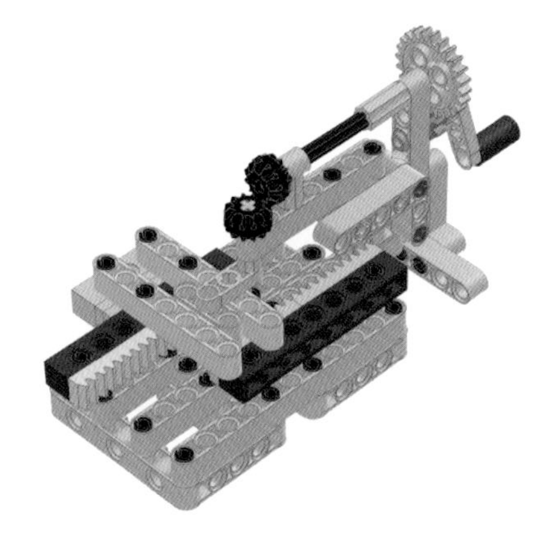

图 2-8　齿条极限位置 2

2.2.3 搭建指南

齿条往复机构零件表如图 2-9 所示。

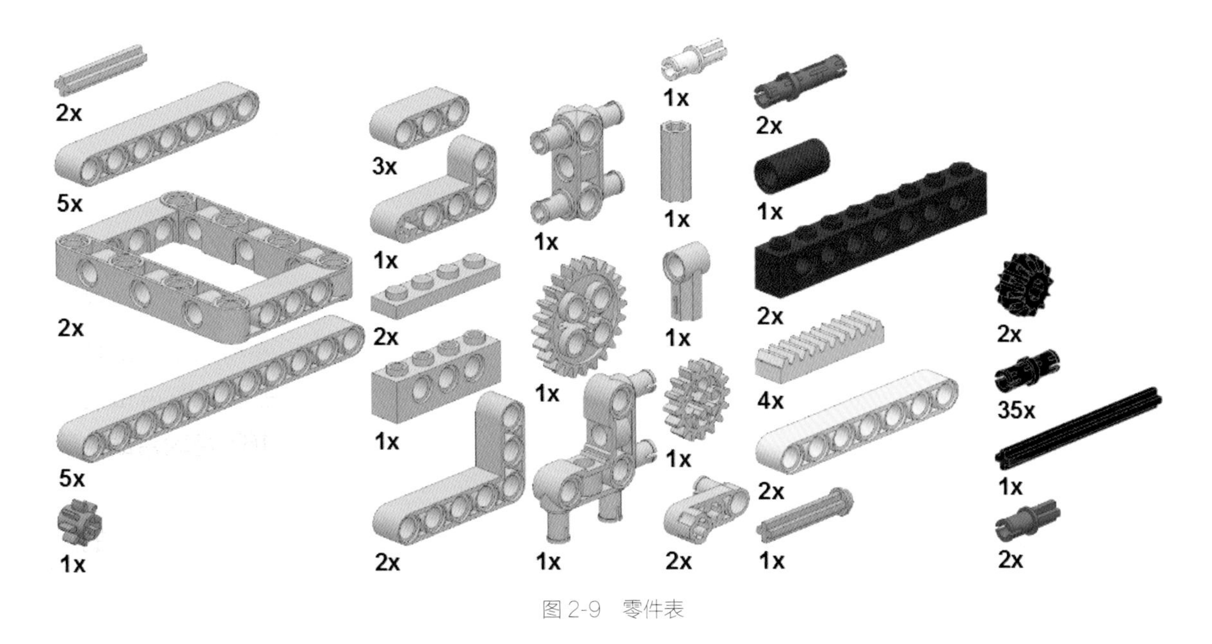

图 2-9　零件表

齿条往复机构简要搭建步骤图：

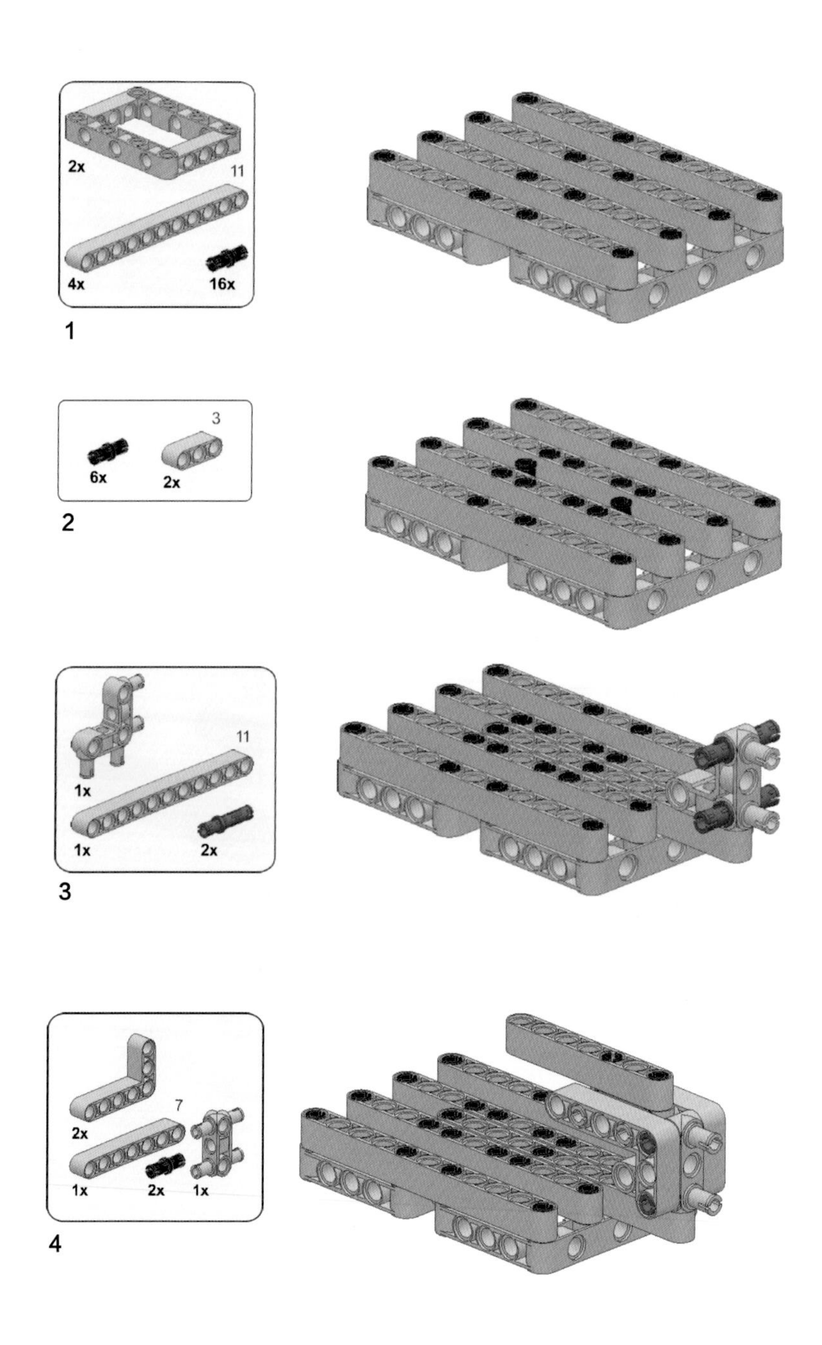

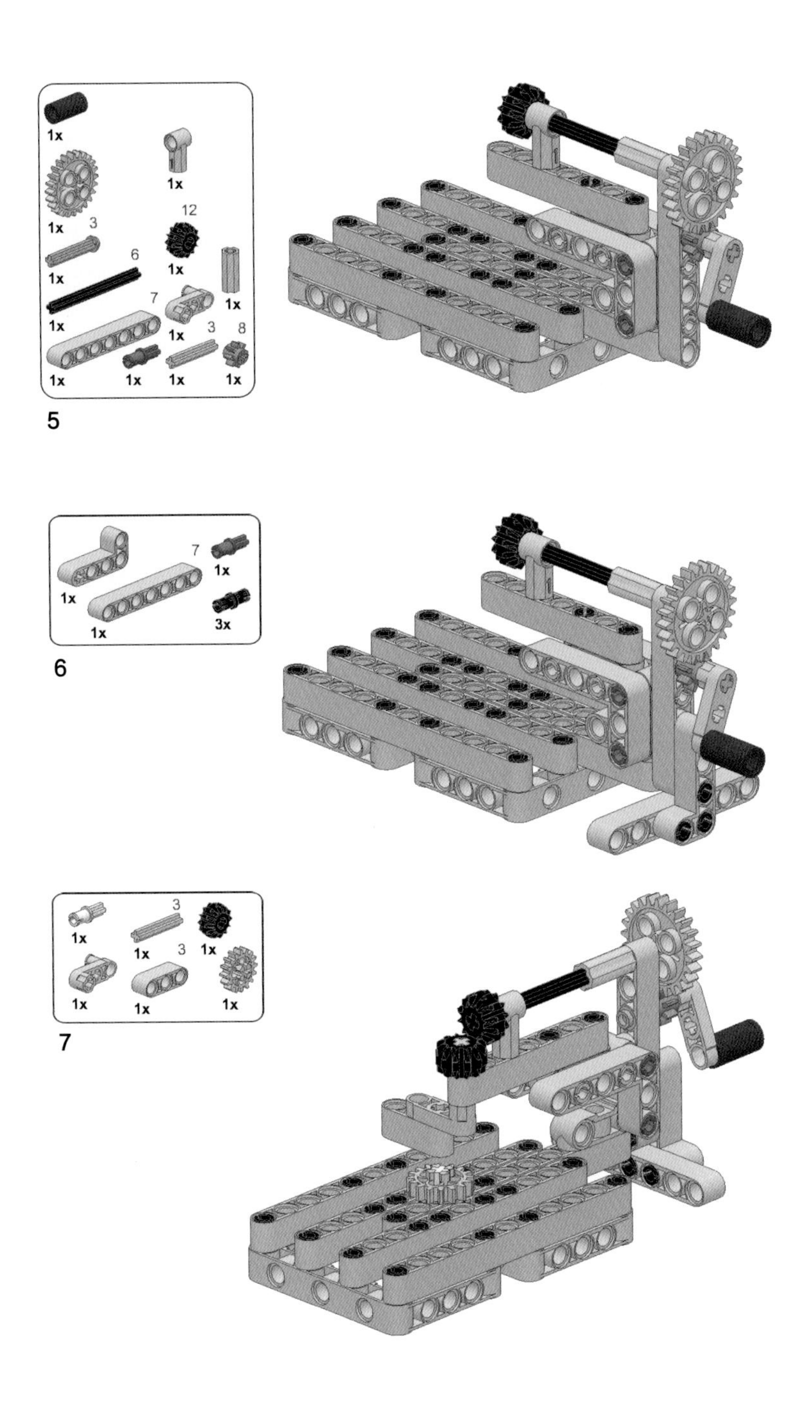

1x
1x
1x
3
12
1x
6
1x
1x
7
1x
1x
3
8
1x
1x
1x
1x
5
7
1x
1x
1x
3x
1x
6
1x
3
1x
3
1x
1x
1x
1x
7

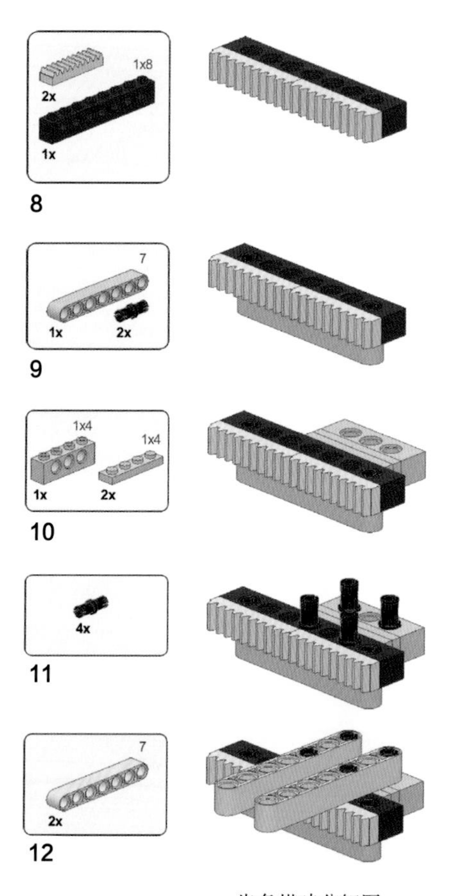

齿条搭建分解图

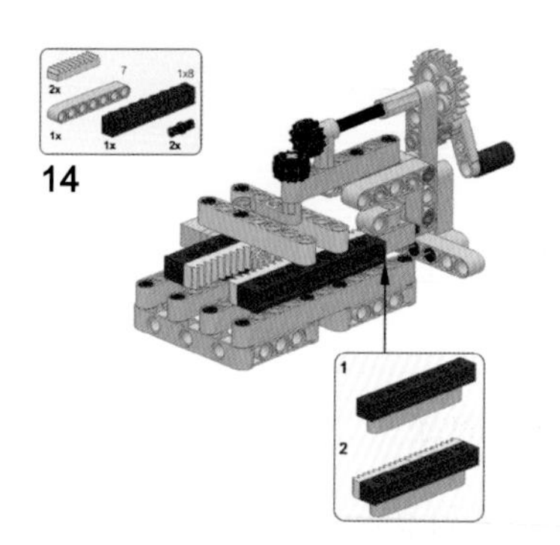

扫码观看齿条往复机构视频演示：

2.2.4 结构解析

这个机构的核心部分是齿条和齿轮传动。主动齿条沿滑槽移动，侧面的齿条带动中心位置的 16T 齿轮转动，16T 齿轮再将动力传递给与之啮合的从动齿条，主动齿条和从动齿条朝反方向运动，如图 2-10 所示。

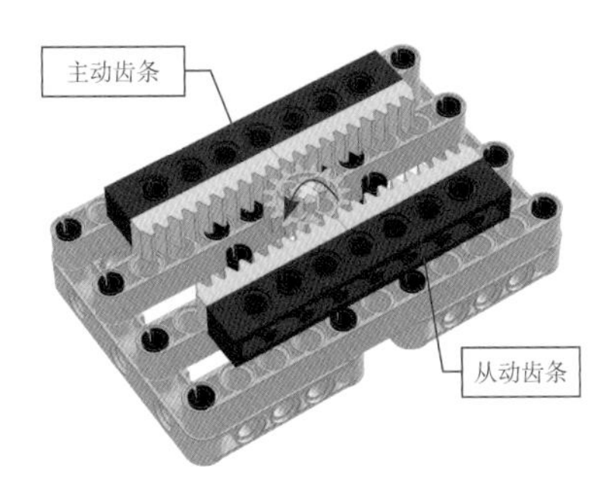

图 2-10 齿条往复机构工作原理

2.3 虚拟轴连杆机构

2.3.1 概述

虚拟轴连杆机构，采用手摇驱动，一系列连杆和摆臂传递动力和旋转，上方的黄色连杆将围绕一个不存在的虚拟轴心转动。

虚拟轴连杆机构由底座、支架、连杆传动机构、摇柄等几个部分组成，如图 2-11 所示。

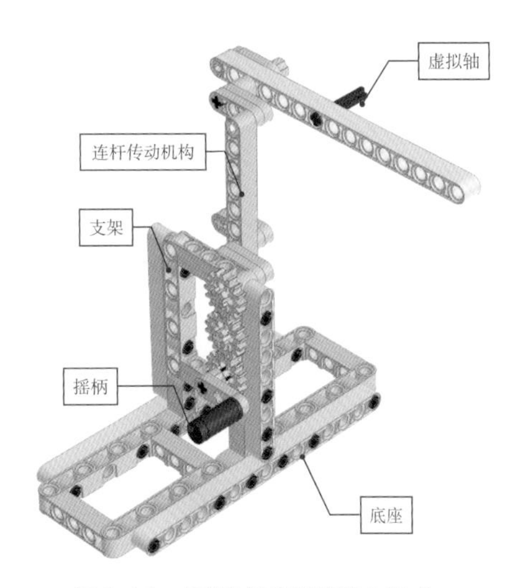

图 2-11 虚拟轴连杆机构基本构成

作品概况

零件数量：57

长度：17 单位

宽度：7 单位

高度：16 单位

驱动方式：手动 / 电动

2.3.2 动态效果

摇动手柄，连杆机构带动上方的黄色梁旋转，无论朝任何方向旋转，黄色梁都会围绕这个虚拟的轴转动。如图 2-12 所示为连杆机构在不同状态下黄色梁的位置，红色的虚拟轴位置始终不变。

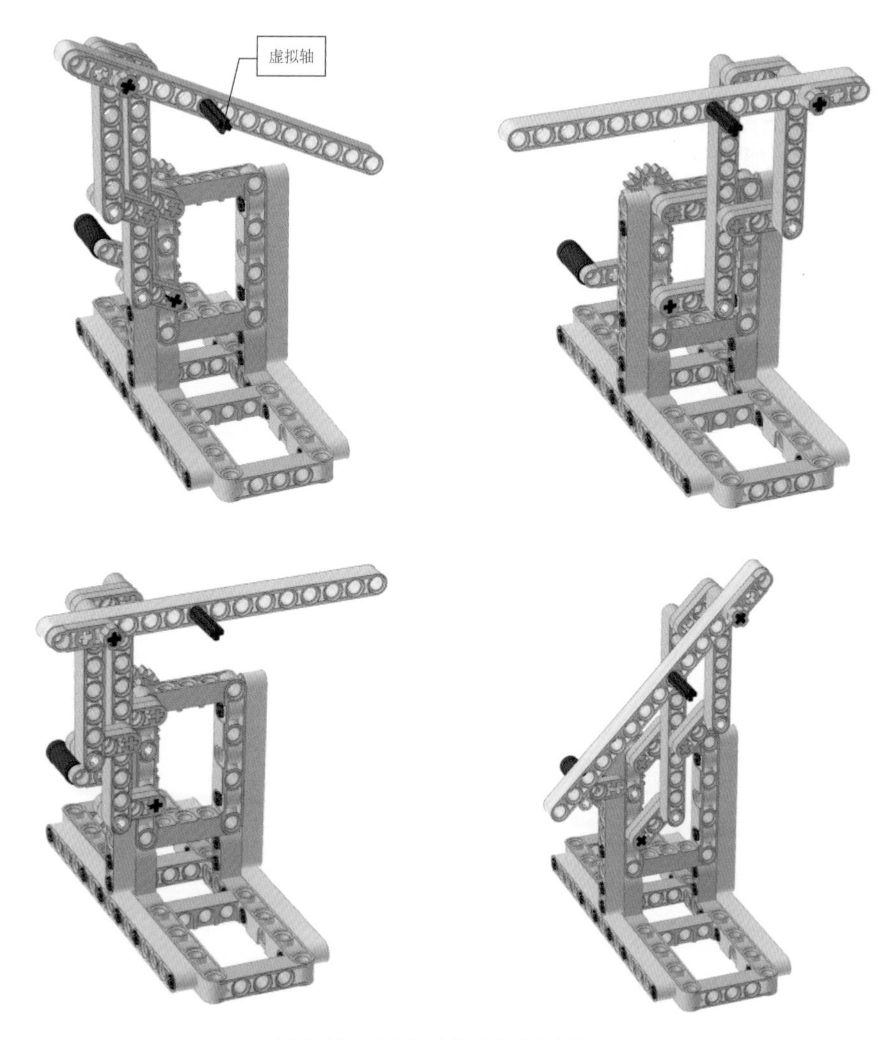

图 2-12　黄色梁始终围绕虚拟轴转动

2.3.3　搭建指南

虚拟轴连杆机构零件表如图 2-13 所示。

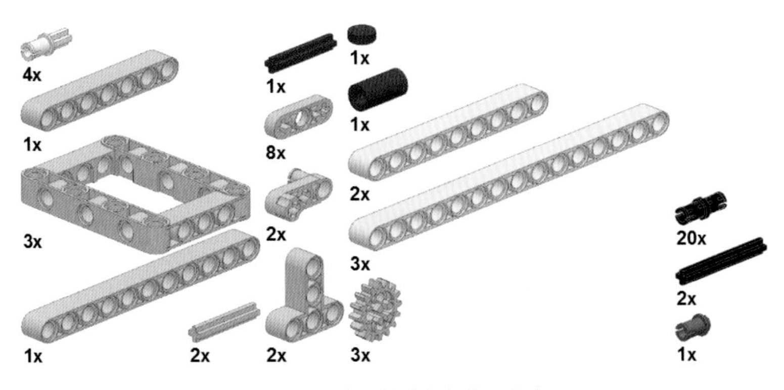

图 2-13 虚拟轴连杆机构零件表

虚拟轴连杆机构简要搭建步骤图:

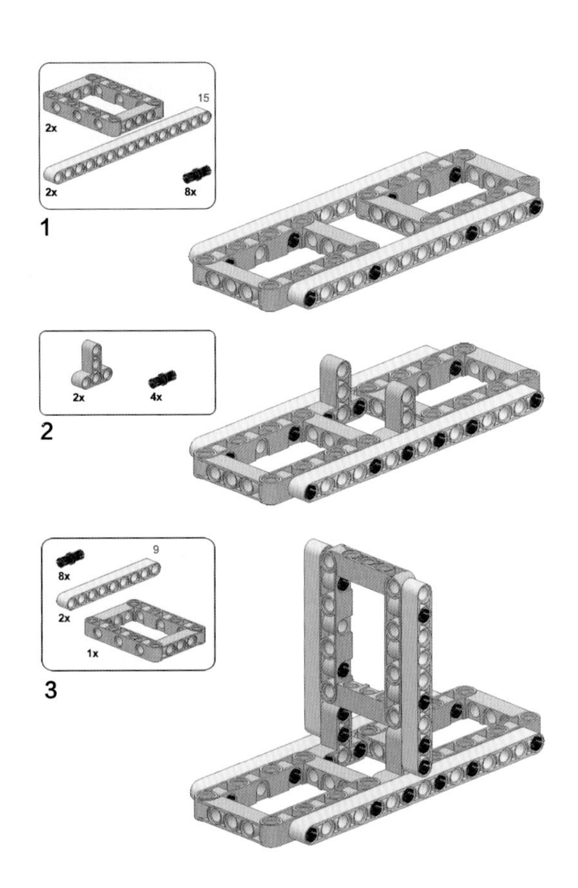

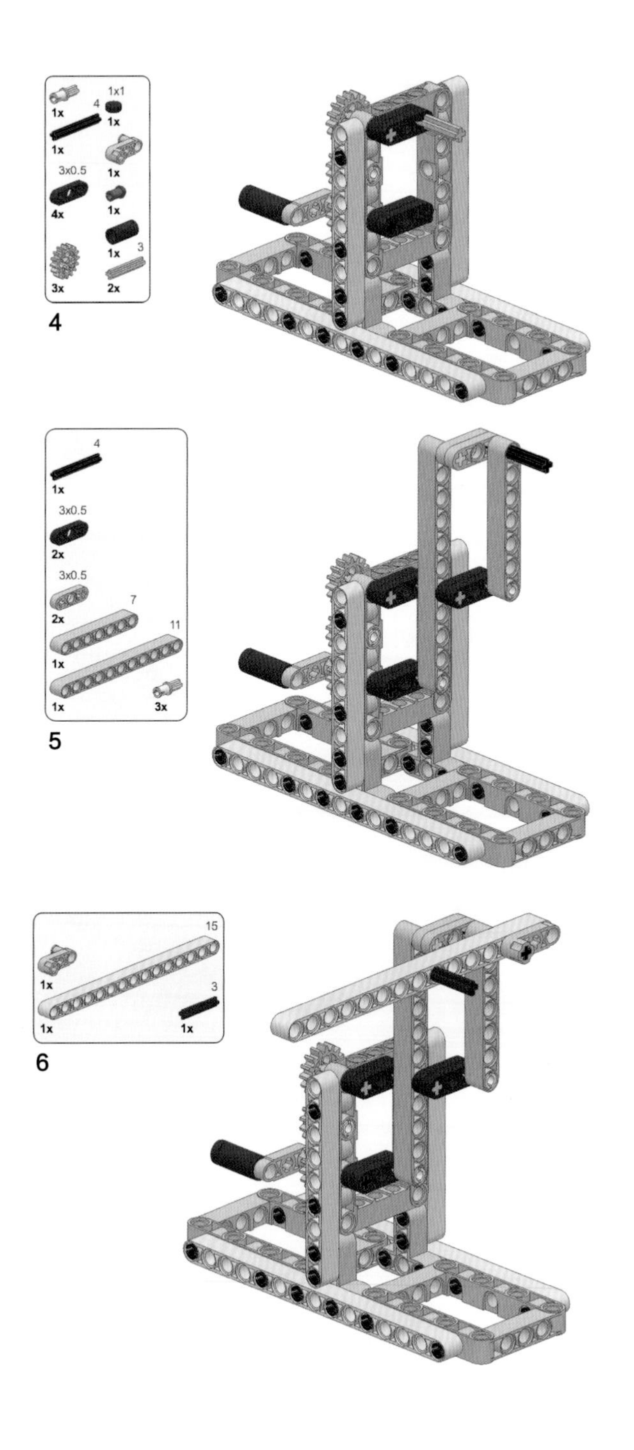
1x
4
1x1
1x
1x
1x
3x0.5
4x
1x
1x
3
3x
2x
4
4
1x
3x0.5
2x
3x0.5
2x
7
1x
11
1x
3x
5
15
1x
3
1x
1x
6

7

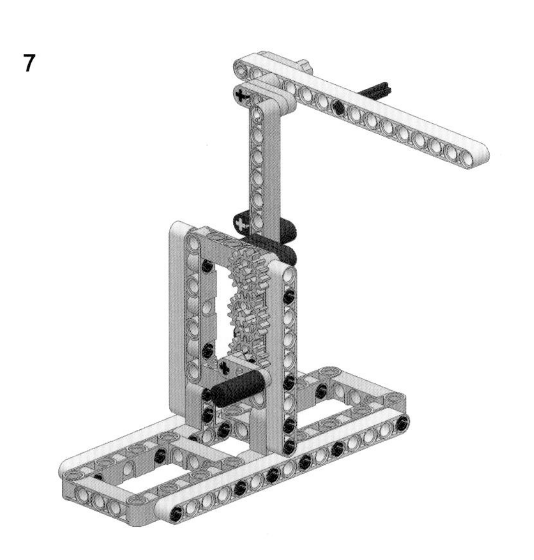

扫码观看虚拟轴连杆机构视频演示：

2.4 齿轮连杆机构

2.4.1 概述

齿轮连杆机构采用齿轮传动和连杆结合，可以获得间歇转动效果。

齿轮连杆机构由底座、摇柄、齿轮、连杆等部分组成，如图 2-14 所示。

作品概况

零件数量：66

长度：10 单位

宽度：8 单位

高度：10 单位

驱动方式：手动 / 电动

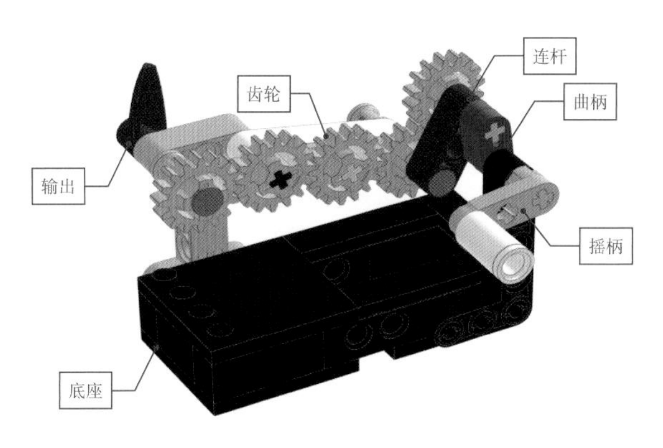

图 2-14 齿轮连杆机构

2.4.2 动态效果

齿轮连杆机构可以实现间歇转动，连续转动摇柄，通过齿轮和连杆机构的交互传动，位于输出端的指针间歇转动。摇柄在四个不同位置时，齿轮连杆机构的状态如图 2-15 所示。

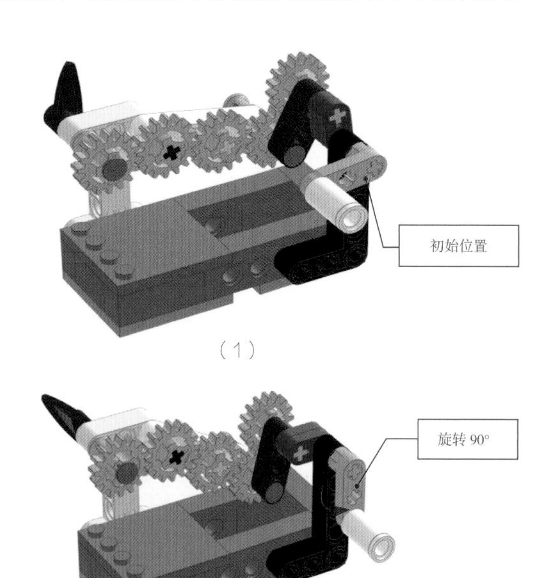

（1）

（2）

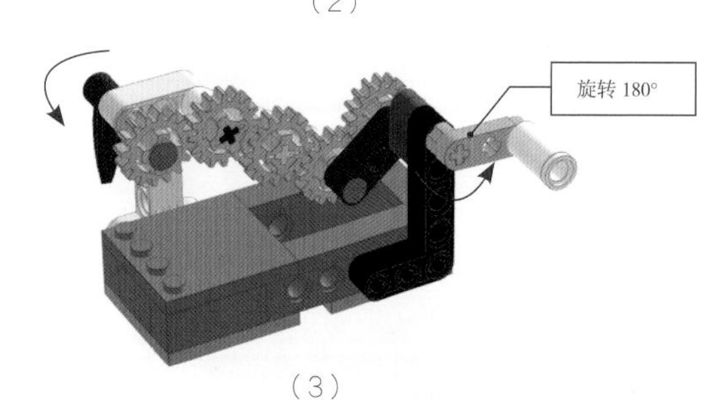

（3）

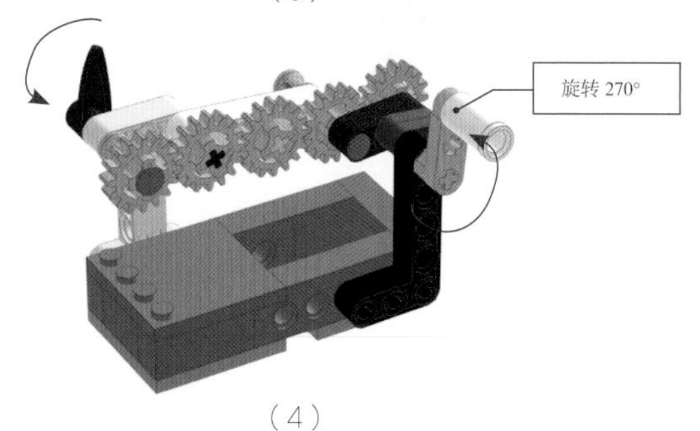

（4）

图 2-15　摇柄的四个位置

在图 2-15（4）中，手柄转动 270°，指针旋转约 360°。但是，当手柄从 270° 转动到 360° 的时候，指针是静止的。当手柄从初始位置继续转动的时候，指针将开始新的间歇转动，如图 2-16 所示。

图 2-16　手柄 270° ~360° 转动，指针静止

2.4.3　搭建指南

齿轮连杆机构零件表如图 2-17 所示。

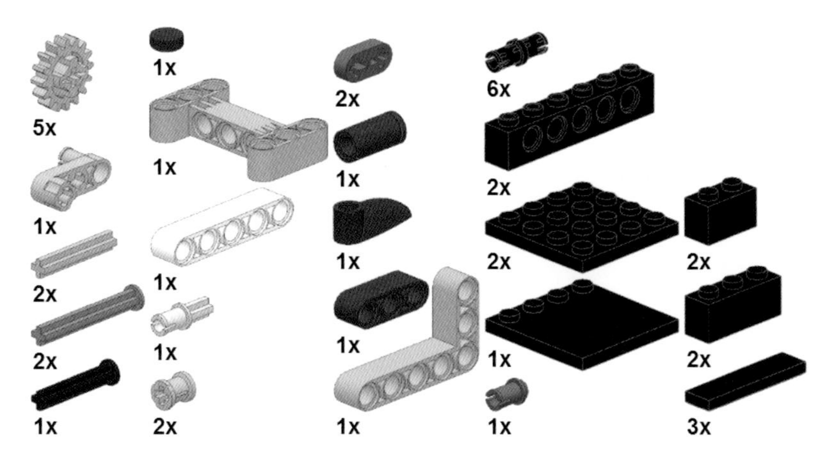

图 2-17 齿轮连杆机构零件表

齿轮连杆机构搭建步骤图和成品图：

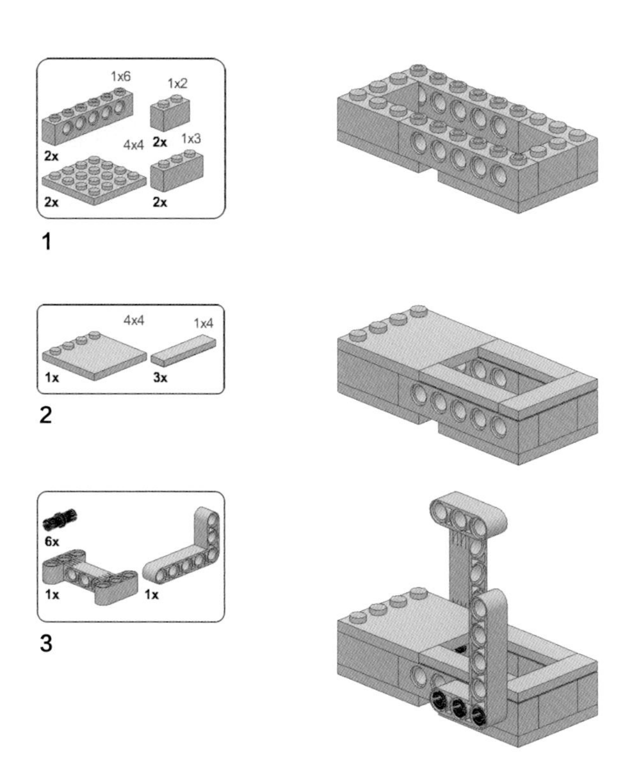

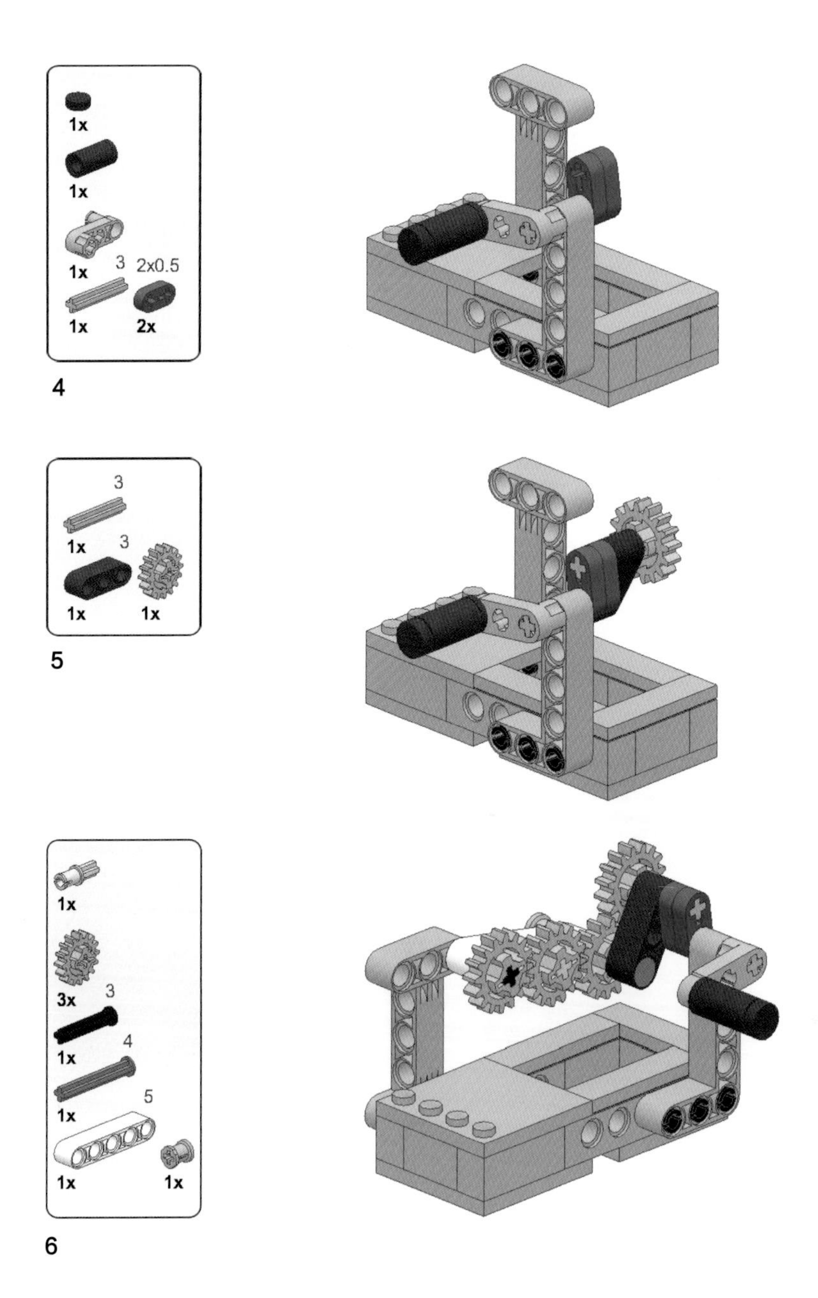
1x
1x
1x
3
2x0.5
1x
2x
4
3
1x
3
1x
1x
5
1x
3x
3
1x
4
1x
5
1x
1x
6

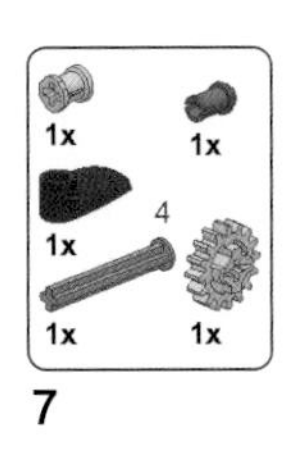

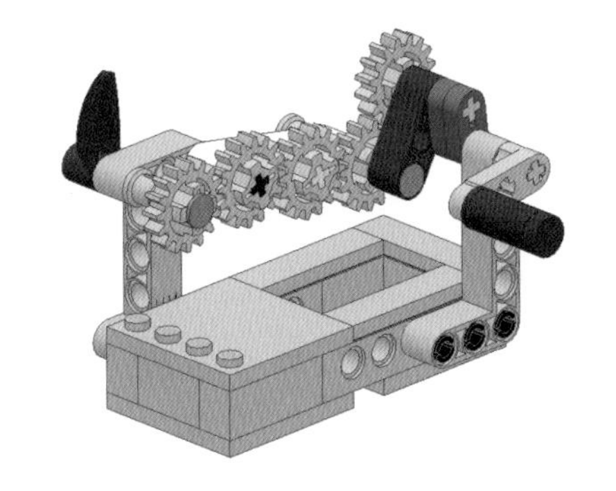

扫码观看齿轮连杆机构视频演示：

2.5 直角传动机构

2.5.1 概述

直角传动机构由直角支架、传动轴、直角摆块、曲柄等零件组成。如图 2–18 所示。

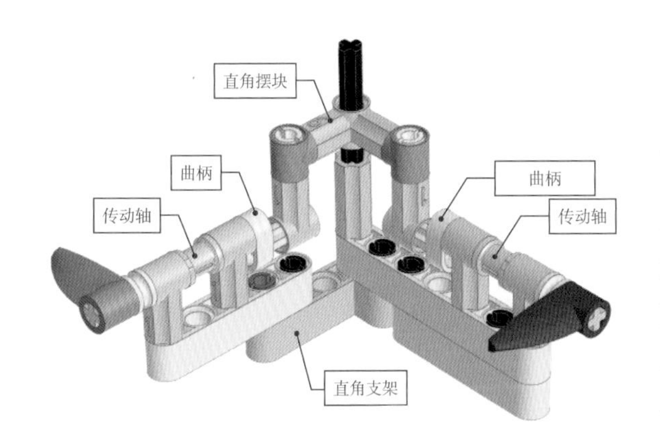

图 2-18 直角同向传动机构

作品概况

零件数量：31

长度：8 单位

宽度：8 单位

高度：7 单位

驱动方式：手动

2.5.2 动态效果

直角传动包含相互垂直的两根轴，一端带有一个曲柄，通过一个直角连杆进行传动。直角摆块传动过程中往复摆动，同时还沿着约束它的轴上下滑动。这个传动装置可以实现两根轴之间的同向转动，整个传动装置没有使用一个齿轮。如图 2–19 所示为直角传动的四个不同的位置。

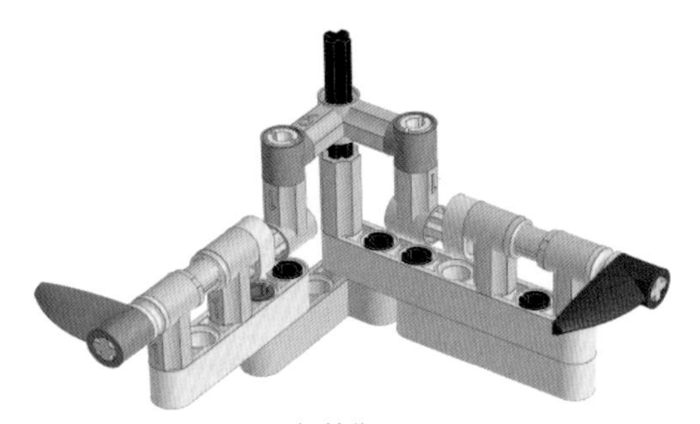

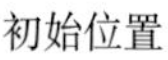

初始位置

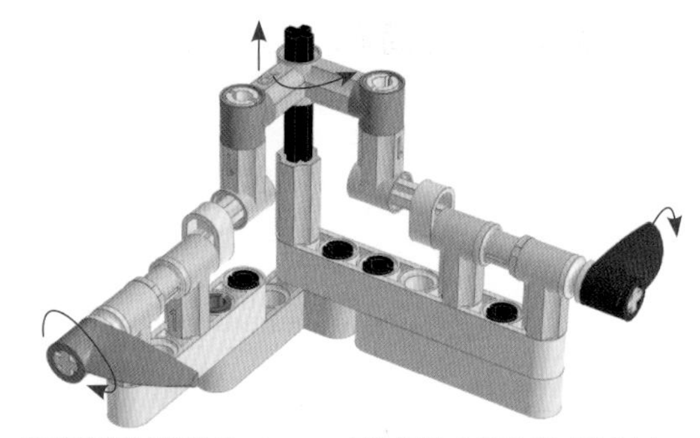

传动轴顺时针转动 180°，直角摆块上滑并逆时针摆动

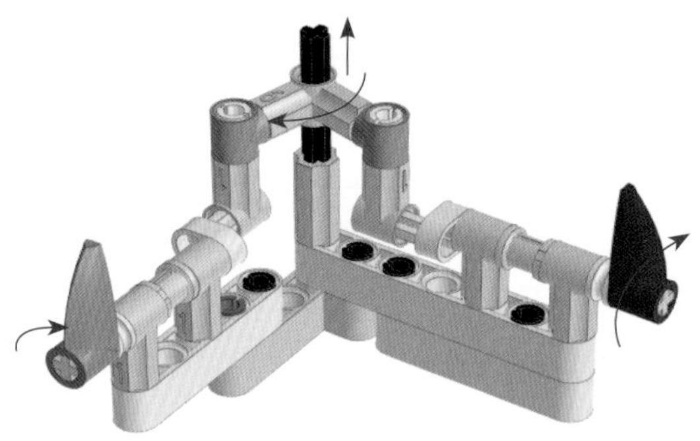

传动轴顺时针转动 90°，直角摆块上滑并顺时针摆动

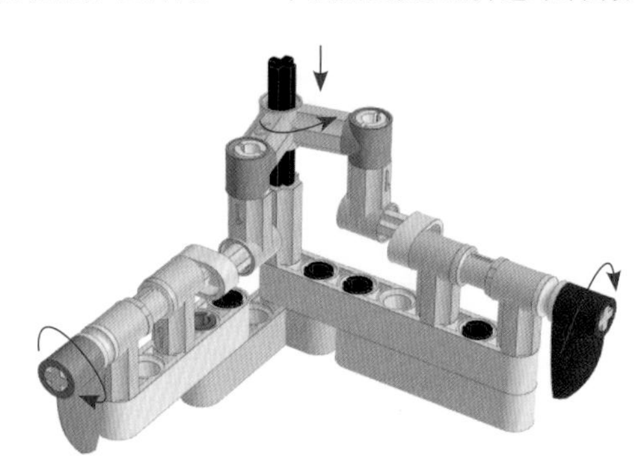

传动轴顺时针转动 270°，直角摆块下滑并顺时针摆动

图 2-19　四个不同的传动位置

2.5.3 搭建指南

直角传动机构零件表，如图 2-20 所示。

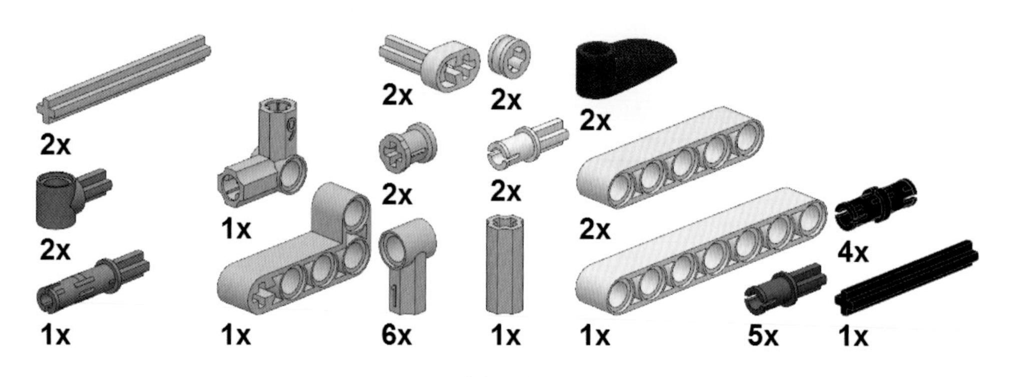

图 2-20　直角传动机构零件表

直角传动机构简单搭建步骤图:

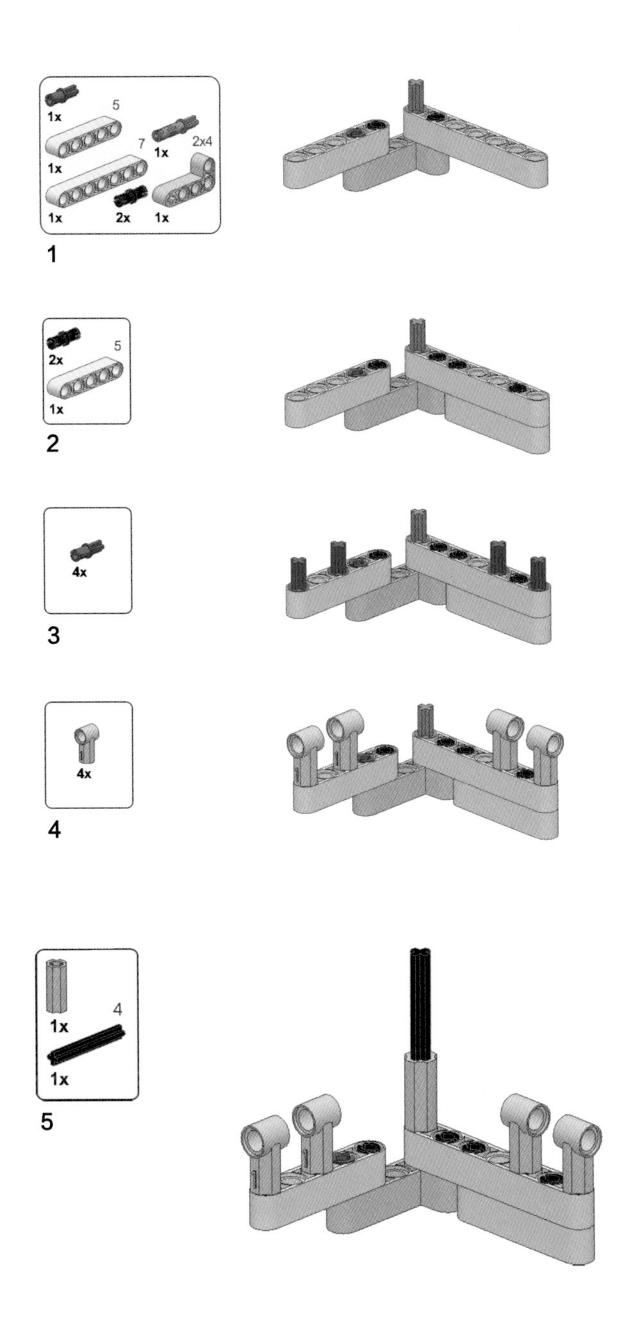

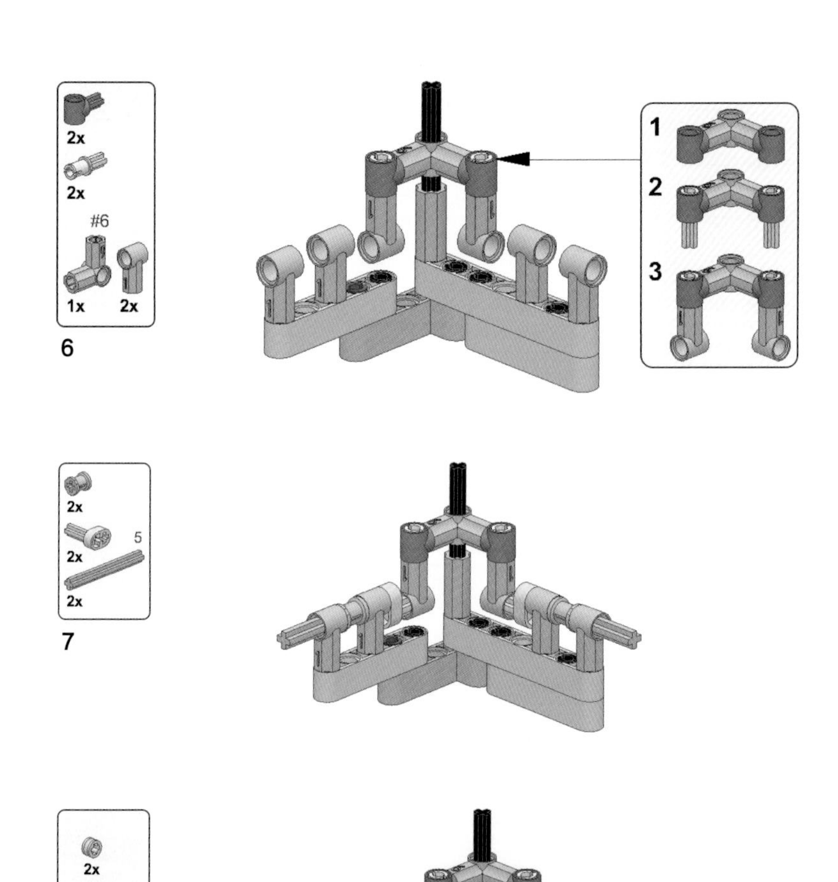

扫码观看直角传动机构视频演示：

2.5.4 结构解析

乐高中的直角传动一般采用双面齿、锥形齿轮、球形齿轮和冠状齿轮等方式实现。以下是几种常用的直角传动机构，如图 2-21 所示。

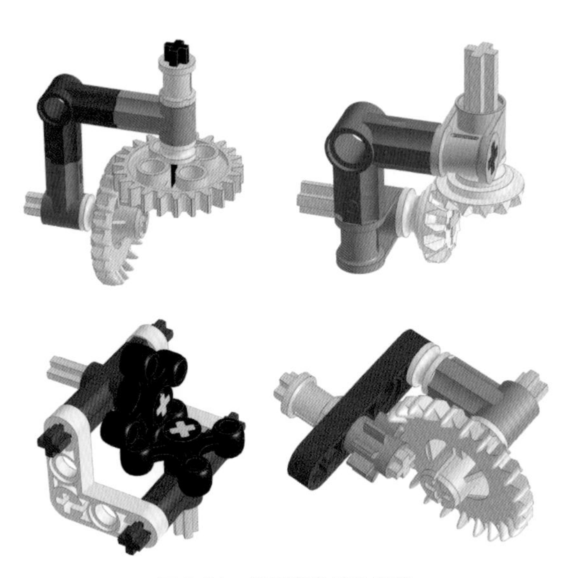

图 2-21 常用直角传动机构

图 2-21 中的几个直角传动采用齿轮传动，特点是两侧的轴都是反向转动。

2.6 偏心传动机构

2.6.1 概述

这个机构用于不共线且平行的两根轴之间的动力传输。

偏心传动机构由底板、支架、摇柄、十字滑块、联轴器等部分组成，如图 2-22 所示。

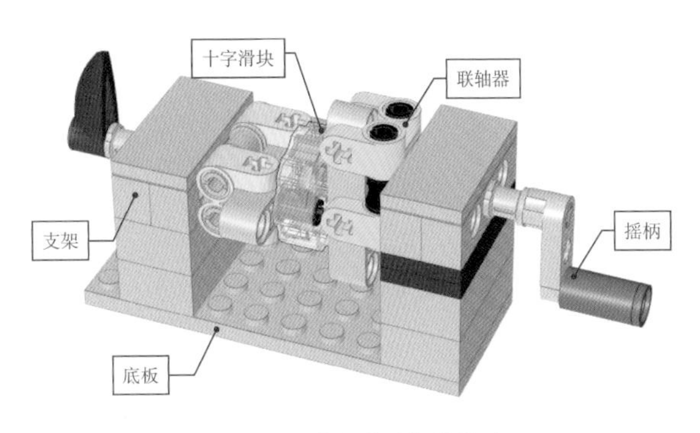

图 2-22 偏心传动机构构成

作品概况

零件数量：33

长度：15 单位

宽度：6 位

高度：5 位

驱动方式：手动

2.6.2 动态效果

这个机构用于两根梁平行但不共线的情况下的动力传输。摇动手柄，联轴器带动十字滑块转动，十字滑块两侧带有相互垂直的两根科技梁，可以在联轴器的滑槽中滑动，补偿两根轴之间的偏心距离，如图 2-23 所示。

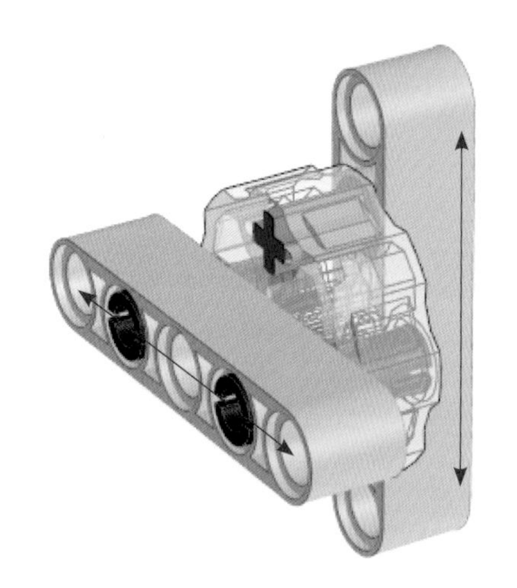

图 2-23　十字滑块可双向滑动

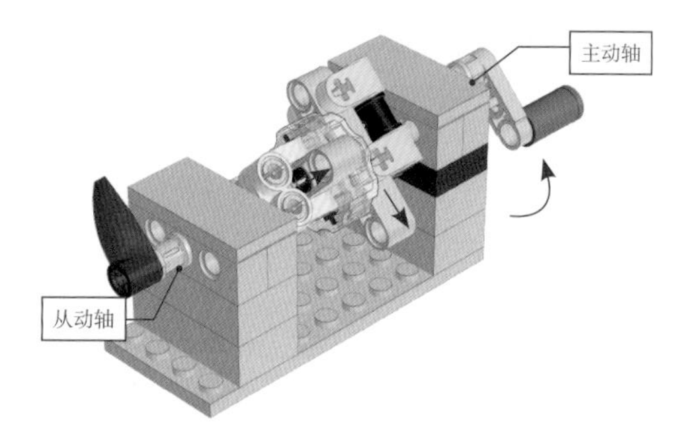

图 2-24　十字滑块工作原理

这个偏心传动机构的最大偏差距离为 2/3 乐高单位，如图 2-25 所示。

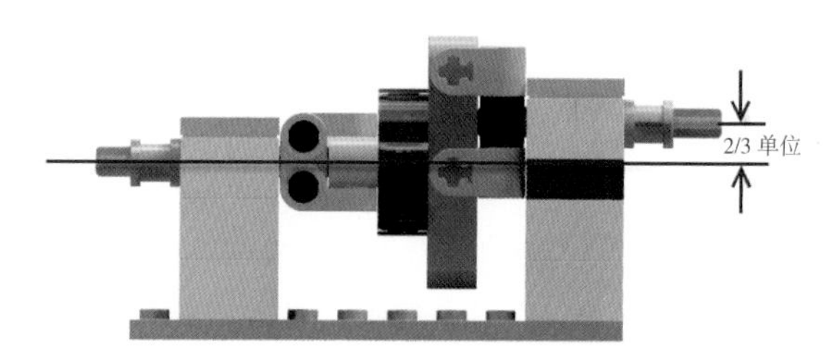

图 2-25　最大偏差距离为 2/3 单位

例如，摇柄顺时针旋转 45°，在主动轴一侧，十字滑块向下滑动；从动轴一侧，滑块向外侧滑动。十字滑块的两侧滑动恰好补偿了两根轴之间的距离，将动力顺利传递到从动轴，如图 2-24 所示。

2.6.3　搭建指南

偏心传动机构零件表，如图 2-26 所示。

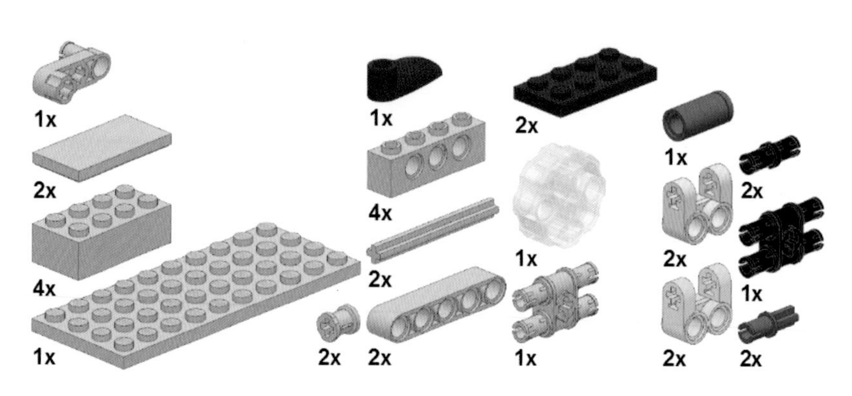

图 2-26　偏心传动机构零件表

偏心传动机构简要搭建步骤图：

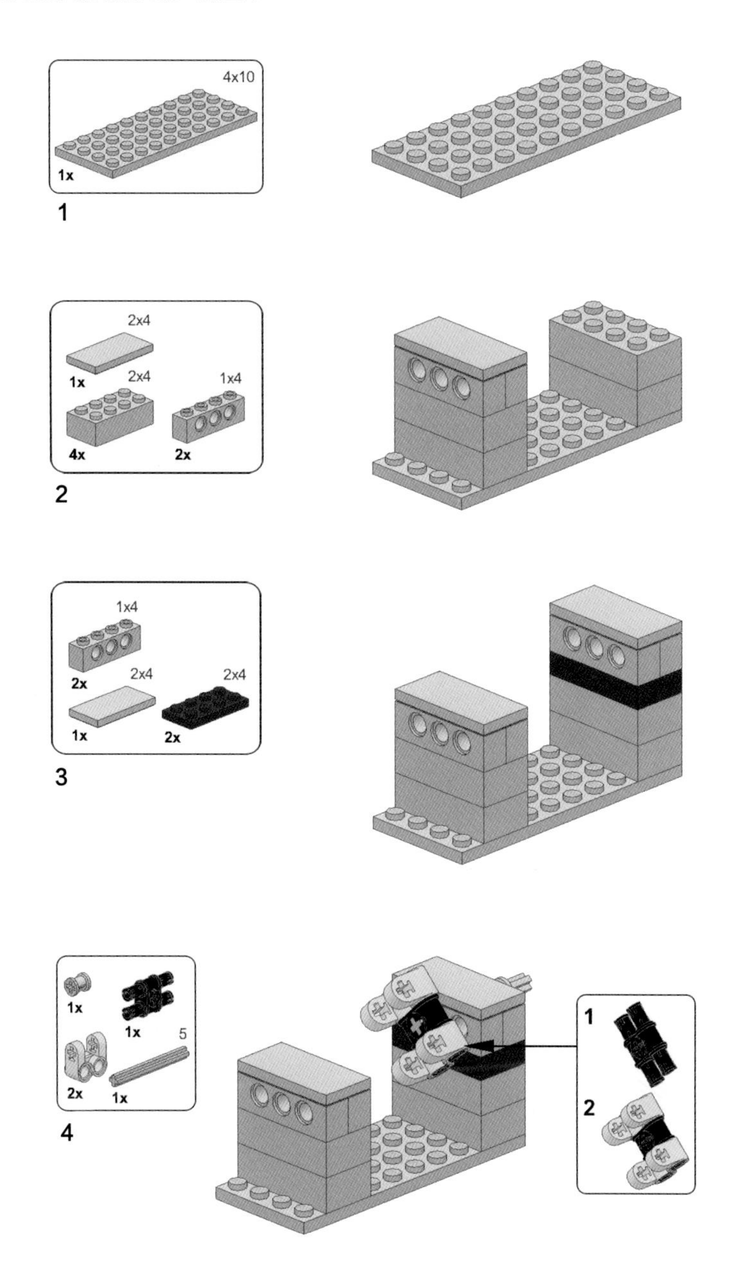

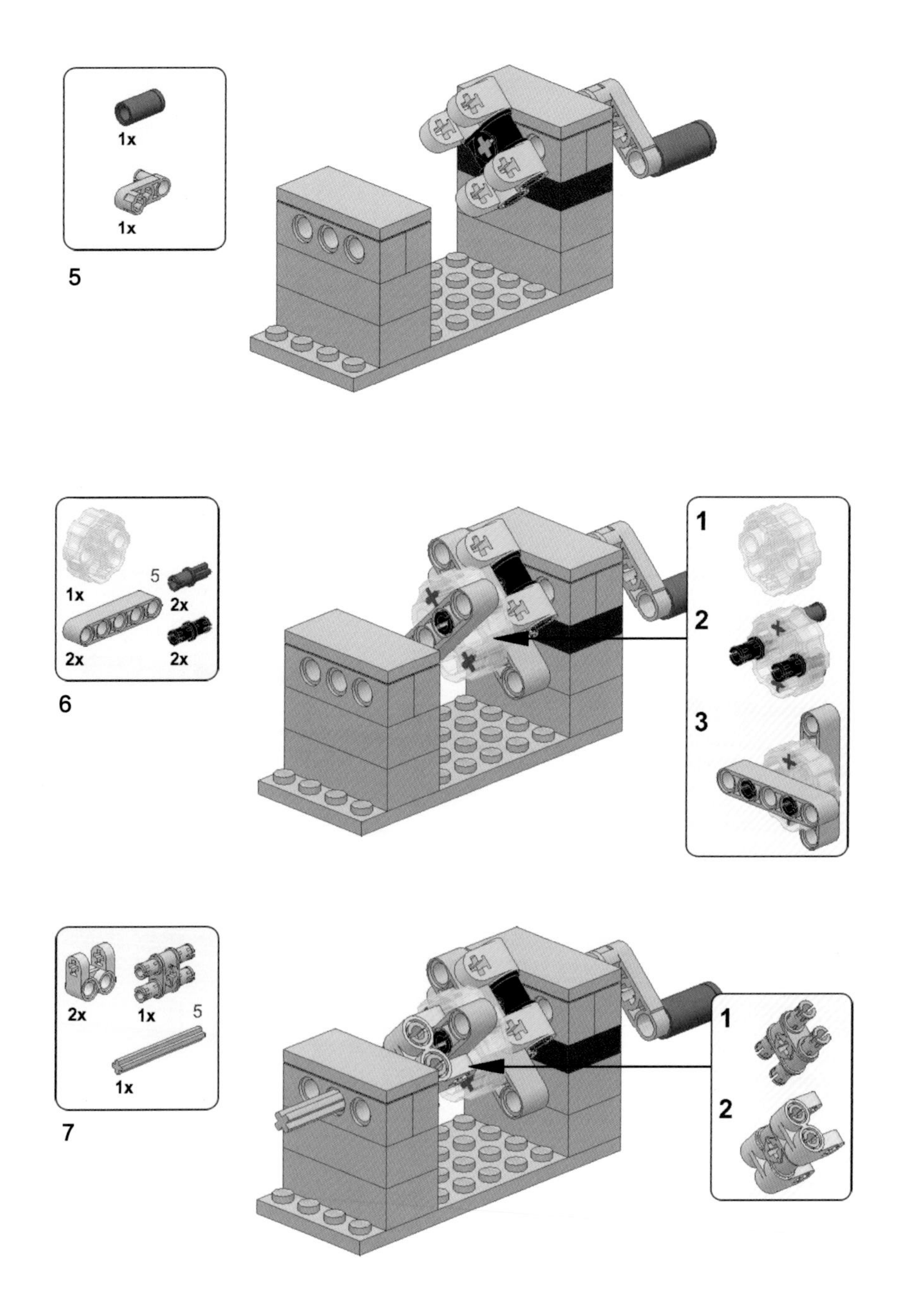
1x
1x
5
1x
5
2x
2x
2x
6
1
2
3
2x
1x
5
1x
7
1
2

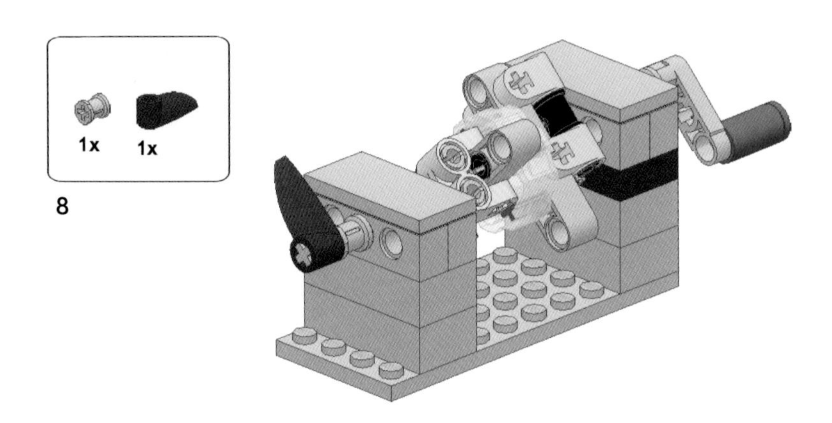

扫码观看偏心传动机构视频演示：

第3章

马达和结构

3.1 纸飞机发射机

3.1.1 作品概述

乐高纸飞机发射装置大致分为两种工作模式：弹射或摩擦。这个作品采用摩擦方式发射。两个靠在一起高速旋转的轮胎，将纸飞机高速甩出。

纸飞机发射机分为导槽、抛射轮、加速机构、底座（电池箱）等几个组成部分。两个抛射轮中，一个是主动轮，另一个是从动轮，两个轮子紧靠在一起，依靠摩擦力传递动力，如图 3-1 所示。

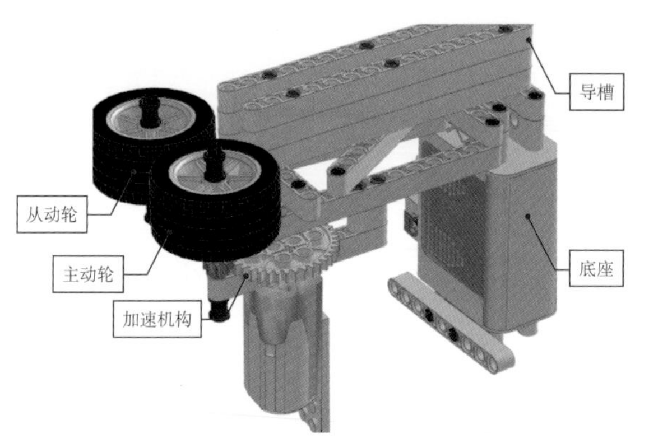

图 3-1 纸飞机发射机

作品概况

零件数量：67

长度：20 单位

宽度：8 单位

高度：15 单位

动力：中马达

电源：5 号电池箱

3.1.2 动态效果

打开电池箱电源按钮，确保两个抛射轮的旋转方向是向外侧旋转。

将纸飞机放进滑槽，机头朝向抛射轮方向，慢慢向机头方向推动，如图 3-2 所示。

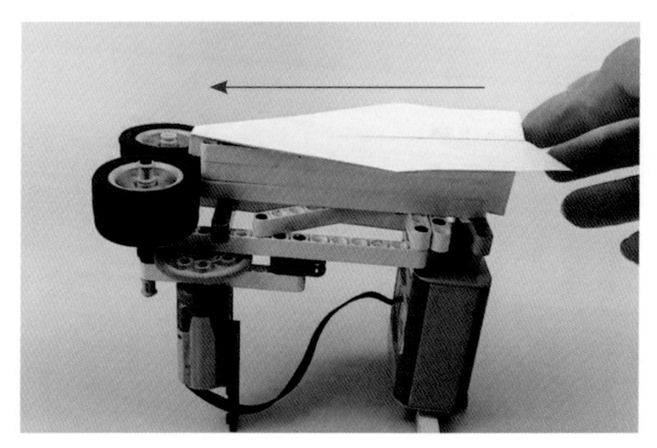

图 3-2 纸飞机加载方式

当纸飞机进入两个抛射轮之间的时候，与抛射轮外侧的橡胶轮胎产生摩擦，纸飞机会被高速旋转的抛射轮抛射出去，如图 3-3 所示。

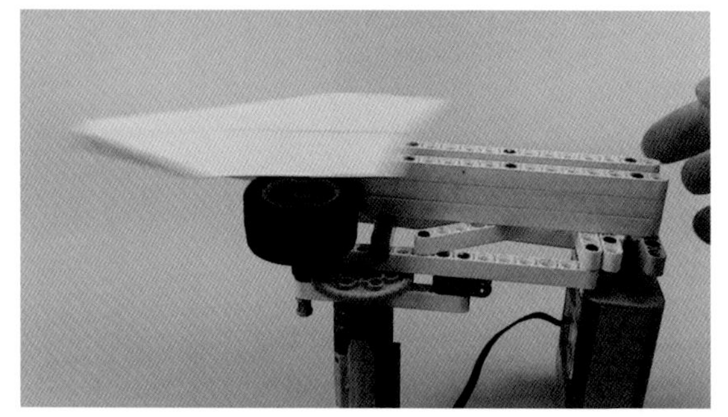

（a） 纸飞机发射瞬间 1

（b） 纸飞机发射瞬间 2

图 3-3 纸飞机发射

3.1.3 搭建指南

纸飞机发射机零件表如图 3-4 所示。

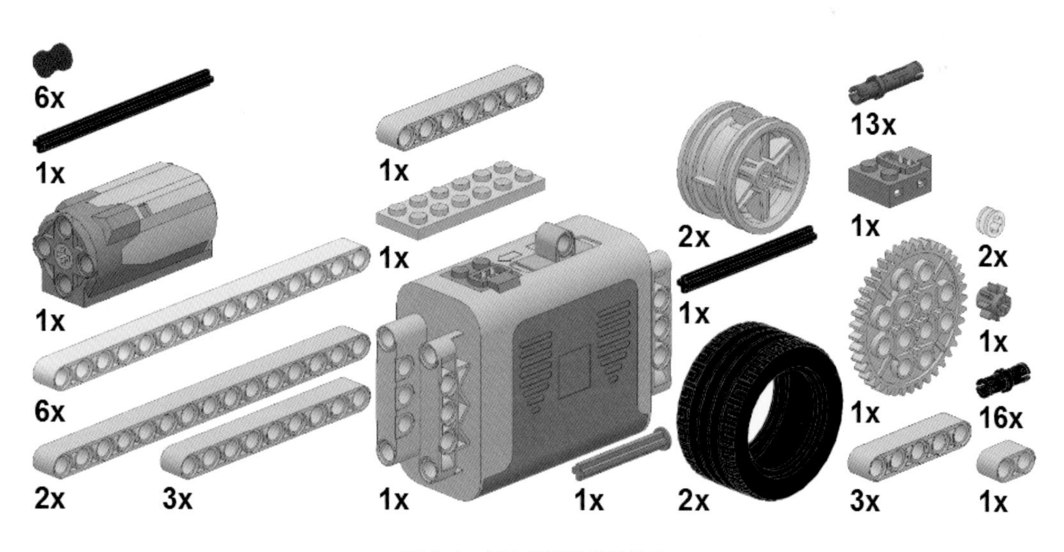

图 3-4 纸飞机发射机零件表

纸飞机发射机简要搭建步骤图:

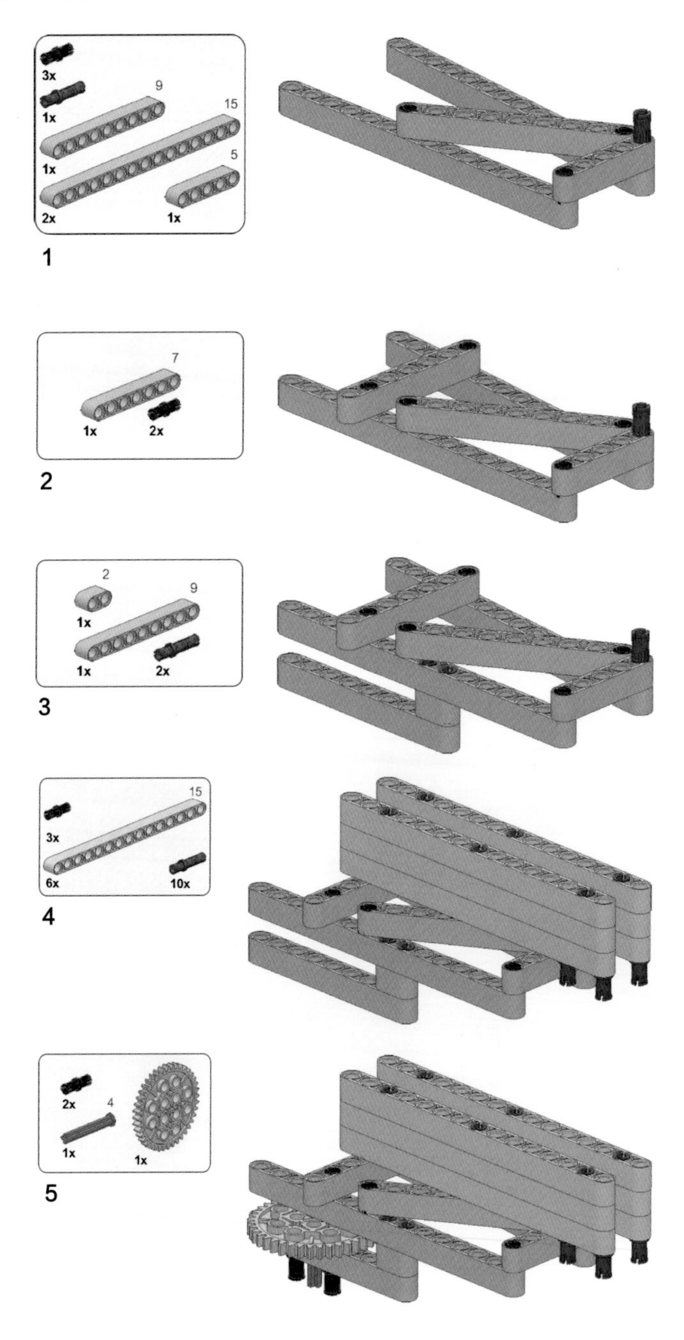

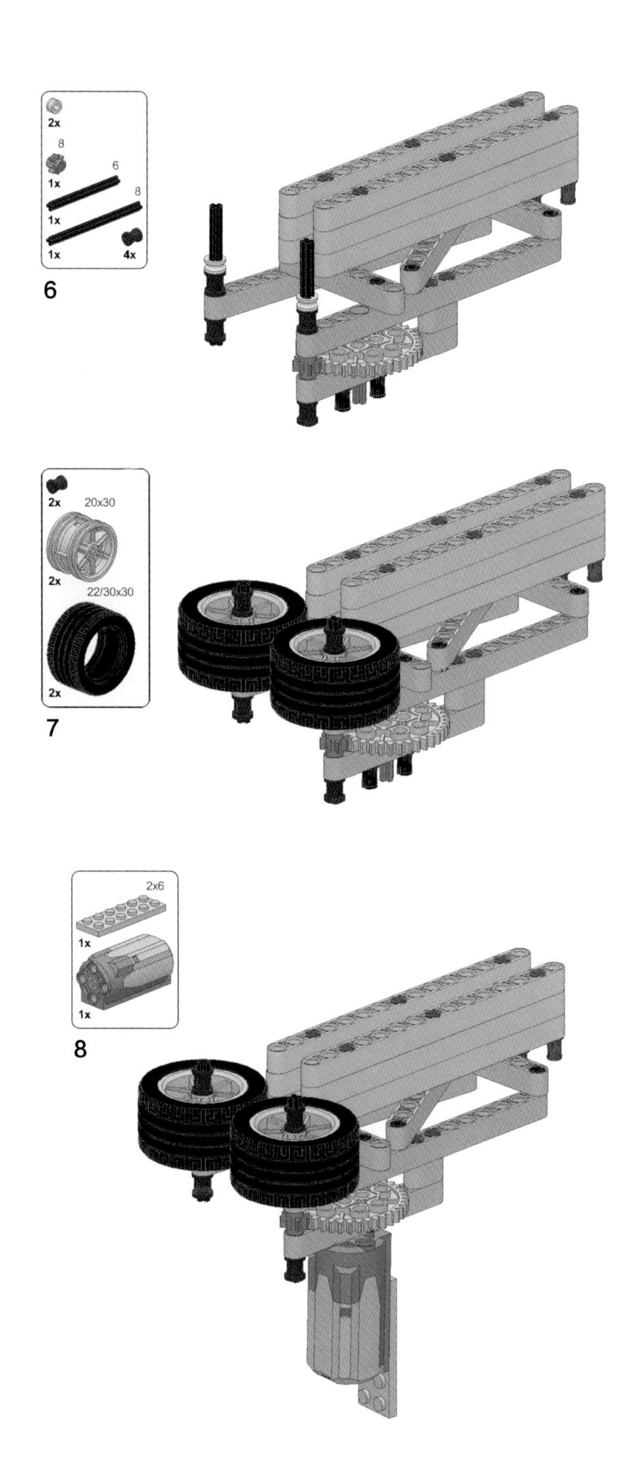

2x
8
1x
6
8
1x
1x
4x
6
2x
20x30
2x
22/30x30
2x
7
2x6
1x
1x
8

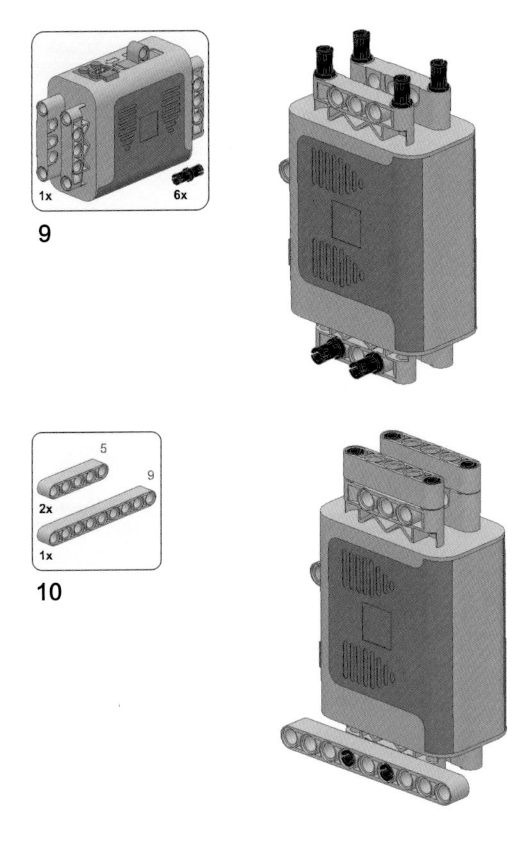

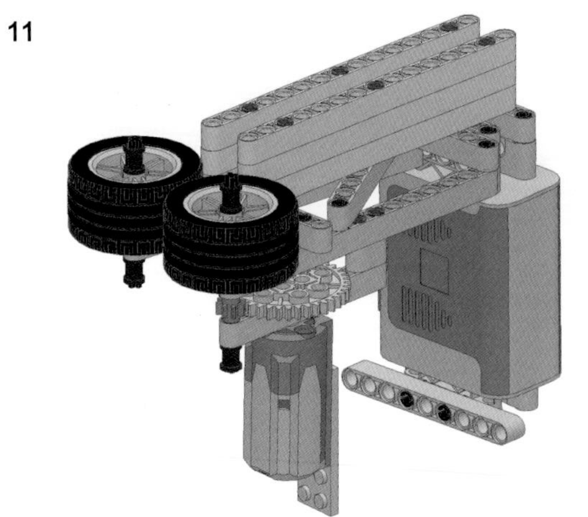

扫码观看纸飞机发射机视频演示：

3.1.4 零件指南

零件中两个抛射轮的规格务必注意，这里选用的是直径 30.4mm、高 20mm 的轮毂（编号 56145）和外径 43.2mm 的外胎（编号 44309），如图 3-5 所示。

图 3-5 轮毂和外胎

根据发射机的结构，只有采用这款轮胎才能保证两个轮胎之间恰好靠在一起，可以产生足够的摩擦力，如图 3-6 所示。

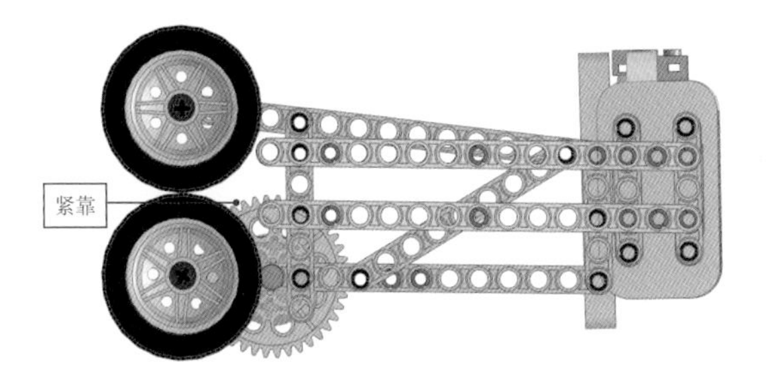

图 3-6 抛射轮的位置关系

3.1.5 结构解析

这款发射机结构设计的关键是，找到一种抛射轮紧靠在一起的合理结构。重点是零件的选择和装配，经过反复测试，得到一种框架结构，如图 3-7 所示。

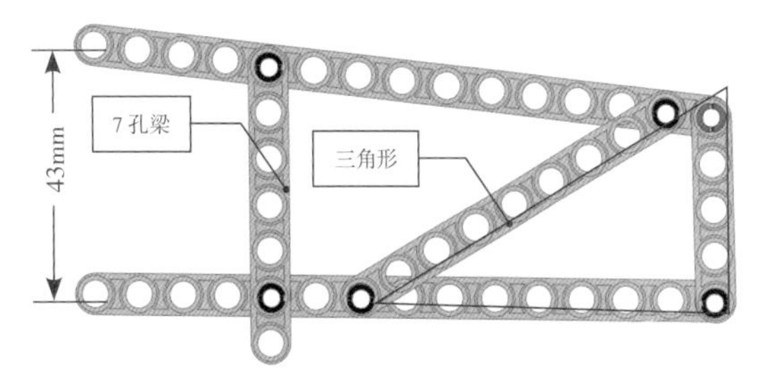

图 3-7 基本框架

这个框架由 5、7、9 和 15 孔梁搭建而成。斜向安装的 9 孔梁与右侧的 5 孔梁在右下角形成一个接近三角形的形状，起到稳固结构的作用。

纵向安装的 7 孔梁进一步加强框架的稳定性。在左侧 15 孔梁之间形成一个销孔中心 43mm 的间距，这个间距恰好可以安装一对外径 43.2mm 的轮胎。

在 5 孔梁和 7 孔梁之间可以安装由 15 孔梁搭建的导槽，如图 3-8 所示。

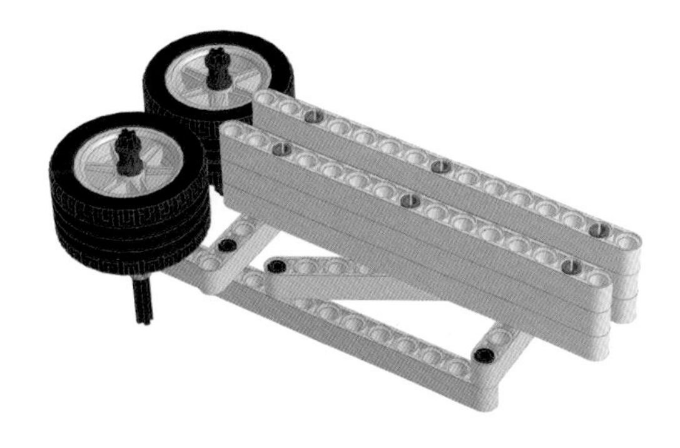

图 3-8 由 6 根 15 孔梁搭建的导槽

这个作品需要抛射轮高速旋转，因此设计了一个齿轮加速机构，由40T齿轮带动8T齿轮，形成一个5倍的加速，如图3-9所示。

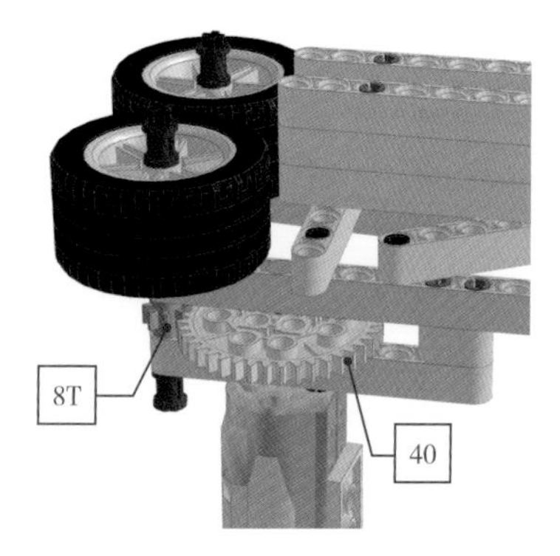

图3-9　齿轮加速机构

3.2 机械钟

3.2.1 作品概述

这款机械钟带有两根指针，通过一套齿轮传动系统，两根指针之间的相对转速比为60：1，可以准确表现分针和秒针或分针和时针的相对转速关系。

机械钟的外形包括底座、初级减速机构、分针减速机构、分针传动机构等几个部分组成，如图3-10所示。

作品概况

零件数量：76

长度：20单位

宽度：6单位

高度：9单位

动力：中马达

电源：7号或5号电池箱

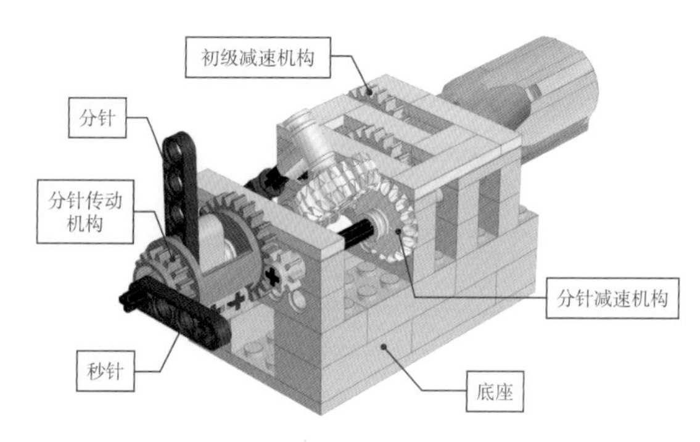

图3-10　机械钟的构成

3.2.2 动态效果

打开电池箱电源开关，机械钟开始运转。中马达的转动通过两级减速，速度减为初始转速的1/9。中马达在9V电压供电状态下，标称转速约为400转/分钟。通过减速之后，秒针的转速约为45转/分钟。分针的转速为秒针的1/60，约为0.75转/分钟，与真实的钟表完全一致，如图3-11所示。

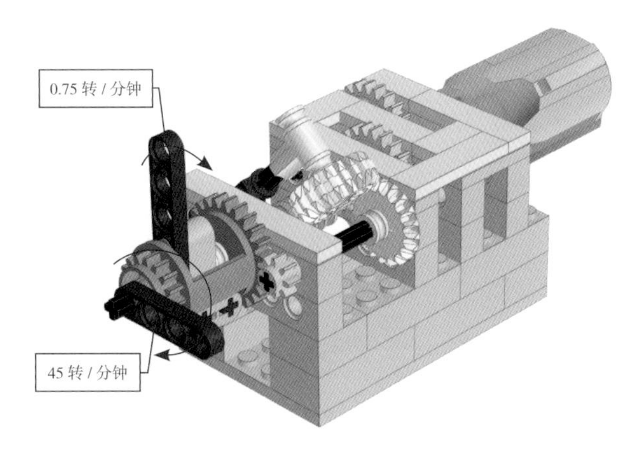

图 3-11 指针的转速

3.2.3 搭建指南

机械钟零件表如图 3-12 所示。

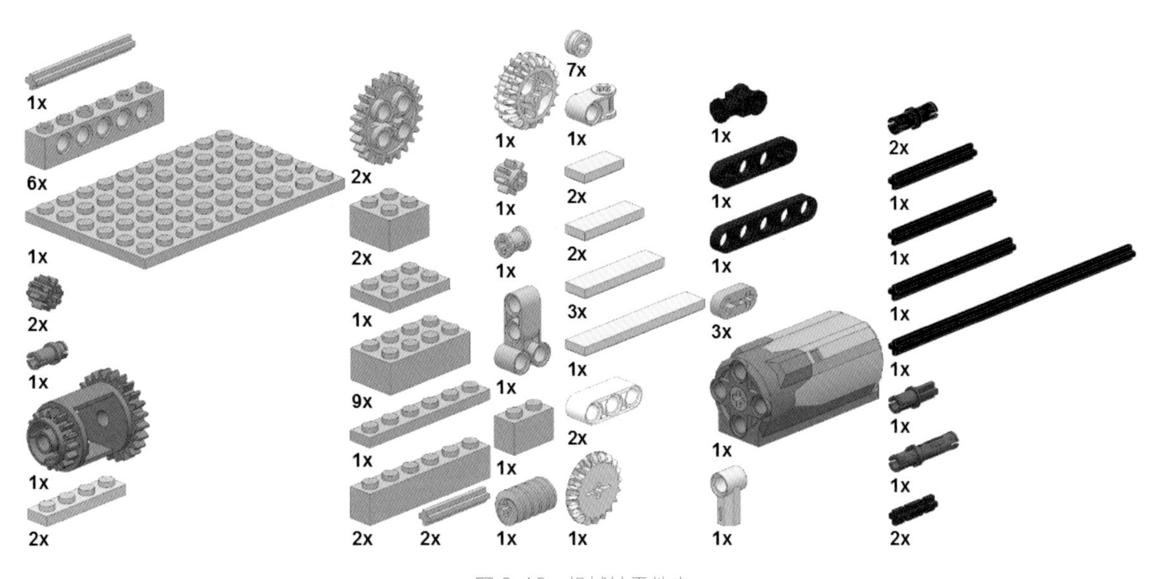

图 3-12 机械钟零件表

机械钟简要搭建步骤图：

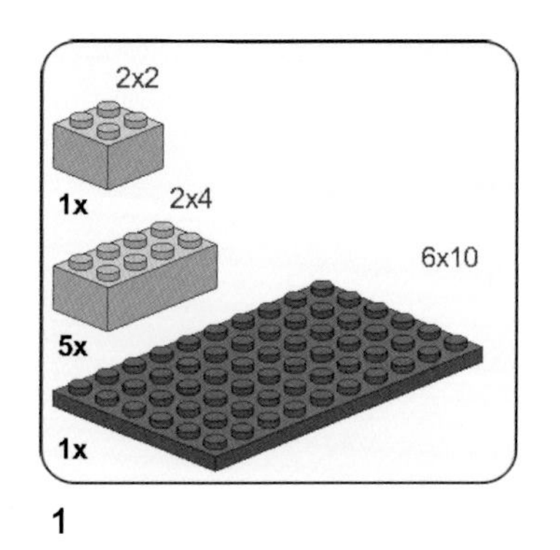

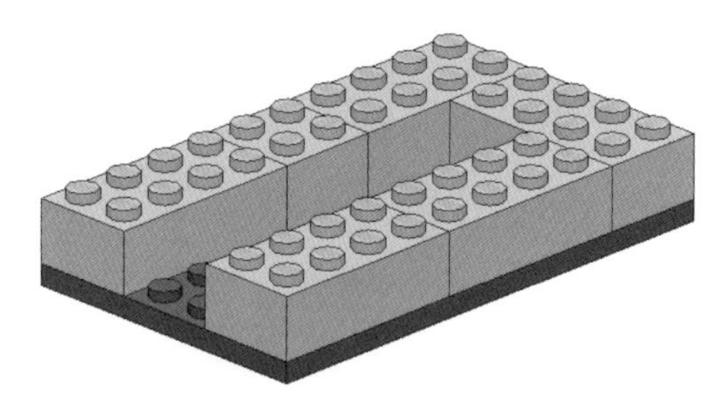

1

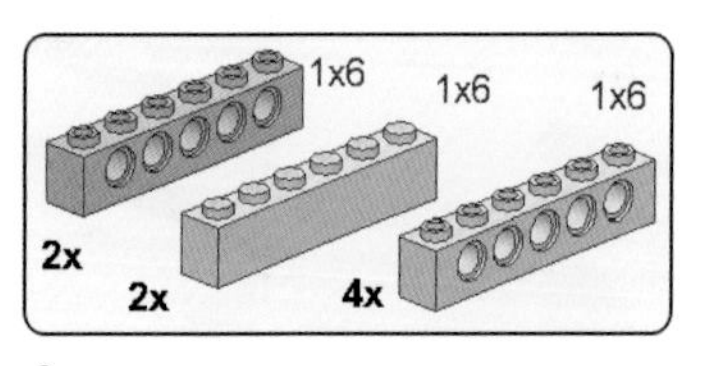

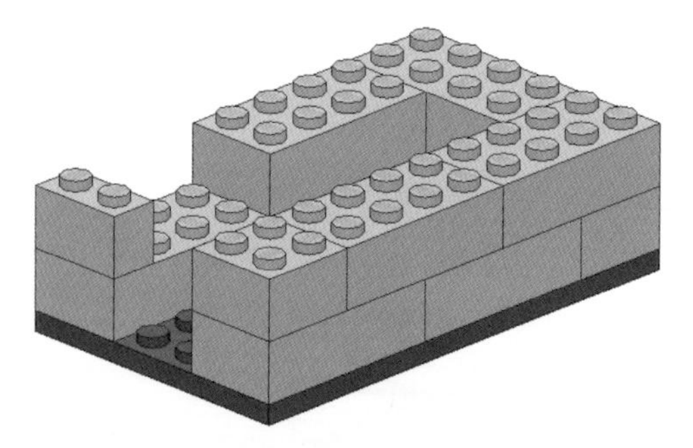

2

1x6 1x6 1x6

2x 2x 4x

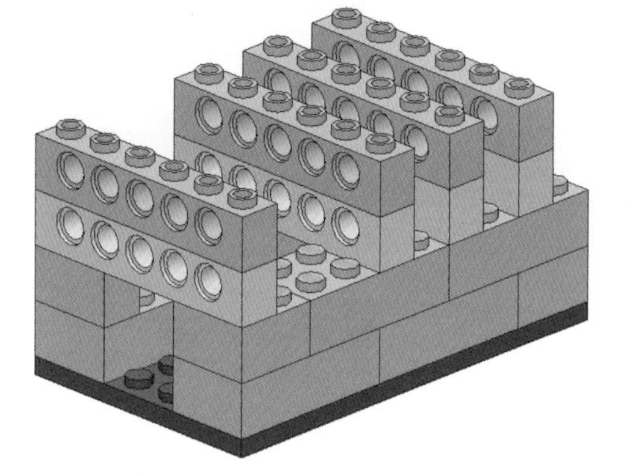

3

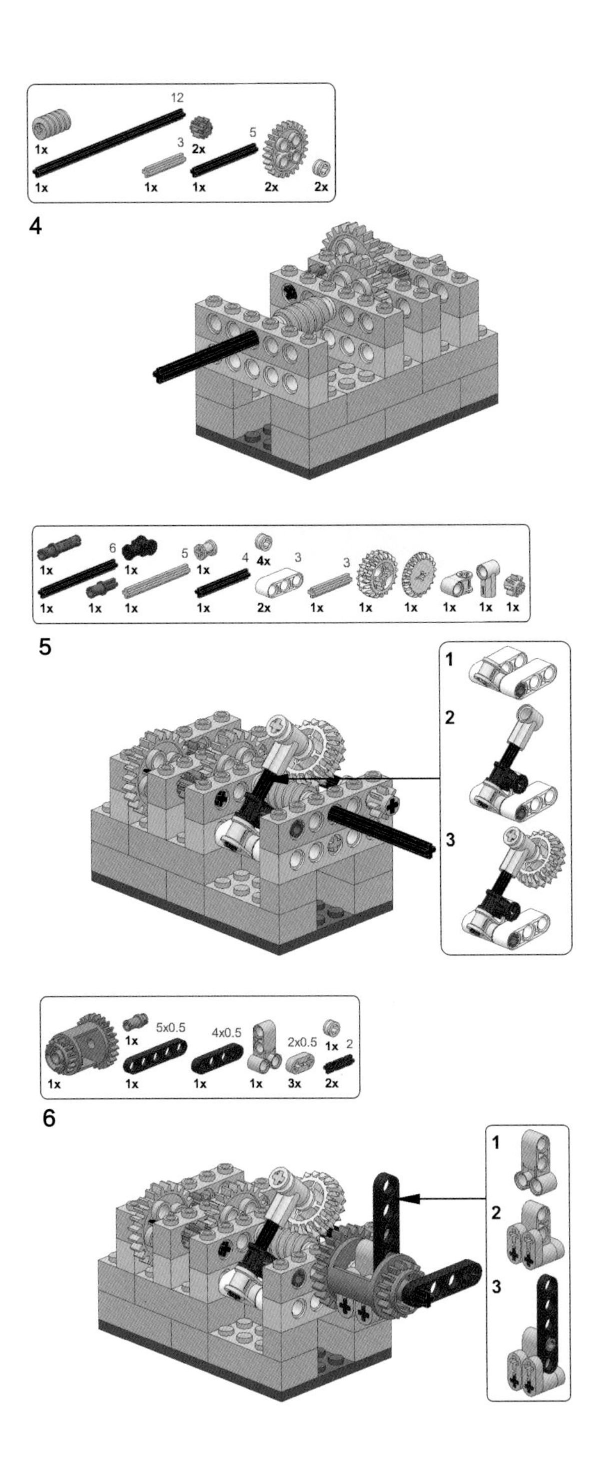
12
1x
3
2x
5
1x
1x
1x
2x
2x
4
6
1x
5
1x
4
4x
3
3
1x
1x
1x
1x
2x
1x
1x
1x
1x
1x
1x
5
1
2
3
1x
5x0.5
4x0.5
2x0.5
1x
2
1x
1x
1x
1x
3x
2x
6
1
2
3

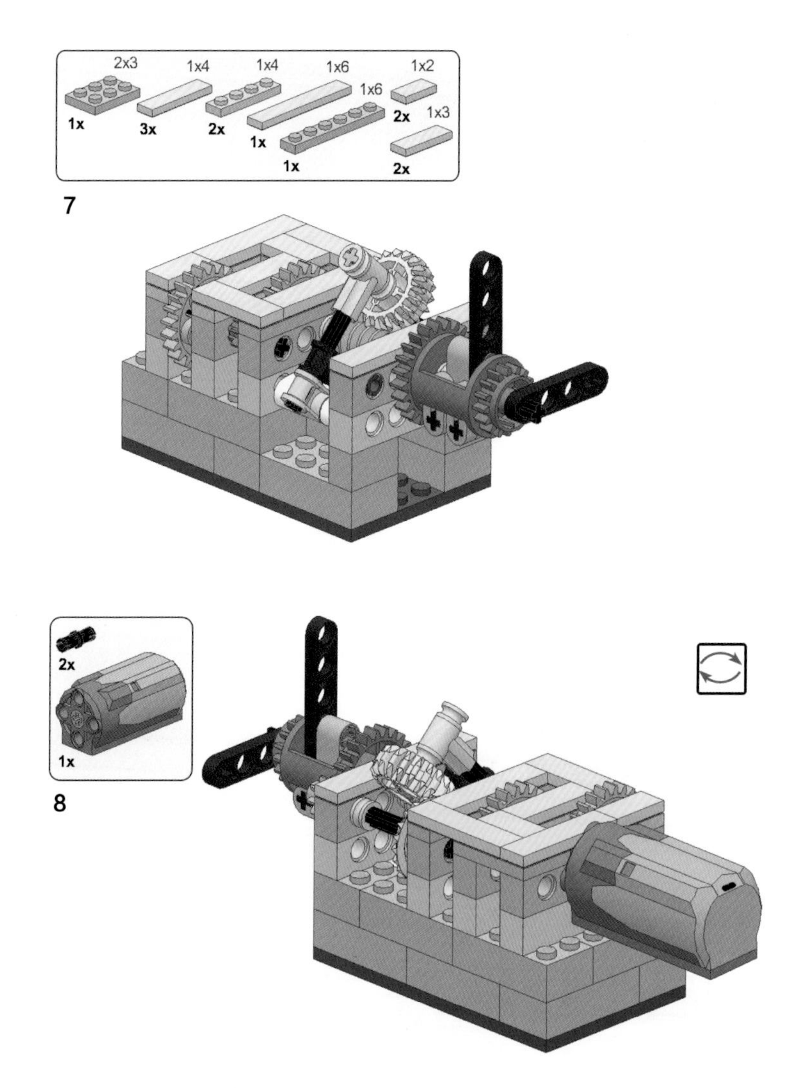

扫码观看机械钟视频演示:

3.2.4 零件指南

这个作品的设计难点在于零件的选择，尤其是分针部分的设计。由于秒针和分针是同轴转动的，必须使用一个中心带有圆孔而外侧边缘有齿轮的零件，这样才能做到二者同轴、不同转速转动。二者的关系如图 3-13 所示。

图 3-13 秒针和分针同轴转动

在乐高零件中，符合这个要求的零件极少，最终选中了老款差速器（编号 6573），如图 3-14 所示。这款零件的一侧有一个 20 齿的圆柱外齿圈，中间的孔是圆形的通孔，完全符合使用的要求。

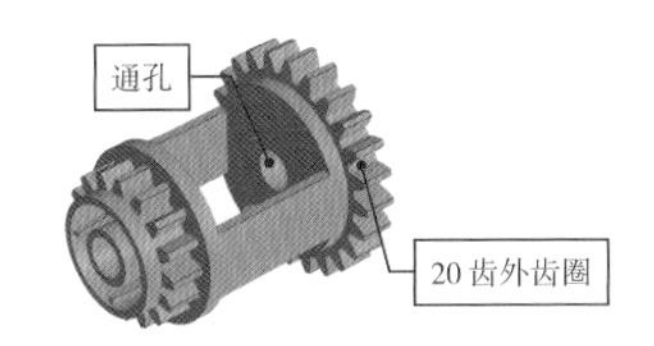

图 3-14 老款差速器（编号 6573）

接下来的难题是如何将差速器与分针固定在一起。分针采用的零件是 5 孔薄壁梁（编号 32017），这个零件上只有 5 个销孔，差速器上也没有可以固定的其他结构，如图 3-15 所示。

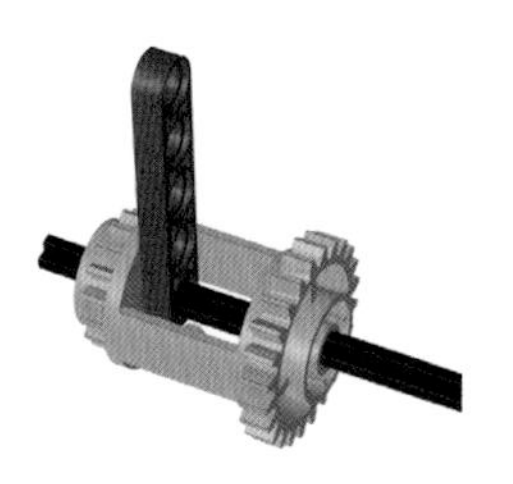

图 3-15 指针和差速器

经过反复试验，最终确定了一种搭建方法：用 3×2 交叉块（编号 32557）和 3 个 2 孔薄壁梁（编号 41677）等零件搭建一个支架，如图 3-16 所示。

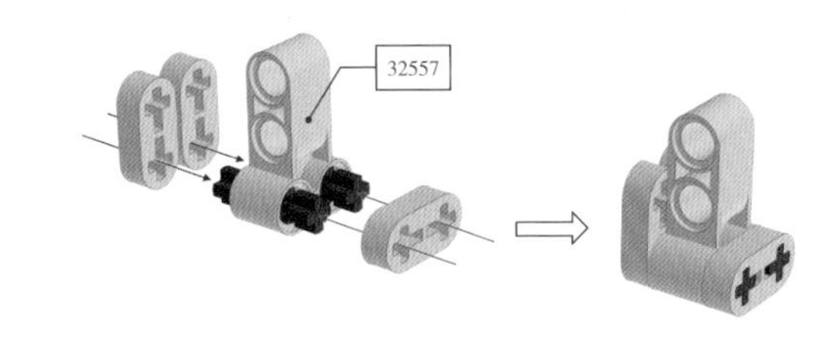

图 3-16 分针支架搭建分解图

再将分针支架通过一个 1/2 单位销（编号 32002）与分针零件连接，如图 3-17 所示。

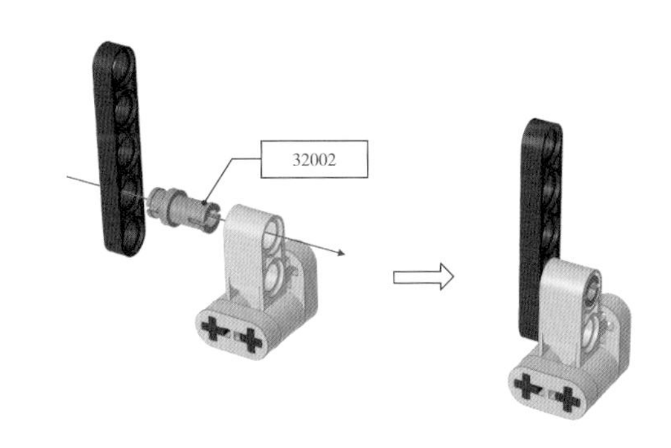

图 3-17 分针与支架的安装

最后，将差速器从分针的上方插入，再插入轴。至此，分针与差速器就与轴安装在一起了，轴与差速器可以各自以不同的转速旋转而互不影响，如图 3-18 所示。

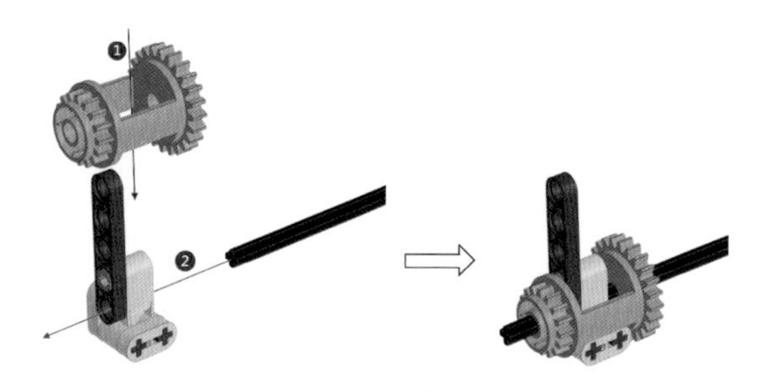

图 3-18 分针、差速器和轴的装配

交叉块（32557）的形状有点类似一头象，因此它有一个别称“小象”。另有一款 2×4 单位交叉块（98989），它比交叉块（32557）长一个单位，被称为“大象”，如图 3-19 所示。

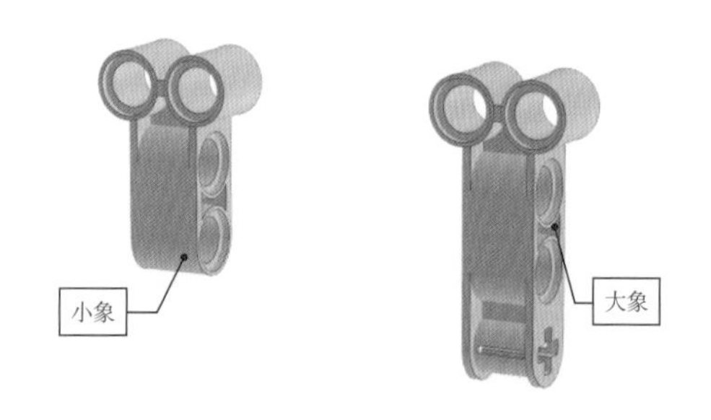

图 3-19 “小象”和“大象”

3.2.5 结构解析

这个作品最为巧妙的设计是分针和秒针之间按 1/60 的转速比实现。这需要在为数不多的齿轮中找到合适的组合。

最终采用的方案是一种二级减速方案，第一级，用蜗杆带动 20T 双面齿轮，获得一个 20 倍的减速。第二级，用 8T 齿轮带动差速器外壳上的 24T 齿轮，得到一个 3 倍的减速，两级相乘恰好是 60 倍减速。齿轮搭配如图 3-20 所示。

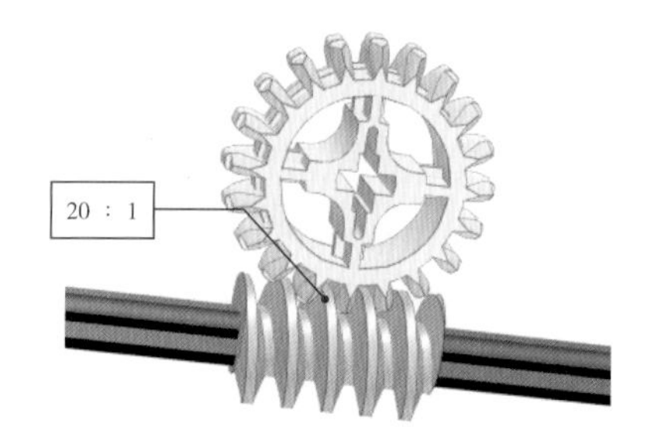

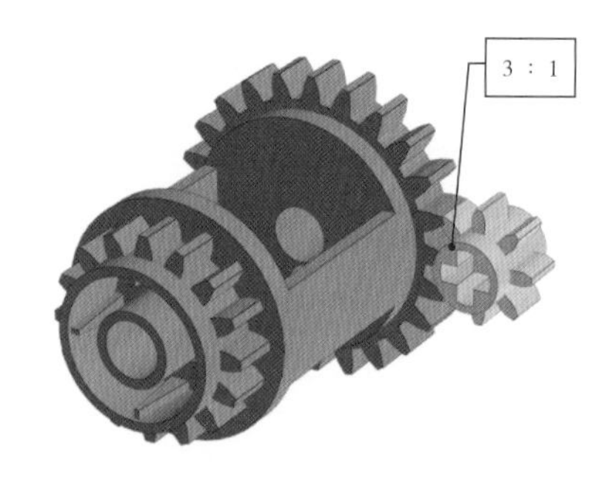

图 3-20 60 倍减速的齿轮搭配

具体的结构如图 3-21 所示。蜗杆安装在主轴上，20T 双面齿轮斜向安装，直齿部分与蜗杆啮合，转速减为 1/20。

20T 双面齿轮的斜齿部分与 20T 锥形齿轮啮合，由于两者齿数相同，转速不变。

20T 锥形齿轮通过一根轴将动力传递给 8T 齿轮，8T 齿轮与差速器外侧的 24T 齿轮啮合，转速再次减为 1/3。整个减速机构恰好形成 60 倍的减速。

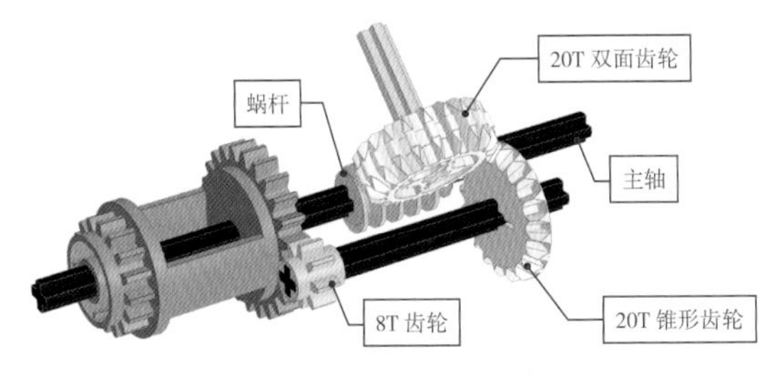

图 3-21 分针减速机构

第一级减速机构由四个齿轮组成，分别是两组 8T 对 24T 齿轮的减速，总体减速比例为 9 ： 1。具体结构如图 3-22 所示。

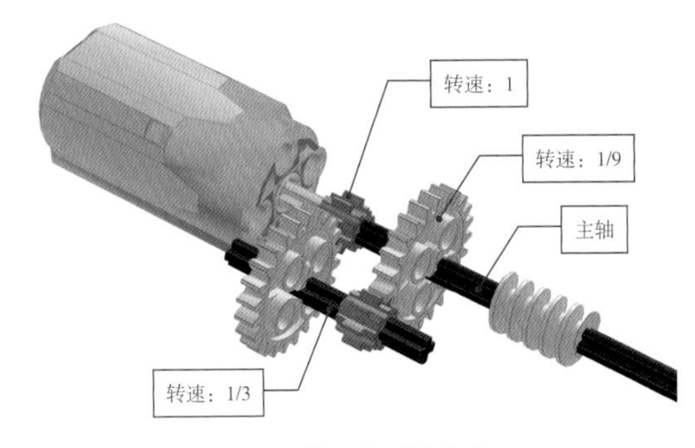

图 3-22 第一级减速机构

3.3 机器飞鸟

3.3.1 作品概述

这件作品模仿鸟类的飞行方式，小鸟的身体做椭圆形循环摆动，同时翅膀做上下循环扇动，生动有趣。

机器飞鸟由底座、传动机构、摆动机构、飞鸟躯干、翅膀等几个部分构成。机器飞鸟的构成如图 3-23 和图 3-24 所示。

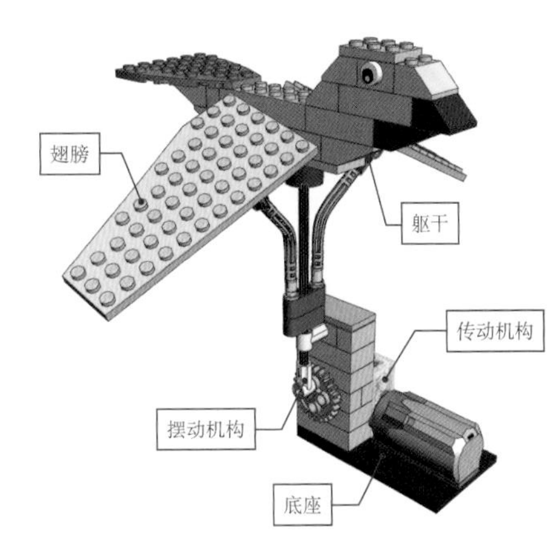

图 3-23 机器飞鸟（1）

图 3-24 机器飞鸟（2）

作品概况

零件数量：70

长度：20 单位

宽度：27 单位
高度：23 单位
动力：中马达
电源：7 号或 5 号电池箱

3.3.2 动态效果

机器飞鸟在一套涡轮蜗杆和曲柄连杆机构的驱动下，循环摆动躯干，翅膀也随身体上下扇动。曲柄使用 24T 齿轮侧面的销孔，连杆为 12M 轴，摆动轴心是一个 1 号角块，如图 3-25 所示。

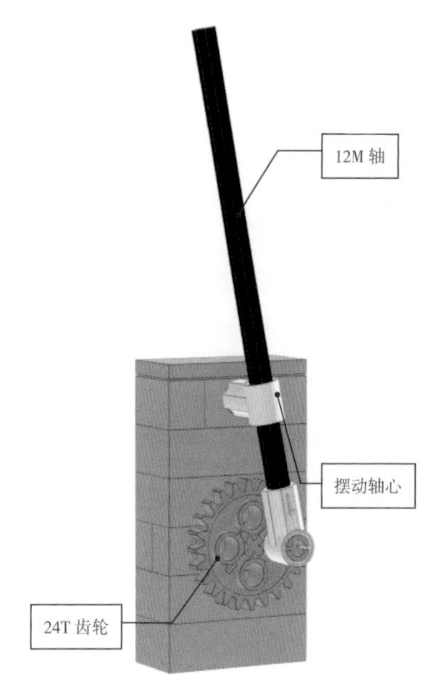

图 3-25 曲柄和连杆

在连杆的带动下，躯干有四个基本位置：前倾、后仰、最高和最低。

翅膀和躯干的关系是：躯干最高，翅膀最低；躯干最低，翅膀最高；躯干前倾，翅膀半高；躯干后仰，翅膀半高，如图 3-26 所示。

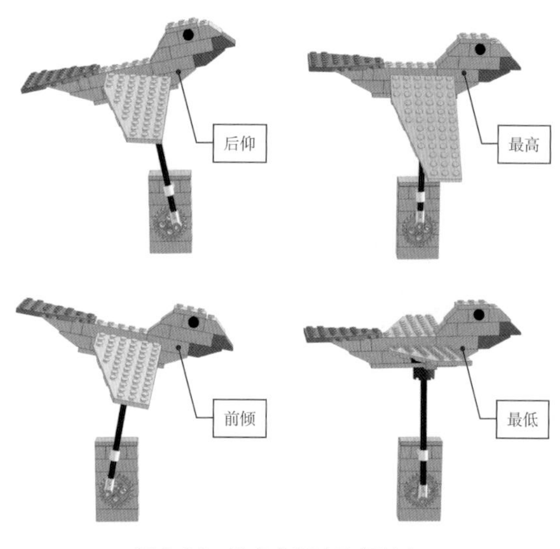

图 3-26 飞鸟的四个飞行状态

3.3.3 搭建指南

机器飞鸟零件表，如图 3-27 所示。

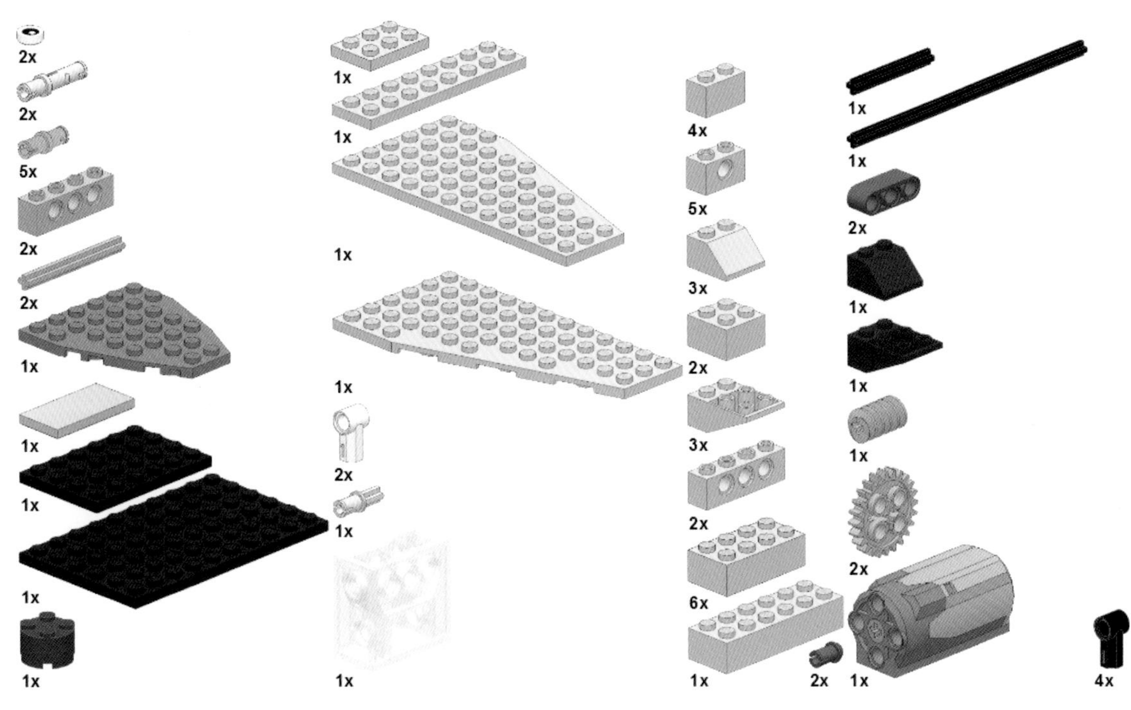

图 3-27 机器飞鸟零件表

机器飞鸟简要搭建步骤图：

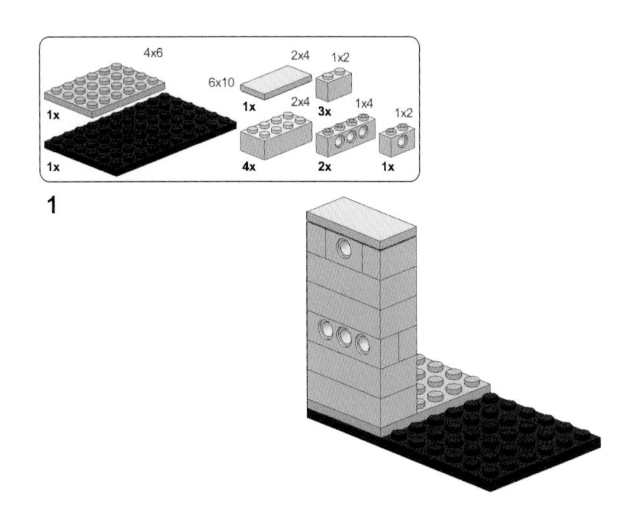

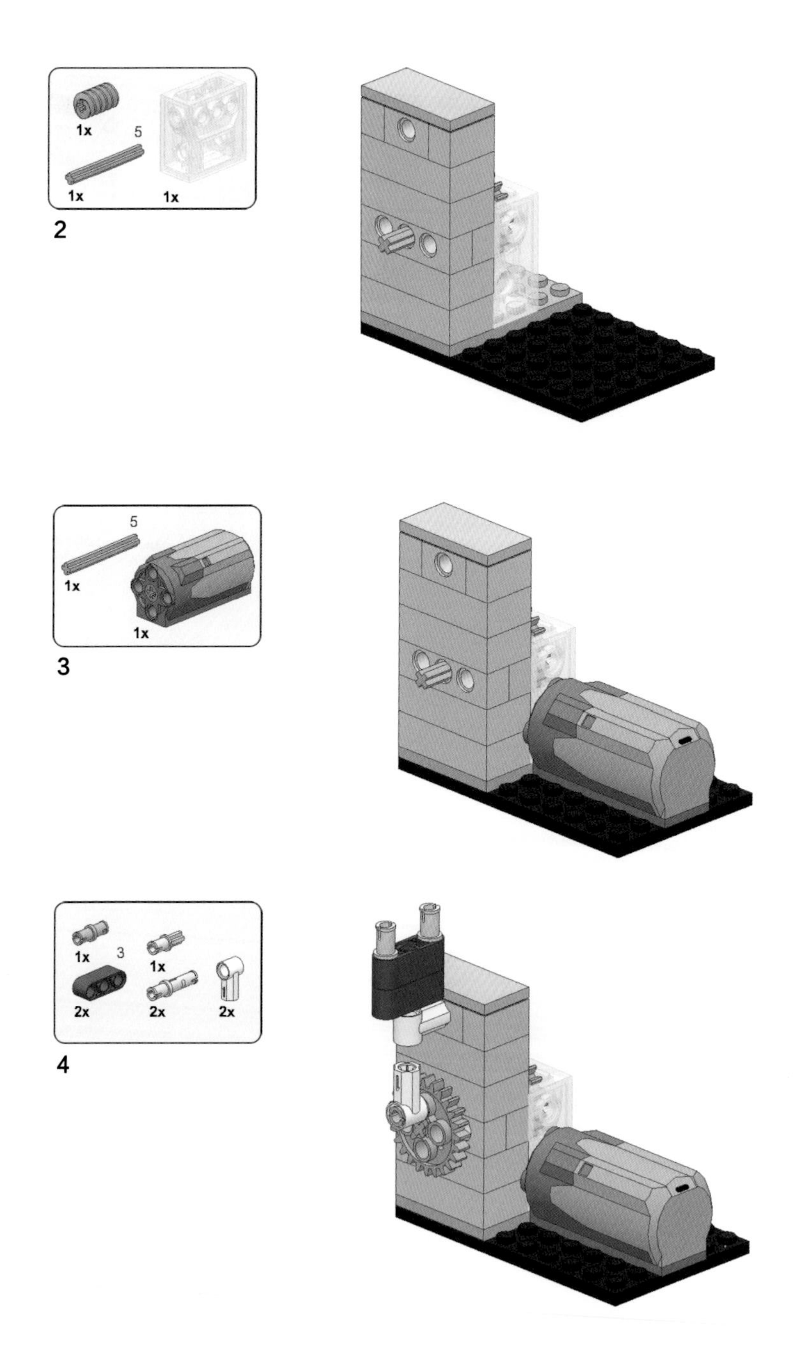
1x
5
1x
1x
2
5
1x
1x
3
1x
3
1x
2x
2x
2x
4

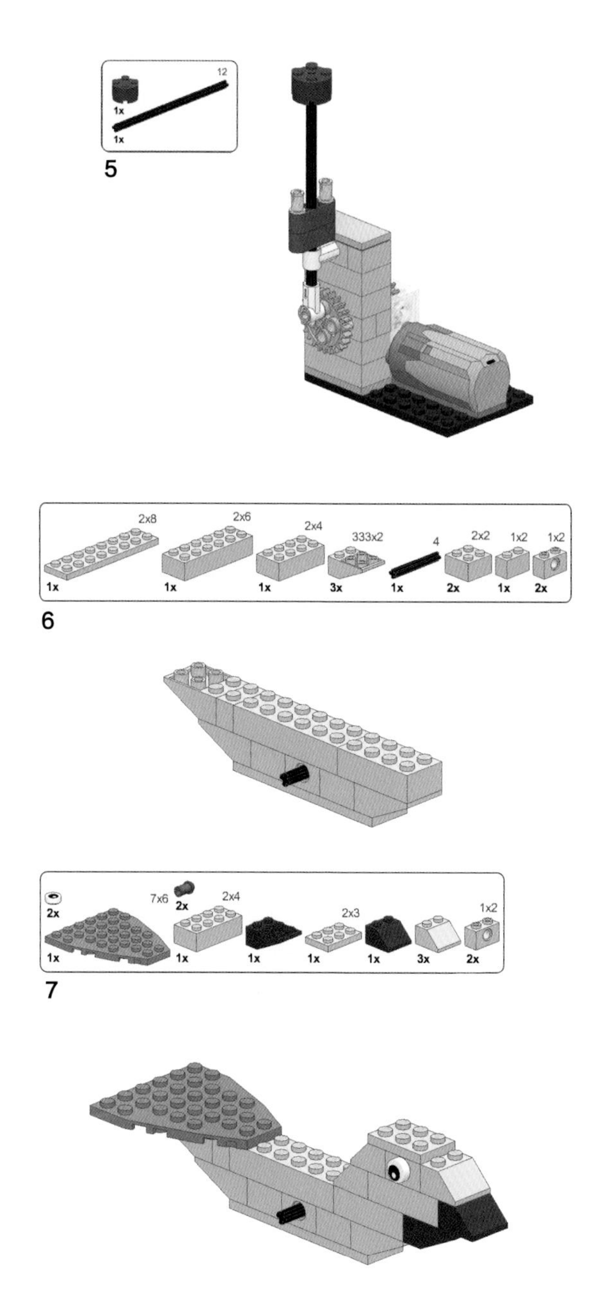
12
1x
1x
5
2x8
2x6
2x4
333x2
4
2x2
1x2
1x2
1x
1x
1x
3x
1x
2x
1x
2x
6
7x6
2x
2x4
2x3
1x2
2x
1x
1x
1x
1x
1x
3x
2x
7

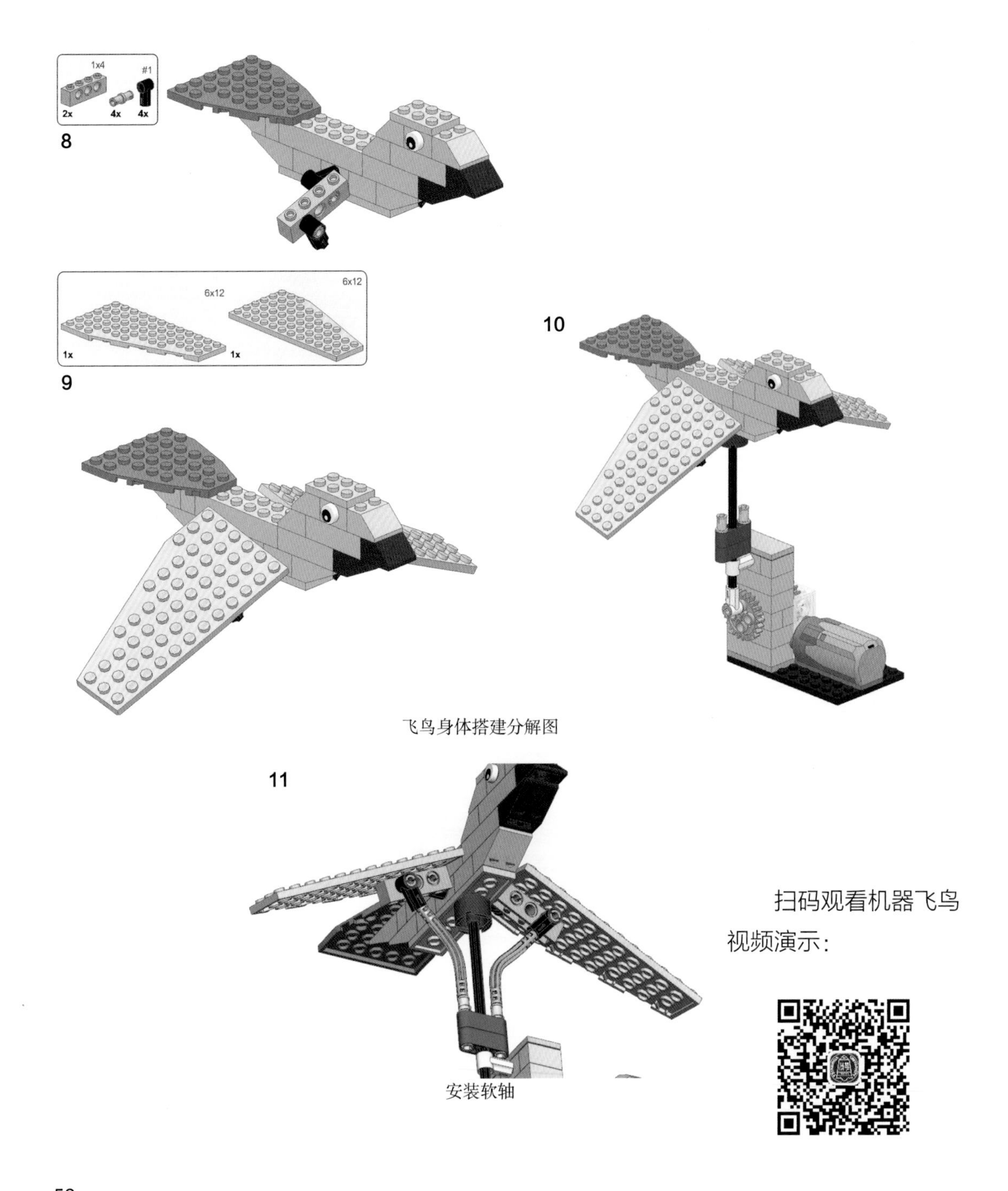

飞鸟身体搭建分解图

安装软轴

扫码观看机器飞鸟视频演示：

3.3.4 零件指南

异形板

机器飞鸟上用到了几块异形板。与常见的长方形或正方形板不同，异形板种类较多，按照形状分类，有直角梯形、等边梯形、圆形、圆角、楔形等多种。图 3-28 为部分异形板。

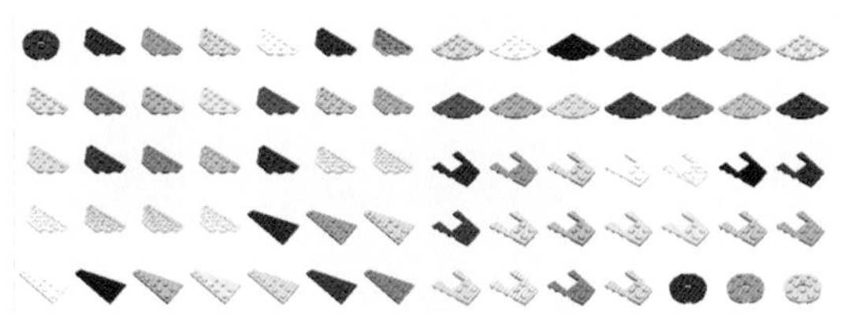

图 3-28 各种异形薄板

本作品中的翅膀就选用了 6×12 楔形板来进行搭建。这种板的形状是不对称的，因此必须同时使用左、右两种规格。两种规格的薄板编号也有所不同，右侧板编号为 30356，左侧板编号为 30355，如图 3-29 所示。

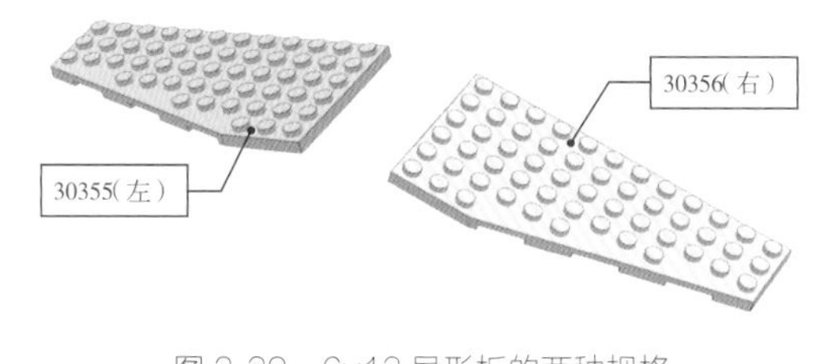

图 3-29 6x12 异形板的两种规格

斜面砖和反斜面砖

机器飞鸟的躯干部分使用了多块斜面砖和反向斜面砖，用以表现鸟的躯干轮廓。图 3-30 中箭头所指的砖块均为斜面砖。

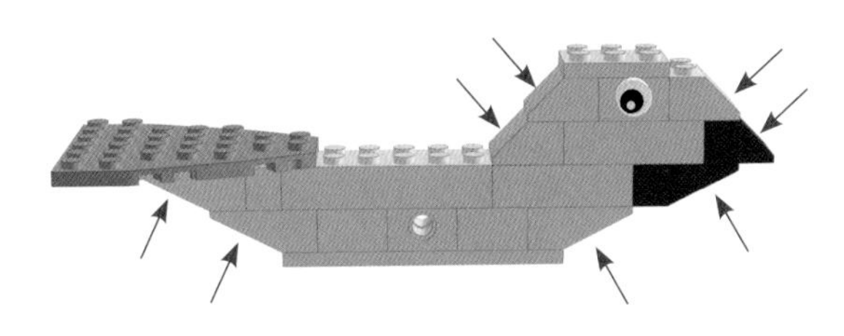

图 3-30 机器飞鸟上的斜面砖

斜面砖是乐高砖块中很重要的一个分类，而且规格众多。斜面砖基本按照其外观尺寸来命名，例如 1×2、2×2、2×2×2 等。图 3-31 中是部分斜面砖的规格。

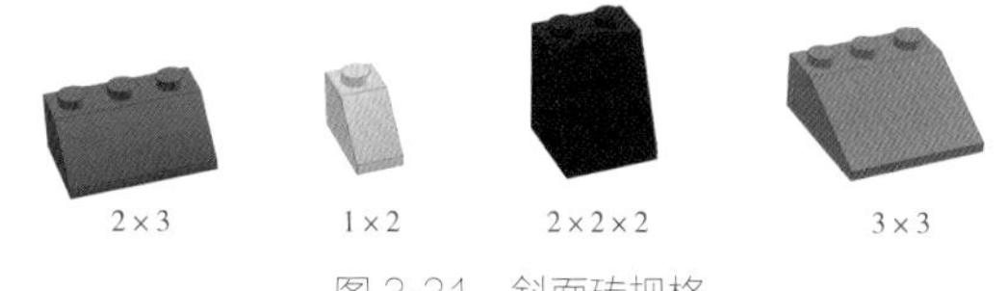

图 3-31 斜面砖规格

鸟喙部分使用了反斜砖，规格为 2×3（编号 3747），如图 3-32 所示。这个作品如果没有各种斜面砖的使用，将无法更好地表现鸟的轮廓。

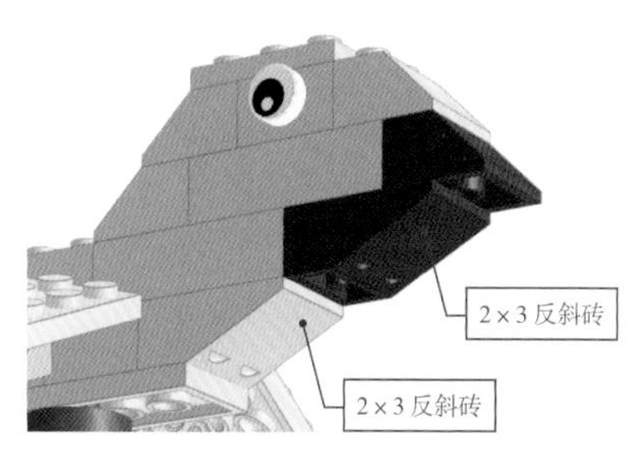

图 3-32 鸟喙部分反斜砖的使用

软轴

两侧的翅膀采用了两根 7M 软轴进行连接，对模拟鸟的振翅动作起到至关重要的作用，如图 3-33 所示。

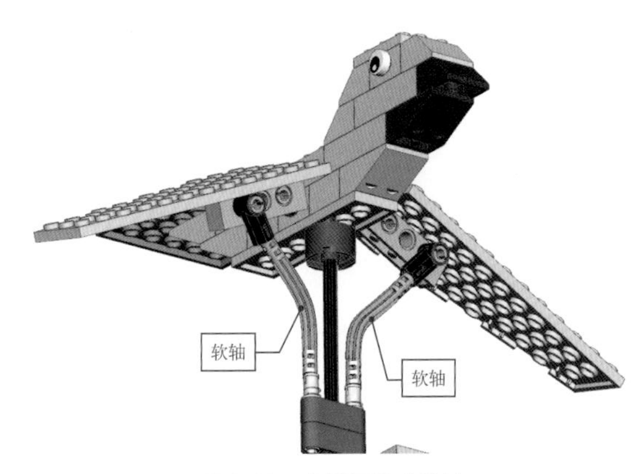

图 3-33　支撑翅膀的软轴

软轴和普通轴最大的不同是具有柔韧性，可以任意弯曲变形，往往用于复杂曲面和曲线的表现。例如，跑车类模型曲面外轮廓和复杂线条的表现，如图 3-34 所示。

图 3-34　跑车模型表面用软轴进行装饰

3.3.5　结构解析

翅膀的自由度设计

为了模拟真实鸟类的飞行动作，机器飞鸟的翅膀部分需要较高的自由度。

首先，在身体的中部安装一根贯穿两侧的轴（规格为 4M），这根轴沿轴向可以自由转动，如图 3-35 所示。

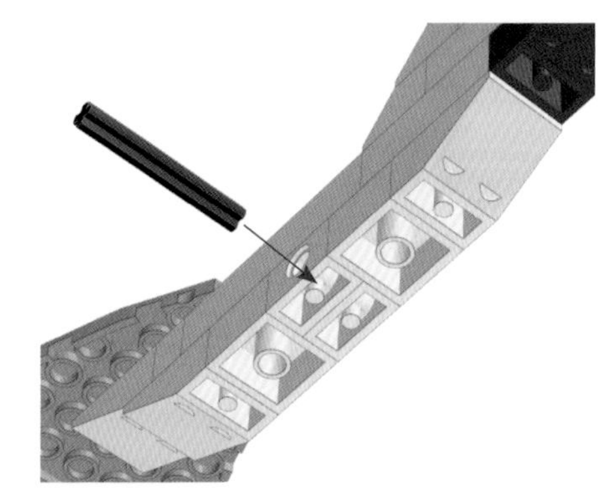

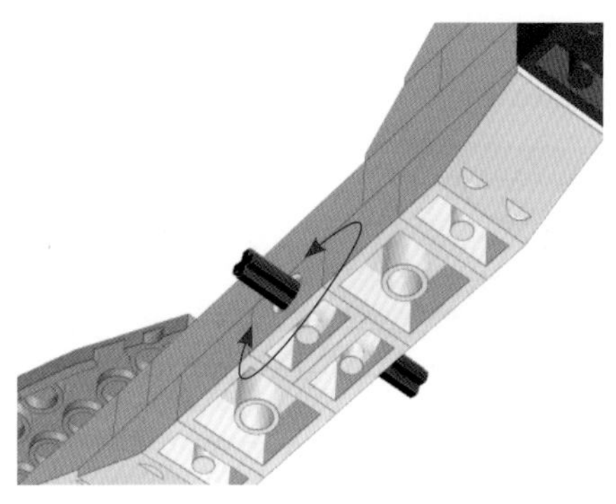

图 3-35　贯穿身体的轴

其次，在上一步 4M 轴两端各安装一个 1 号角块，再安装一个灰色光滑销和三块带孔砖。三块带孔砖就具有两个维度的旋转自由度——绕灰色销转动和随同 4M 轴转动，如图 3-36 所示。

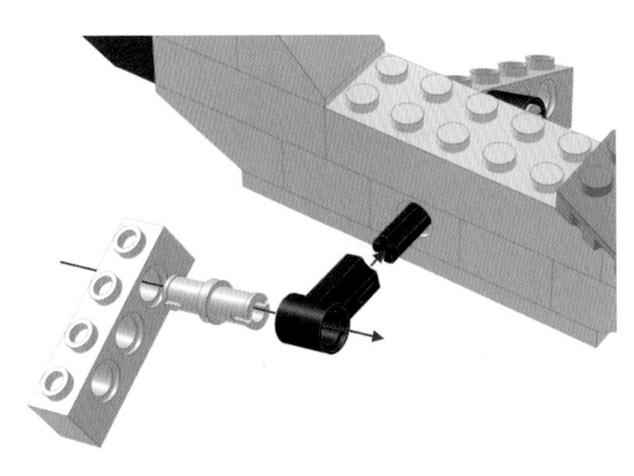

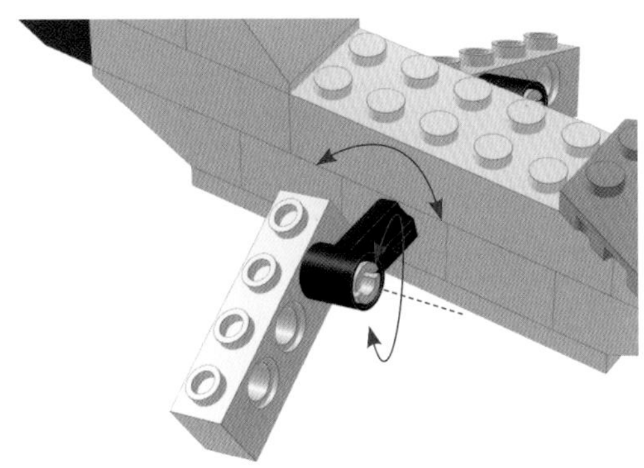

图 3-36 带孔砖的两个自由度

最后，将异形薄板安装在三孔带孔砖上，翅膀相对于身体也具备两个维度的转动自由度，如图 3-37 所示。

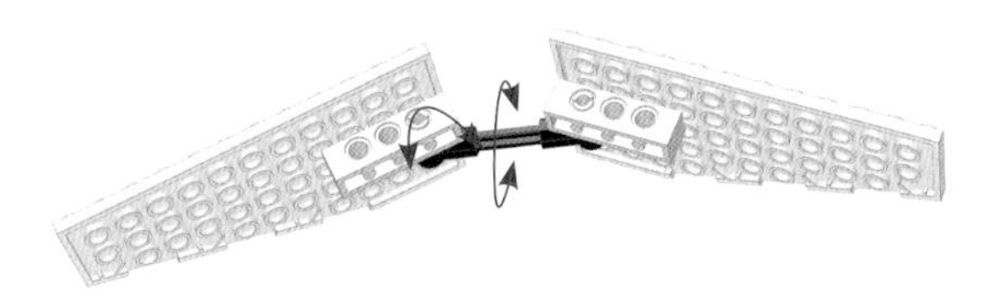

图 3-37 翅膀的两个转动自由度

3.4 逆旋风车

3.4.1 作品概述

这是一款乐高活动雕塑作品。这个作品静态效果类似一个台式电风扇，分为底座、支架、扇叶等几个部分，如图 3-38 所示。

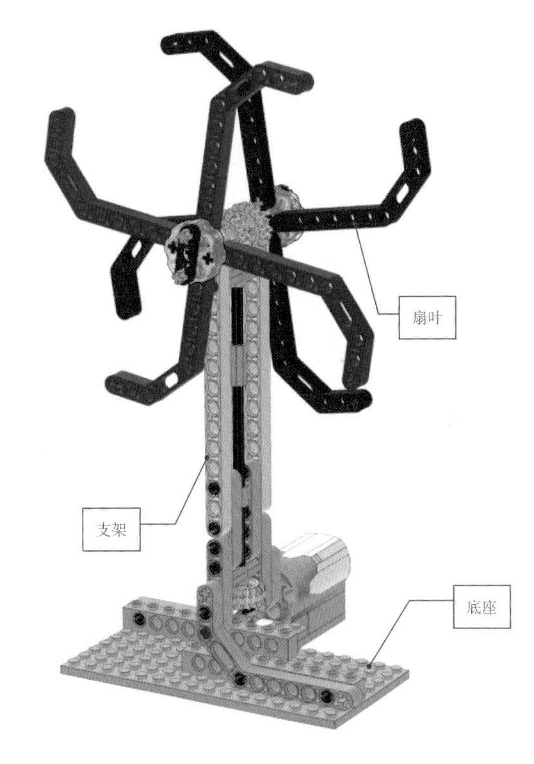

图 3-38 逆旋风车基本构成

风车带有两组扇叶，每组扇叶用 4 个大弯梁搭建，相邻两个弯梁之间夹角为 90°，如图 3-39 所示。

图 3-39　风车扇叶

作品概况

零件数量：68

长度：16 单位

宽度：14 单位

高度：31 单位

动力：中马达

电源：7 号或 5 号电池箱

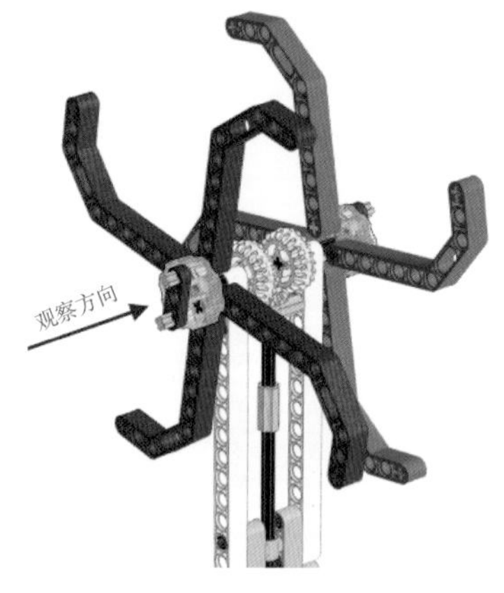

图 3-40　逆旋风车动态效果

3.4.2　动态效果

打开电源，风车的两组叶片将会朝相反方向旋转。从正面对着风车观察，两者的运动轨迹叠加，会形成令人眼花缭乱的动态图案，如图 3-40 所示。

3.4.3　搭建指南

逆旋风车零件表，如图 3-41 所示。

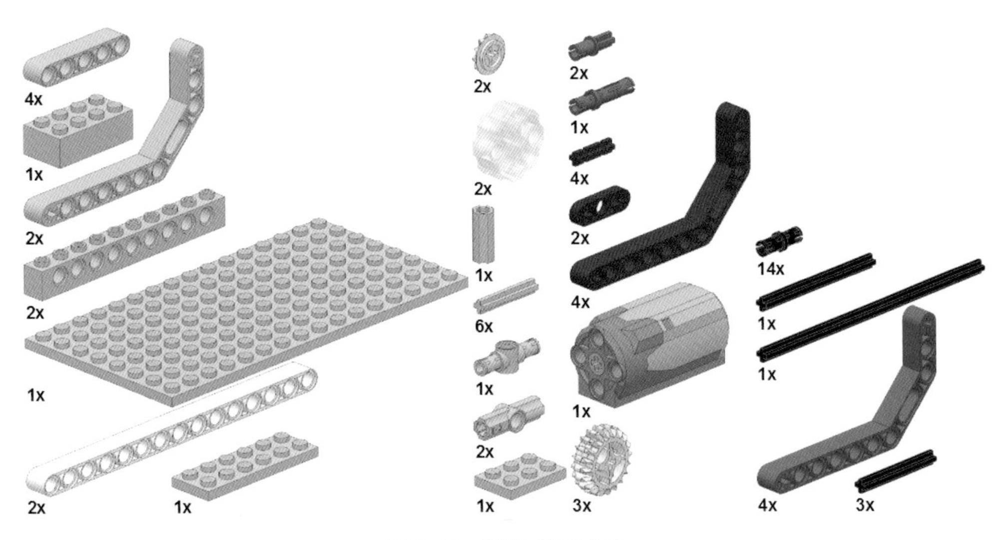

图 3-41 逆旋风车零件表

逆旋风车简要搭建步骤图:

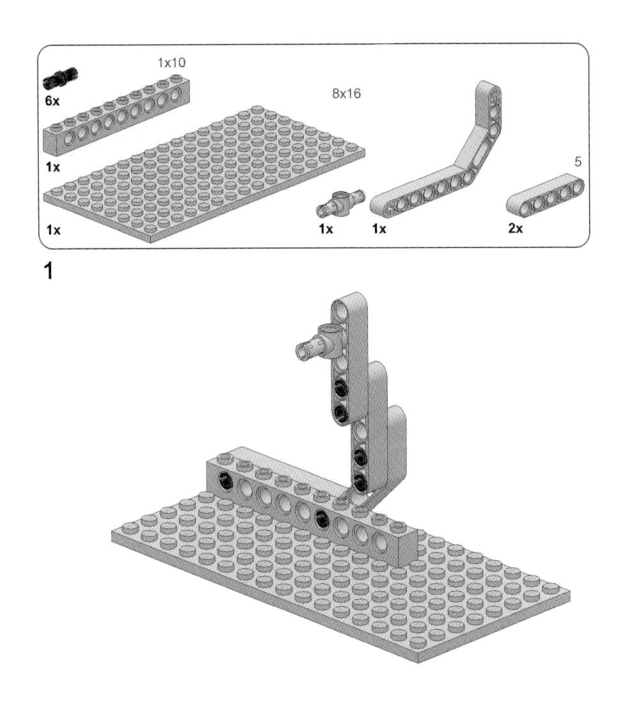

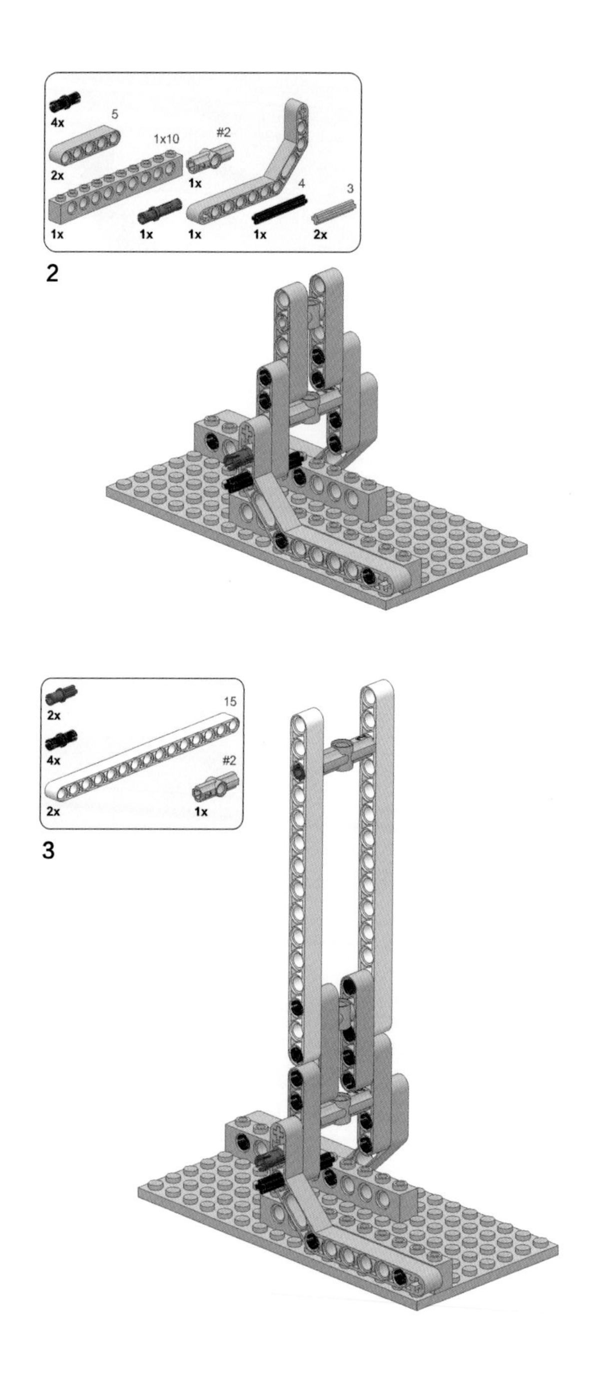
4x
5
2x
1x10
#2
1x
4
3
1x
1x
1x
1x
2x
2
2x
15
4x
#2
2x
1x
3

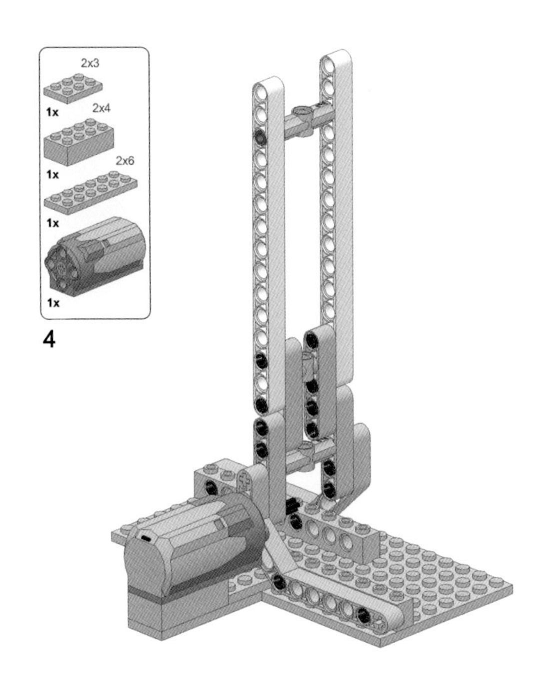
2x3
1x
2x4
1x
2x6
1x
1x
4

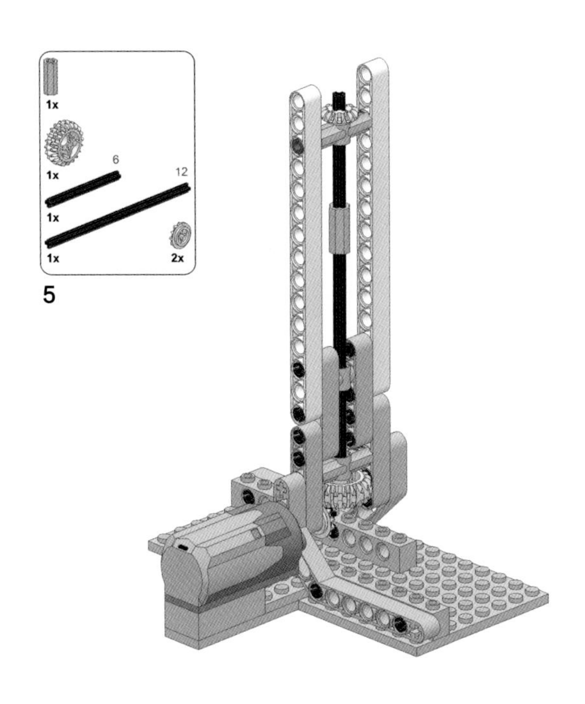
1x
1x
6
12
1x
1x
2x
5

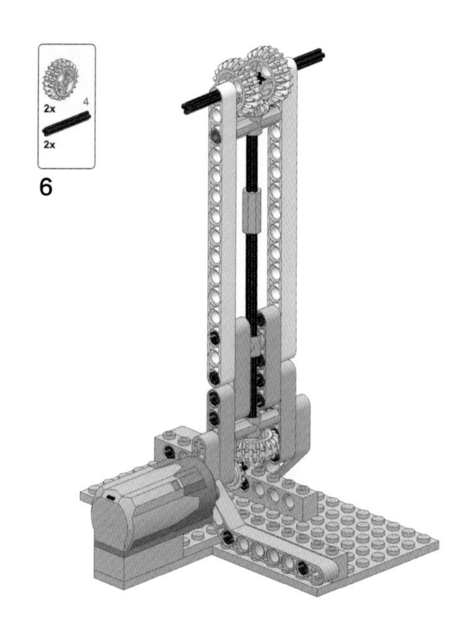

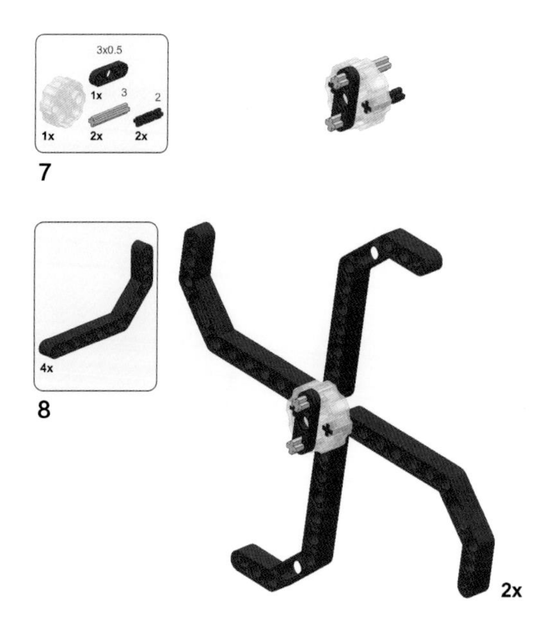

叶片搭建

9

扫码观看逆旋风车视频演示:

3.4.4 零件指南

多向连接器

扇叶部分需要同时固定 4 个大弯梁，保持相邻夹角为 90°，同时还能传递动力。这个连接件的选择成了这个作品的关键。这里使用了一个重要的连接零件——2×2 多向连接器（编号 98585），这个零件的外形如图 3-42 所示。

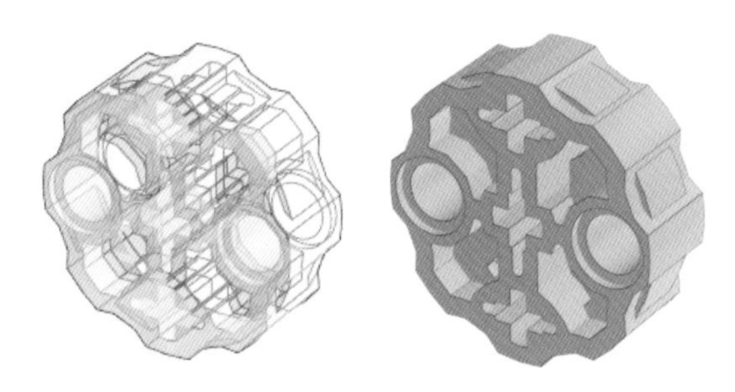

图 3-42 多向连接器（编号 98585）

这个零件上带有 3 个轴孔和两个销孔，两侧的两个轴孔用 2 号轴固定两个大弯梁。这样装配，大弯梁的转动和移动都被约束了，结构是稳固的，如图 3-43 所示。

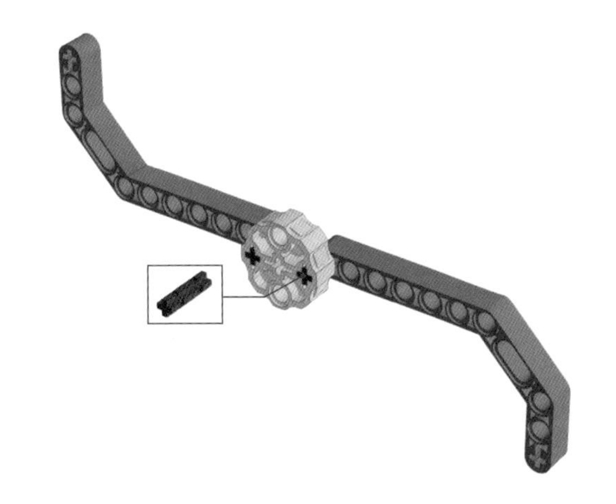

图 3-43 两个大弯梁的安装

另外，两个弯梁的安装需要注意零件的选择。由于剩下的两个孔都是圆形的销孔，如果使用轴销或轴都无法约束轴向的转动，如图 3-44 所示。

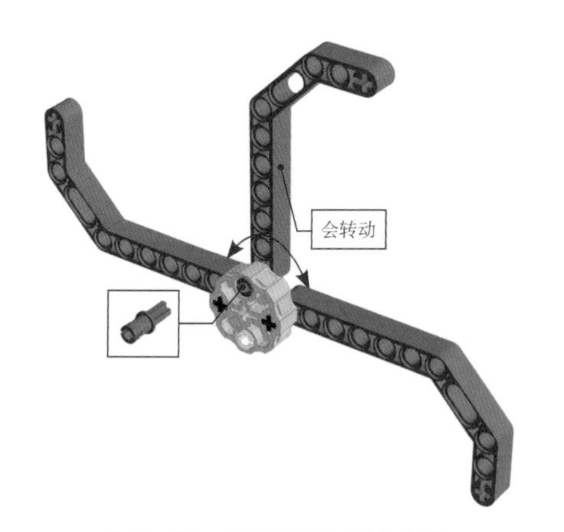

图 3-44 用轴销无法固定弯梁

因此，这个结构可以采用 3 号轴加上 3 孔薄壁梁进行固定，3 孔薄壁梁上的十字孔用于约束轴的转动和轴向的位移，可以获得一个稳定的结构，如图 3-45 所示。

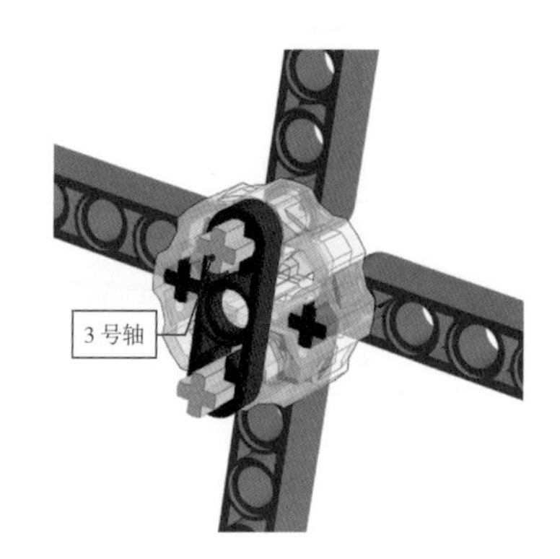

图 3-45 采用 3 号轴和薄壁梁固定大弯梁

3.4.5 结构解析

这个作品的核心部分是一套齿轮传动系统。从马达输入的转动，通过一套锥齿轮系统和轴传动机构传动到顶部，顶部又有一套锥齿轮系统，将轴的转动分解为两个相反方向的转动，并传递给两个风车。

假如动力输入为顺时针转动，传递到两个风车的转动方向如图 3-46 所示。

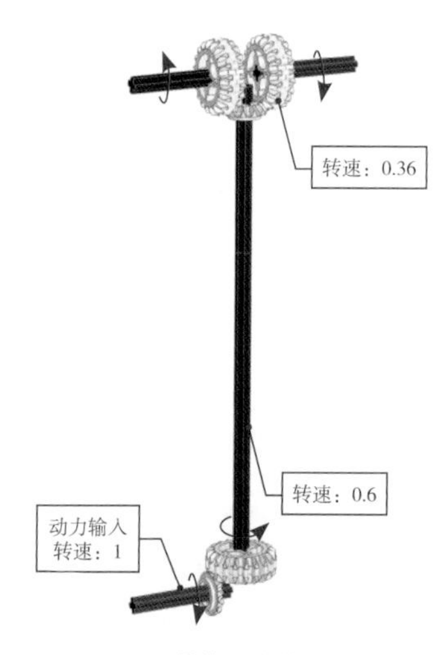

图 3-46 逆旋风车的传动系统

在传动的同时，这套传动系统还进行了两级减速。两级的传动都由 12T 锥齿轮带动 20T 双面齿轮，减速比为：12 × 12 / 20 × 20 = 0.36，最终风车转速为初始转速的 36%。

第4章

简单机械装置

4.1 滑动式机械门

4.1.1 作品概况

滑动式机械门模拟一种机械式开合的机械门，这种机械门采用滑动方式打开或关闭，它是一种非常实用的机械门设计，其机械结构也很有特色。

滑动式机械门由 72 个零件组成，分为底座、墙面、齿条滑动机构、活动门等几个部分，如图 4-1 和图 4-2 所示。

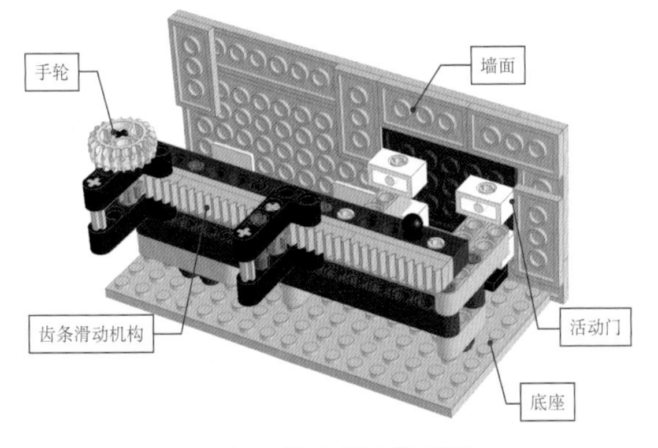

图 4-1 滑动式机械门背面

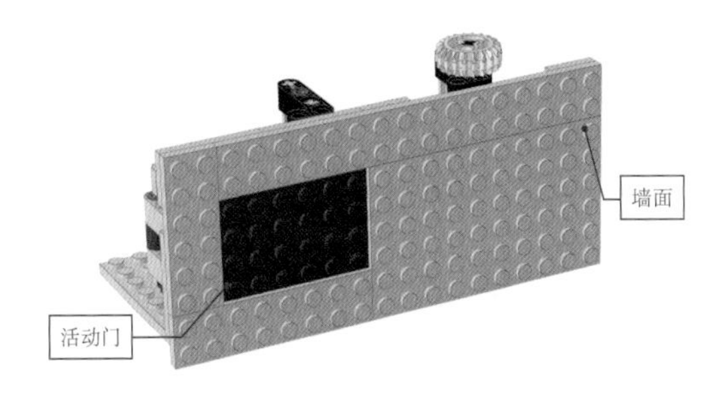

图 4-2 滑动式机械门正面

作品概况

零件数量：72

长度：18 单位

宽度：9 单位

高度：8 单位

驱动方式：手动

4.1.2 动态效果

这款机械门的动作控制，通过转动手轮（20T 双面齿轮），手轮通过轴带动下方的一个 8T 齿轮同步转动。8T 齿轮与一根长齿条啮合，带动齿条左右方向直线运动，如图 4-3 所示。

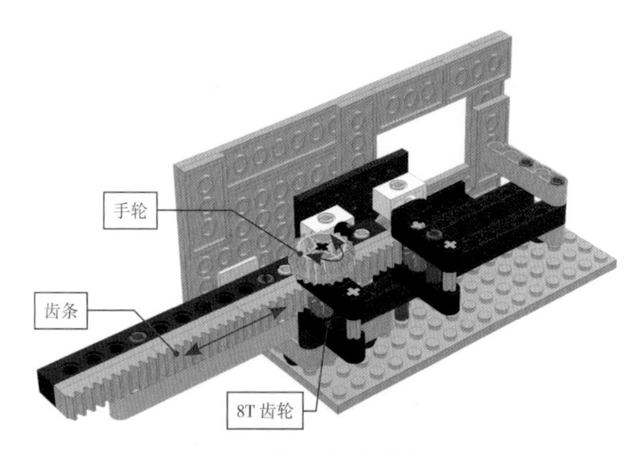

图 4-3　手轮和齿条

齿条机构的一端，有一个用 5 孔梁搭建的平行四边形机构，平行四边形机构的另一侧与活动门相连接，如图 4-4 所示。

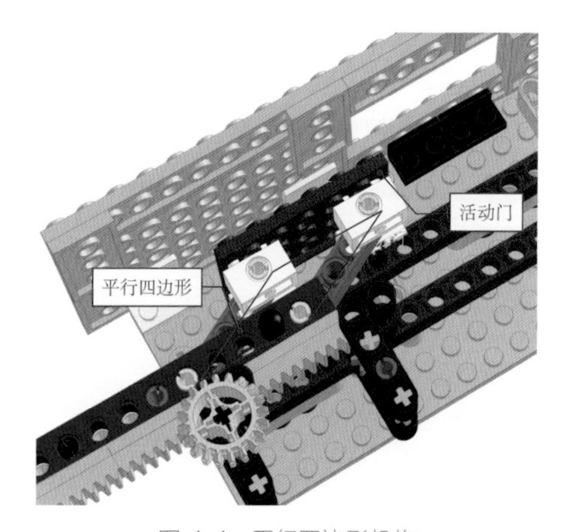

图 4-4　平行四边形机构

打开动作：手轮逆时针转动，带动齿条向左侧移动，通过平行四边形机构，带动活动门首先后退，离开门框，然后沿导轨向右侧滑动，完全离开门框范围，如图 4-5 所示。

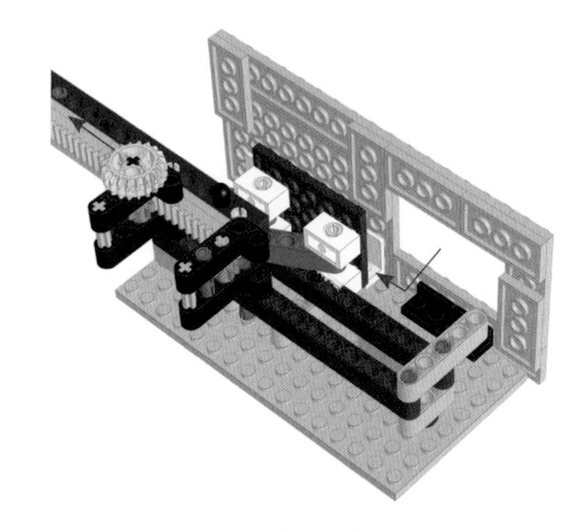

图 4-5　机械门打开方式

关闭动作：关闭动作与打开正好相反，机械门首先沿轨道向右侧滑动，到达正对门框位置的时候再向前移动，直到完全关闭，如图 4-6 所示。

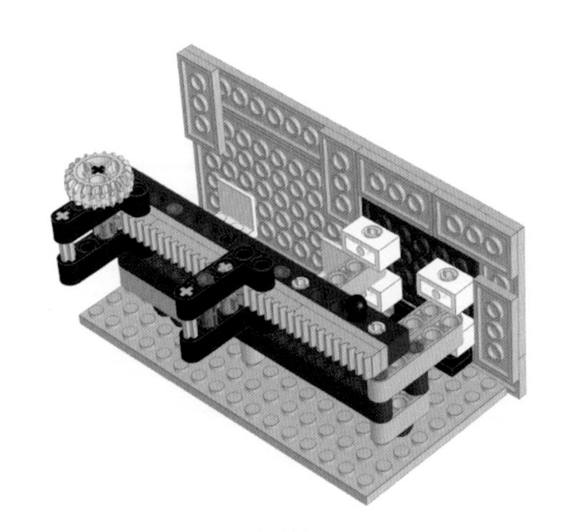

图 4-6　机械门关闭方式

机械门的整个开闭动作由一个动力来源完成，构思巧妙，是一种典型的机械门结构。

这款机械门采用齿轮齿条驱动模式，使用了平行四边形机构等机械结构。

4.1.3 搭建指南

机械门的零件表如图 4-7 所示。

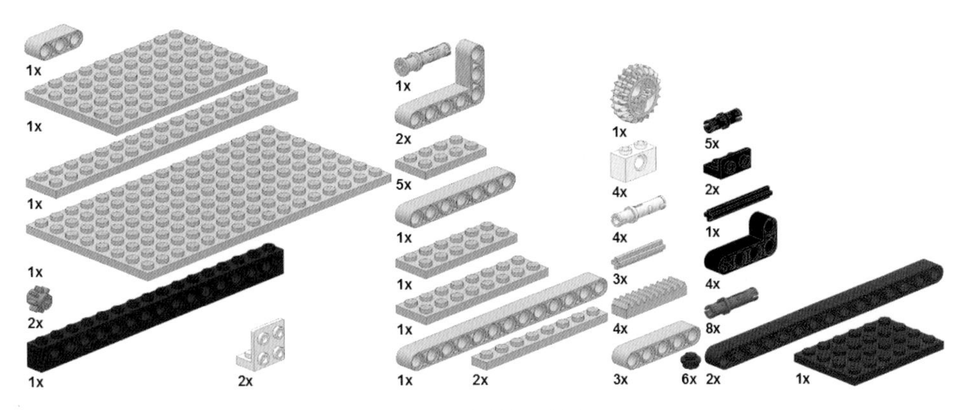

图 4-7 机械门零件表

机械门简要搭建步骤图：

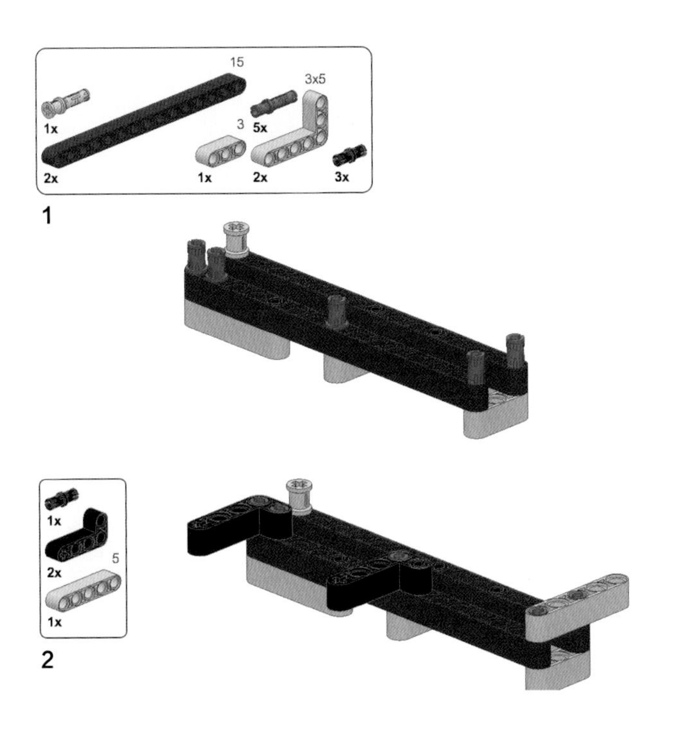

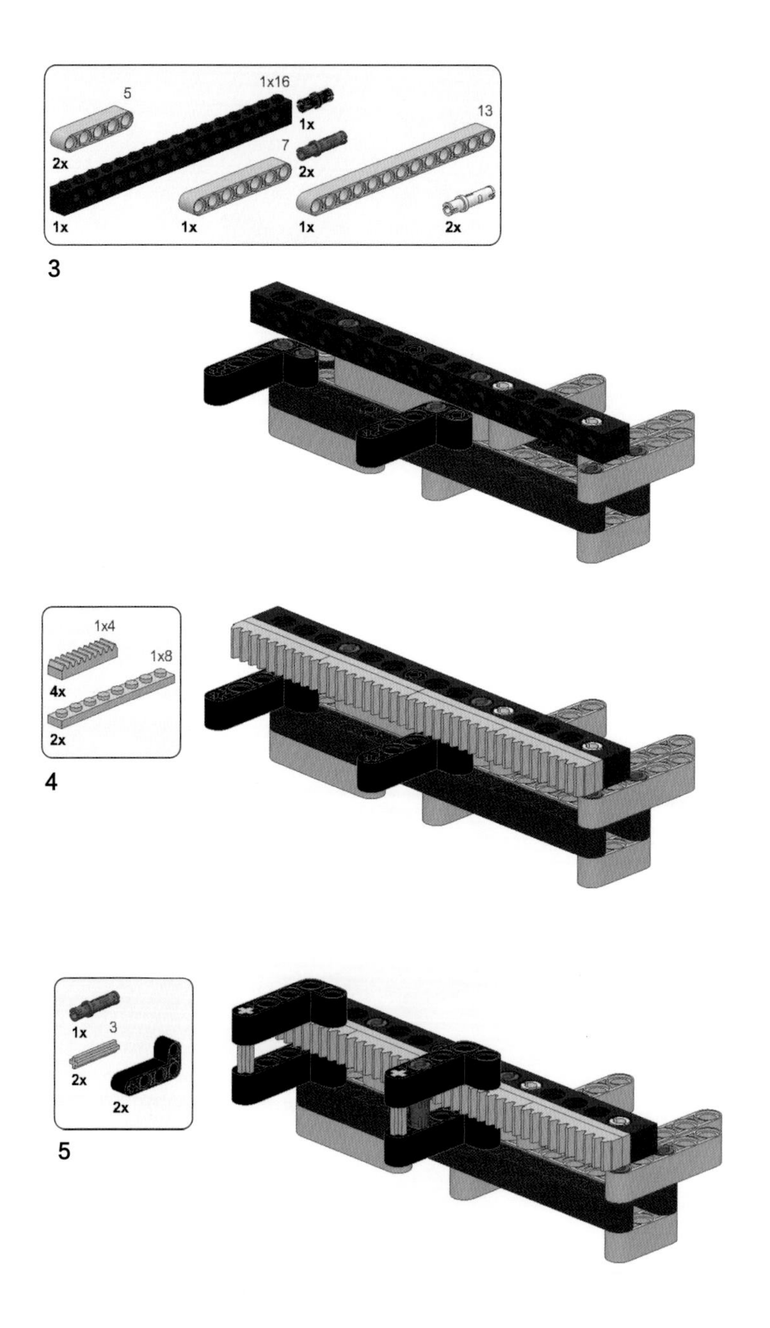
5
1x16
1x
13
2x
7
2x
1x
1x
1x
2x
3
1x4
1x8
4x
2x
4
1x
3
2x
2x
5

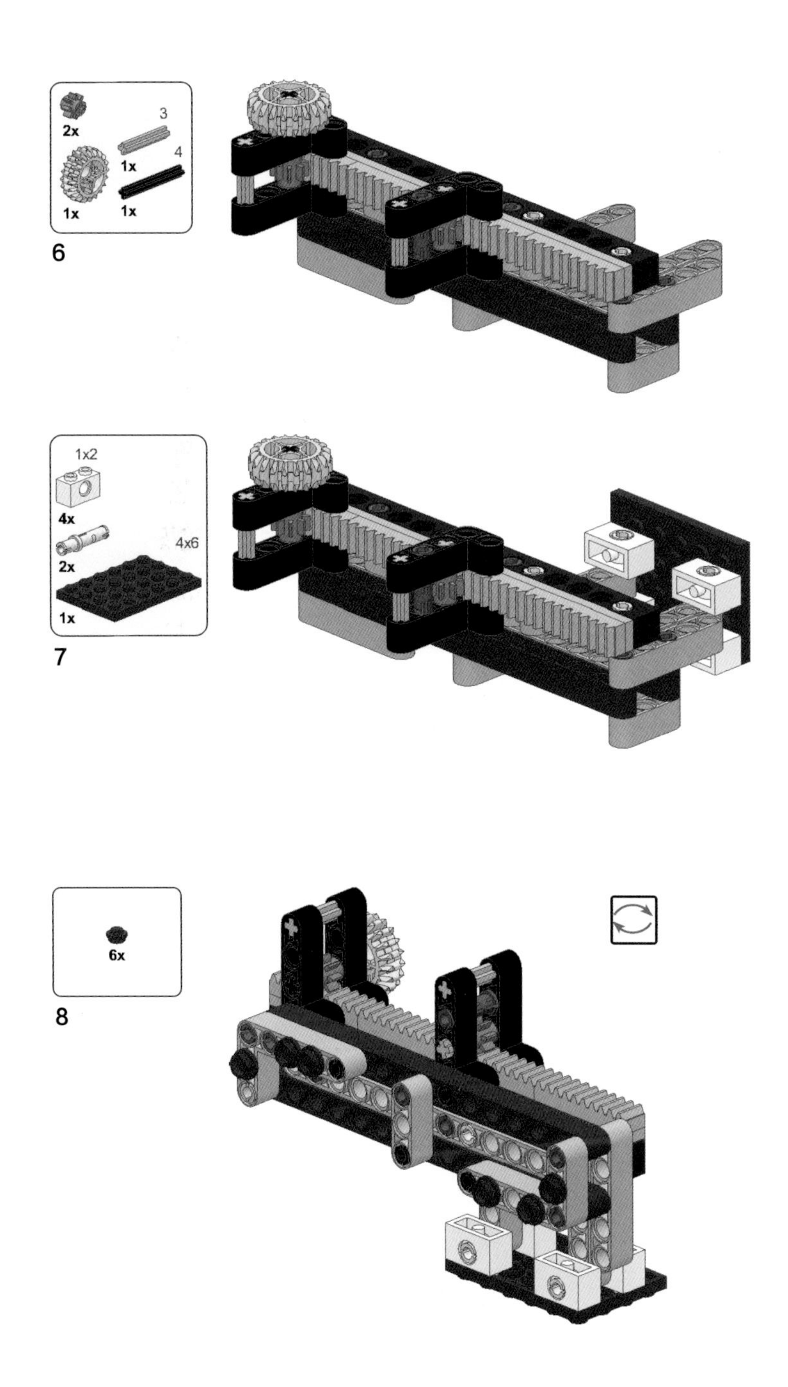
2x
3
1x
4
1x
1x
6
1x2
4x
4x6
2x
1x
7
6x
8

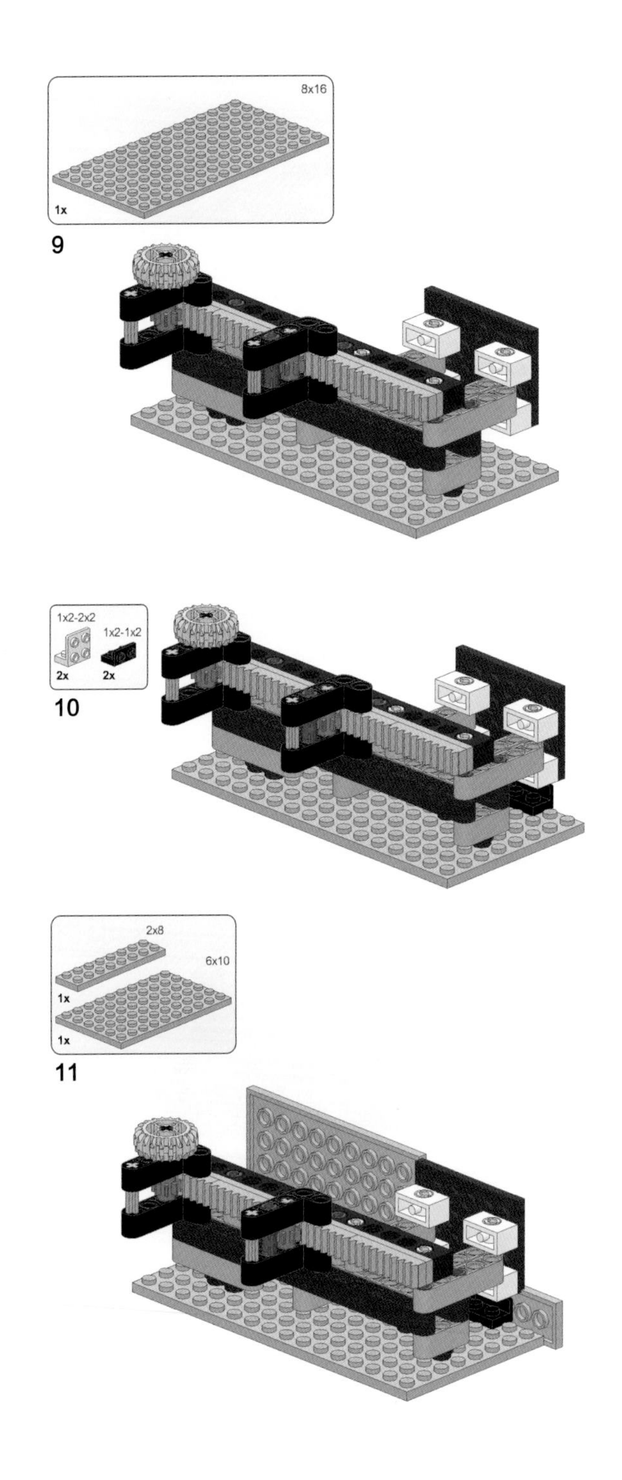
8x16
1x
9
1x2-2x2
1x2-1x2
2x
2x
10
2x8
6x10
1x
1x
11

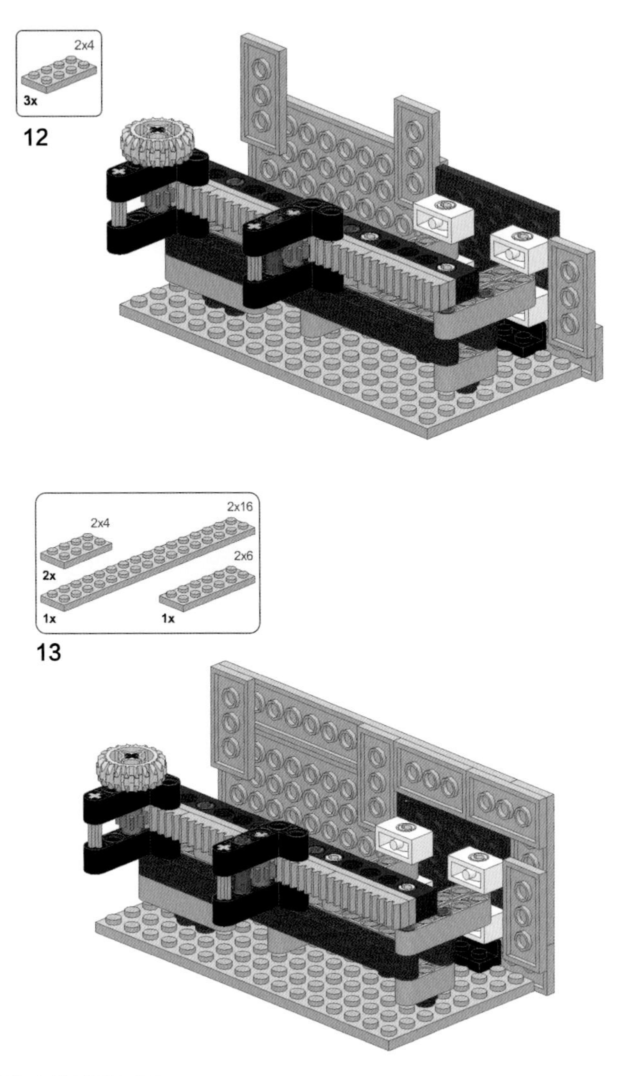

扫码观看机械门动态视频演示：

4.1.4 零件指南

这个作品中，出现了科技零件和底板之间的连接。由于这两类零件出现的历史不同，它们之间的连接往往不太方便。网络上有所谓的“暗黑搭建法”，例如，将砖块或薄板上的凸点直接安装到科技梁的销孔之中，如图 4-8 所示。但是，这种搭建方法是错误的，在官方的搭建图纸中绝对不会出现。

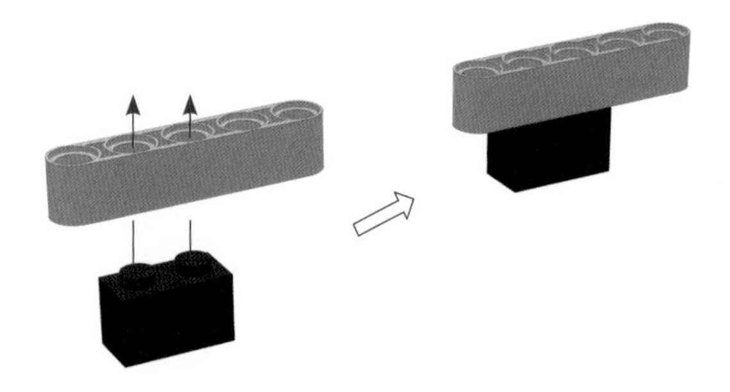

图 4-8 “暗黑”搭建法

本作品中出现了 3×5 角梁与薄板的连接，采用的 1×1 圆点（编号 6141）作为过度连接件。首先，将 6141 上方的凸点安装到 3×5 角梁的销孔之中，如图 4-9 所示。这个搭建是正确的。

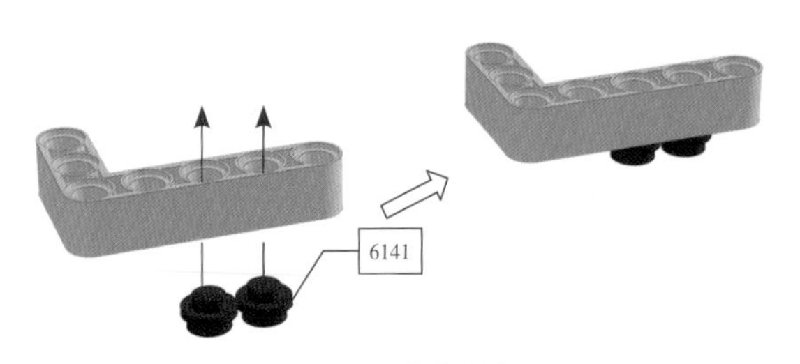

图 4-9 安装圆点

再将薄板上的凸点与 6141 底部相连接，完成搭建，如图 4-10 所示。

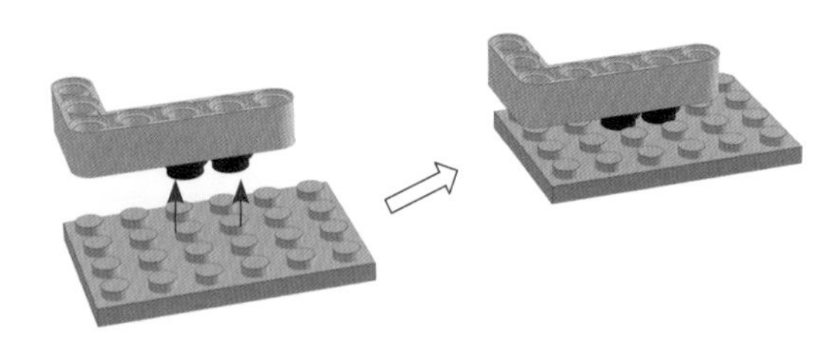

图 4-10 薄板与圆点的连接

这里的圆点也可以换成 1×1 薄板（编号 3024）。

4.1.5 结构解析

为了使机械门能完全打开，这个作品的关键是需要设计一个行程不小于 9 个单位的滑轨。机械门的宽度是 6 个单位，前后移动的距离是 3 个单位，两者之和为 9 个单位，如图 4-11 所示。

在乐高零件中，实现长距离滑轨，采用齿轮齿条方案比较理想。齿轮齿条机构可以根据需要任意设计长度，同时具有结构紧凑、传动精准的优点。

首先需要设计滑槽，本作品采用 2 根 15 孔梁和 2 个 3×5 角梁搭建出一个稳固的滑槽，如图 4-12 所示。

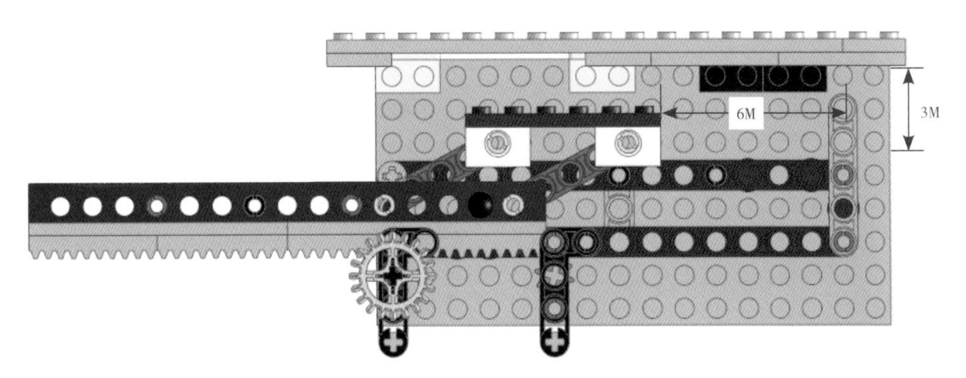

图 4-11 滑轨长度计算

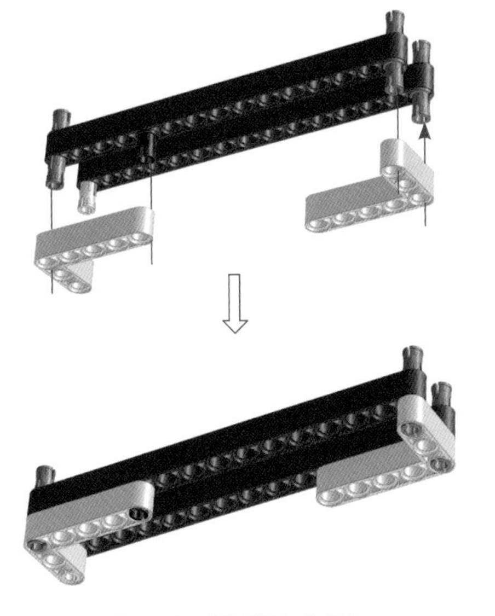

图 4-12 滑槽框架的搭建

滑动齿条采用齿条、薄板和带孔砖搭建。其右侧装有一个由 5 孔梁等零件组成的平行四边形机构，与活动门相连接。齿条机构下方的 13 孔梁与滑槽相配合，形成稳定的滑动结构，如图 4-13 所示。

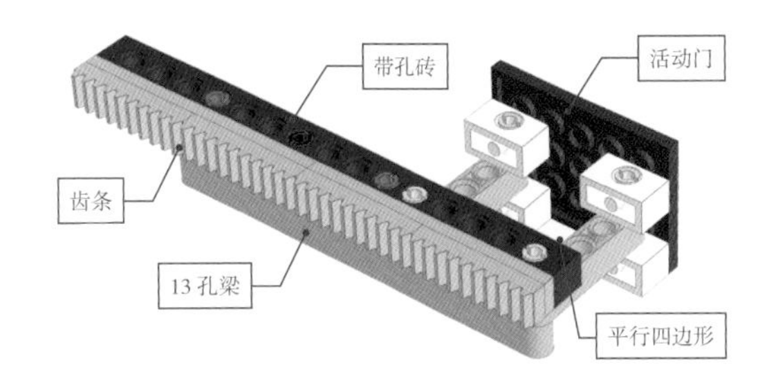

图 4-13 齿条机构

4.2 三片式旋转门

4.2.1 作品概况

这是一款很有创意的机械门作品，机械门被分成了三片。整个作品由转门、门框、墙面、底板和传动机构等几部分组成。

机械机构部分采用了多级圆锥齿轮传动和涡轮蜗杆传动等，如图 4-14 所示。

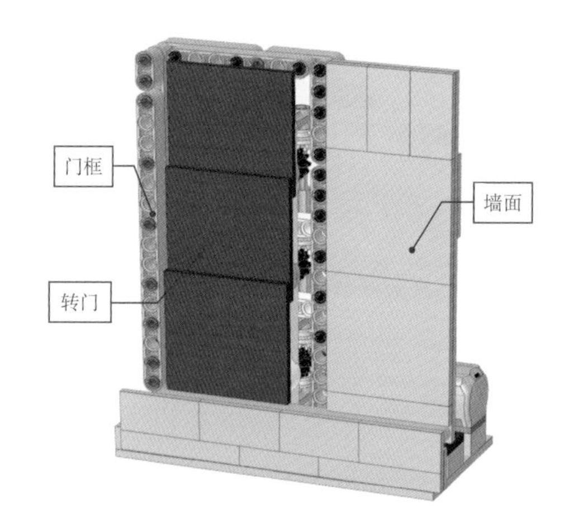

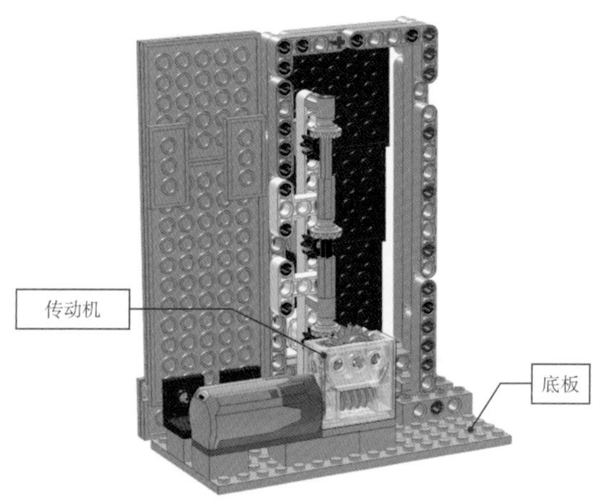

图 4-14　旋转门构成

作品概况

零件数量：124

长度：16 单位

宽度：8 单位

高度：20 单位

动力：中马达

4.2.2　动态效果

这款机械门的打开和关闭采用了非常独特的三片旋转方式，并非常见的平开或滑动方式。

旋转门打开：接通电源，中马达开始转动，带动涡轮蜗杆机构，涡轮输出的动力被传递给三套锥齿轮，分别带动每扇门顺时针转动 90°，如图 4-15 所示。

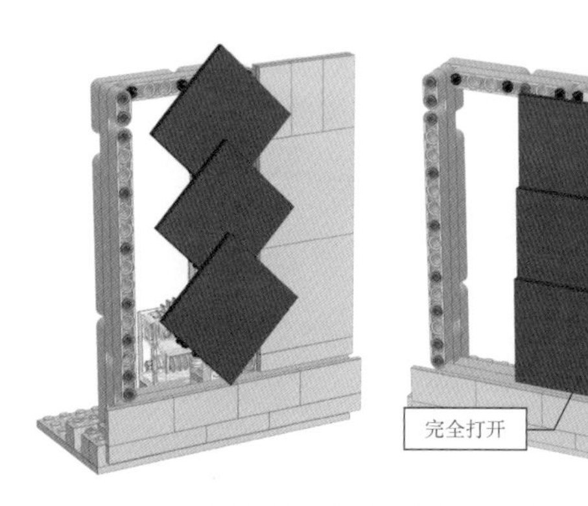

图 4-15　旋转门的打开方式

4.2.3　搭建指南

旋转门零件表如图 4-16 所示。

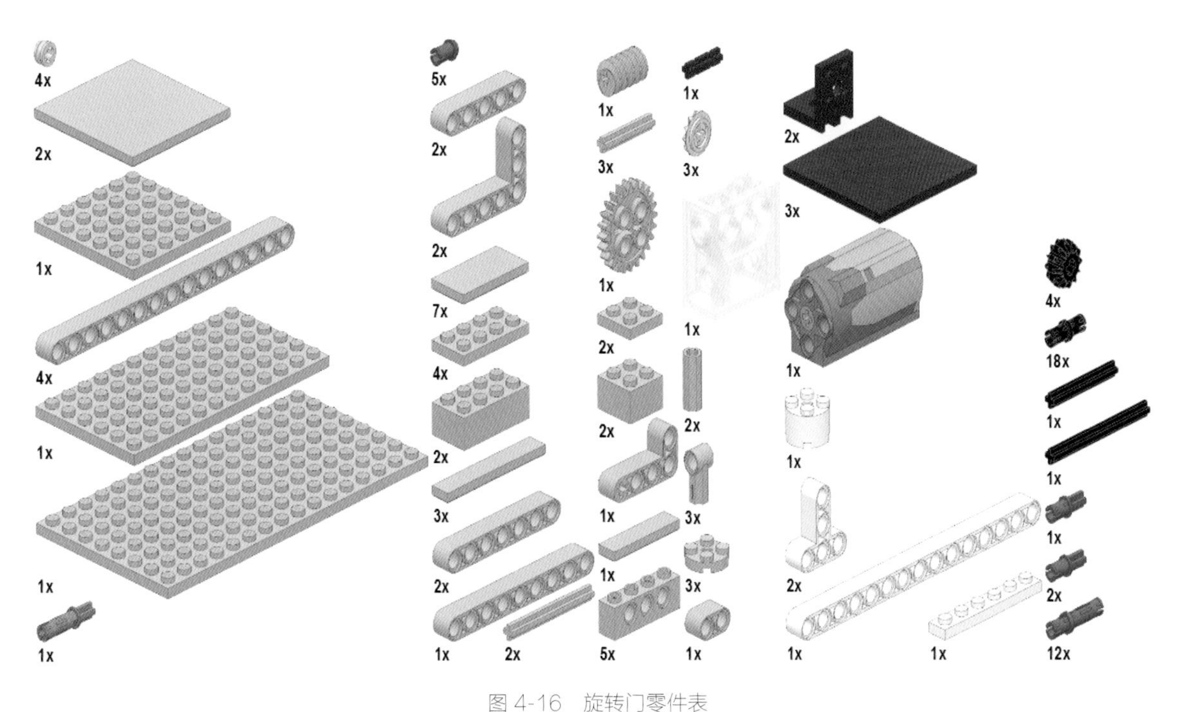

图 4-16　旋转门零件表

旋转式机械门简要搭建步骤图:

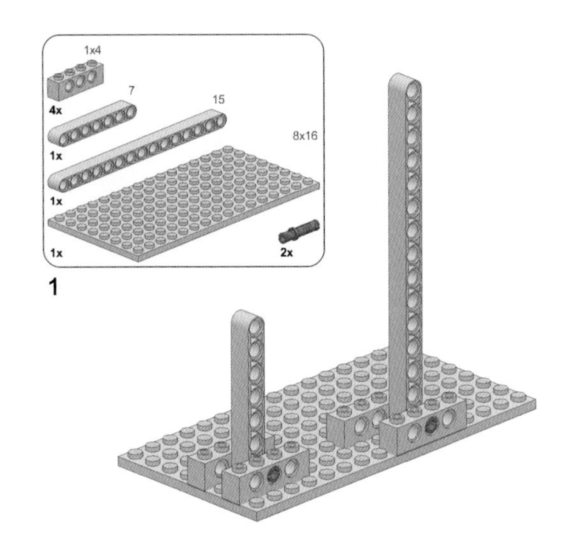

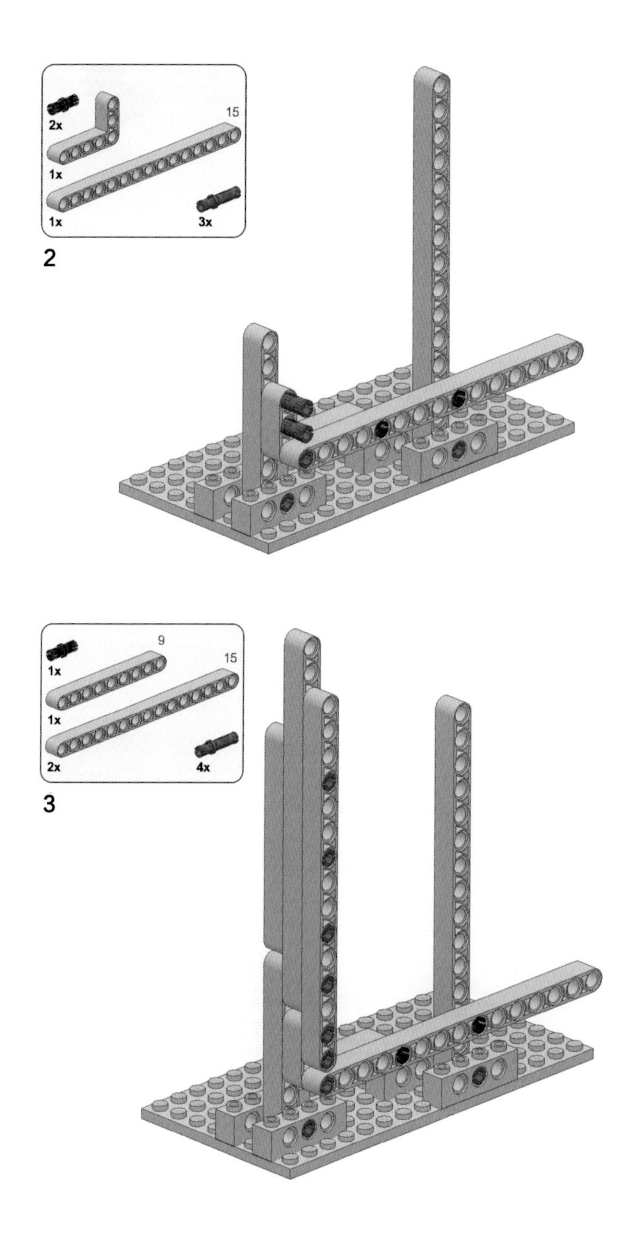
2x
15
1x
1x
3x
2
9
1x
15
1x
2x
4x
3

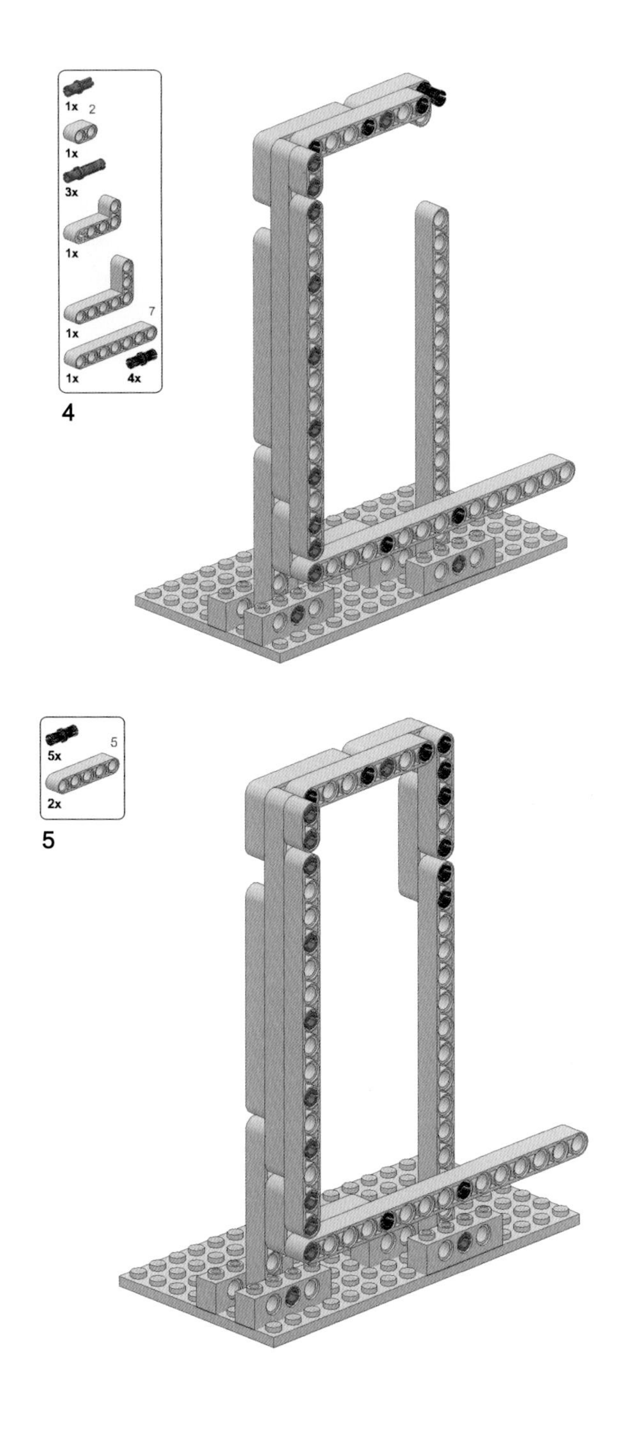

1x
2
1x
3x
1x
7
1x
1x
4x
4
5x
5
2x
5

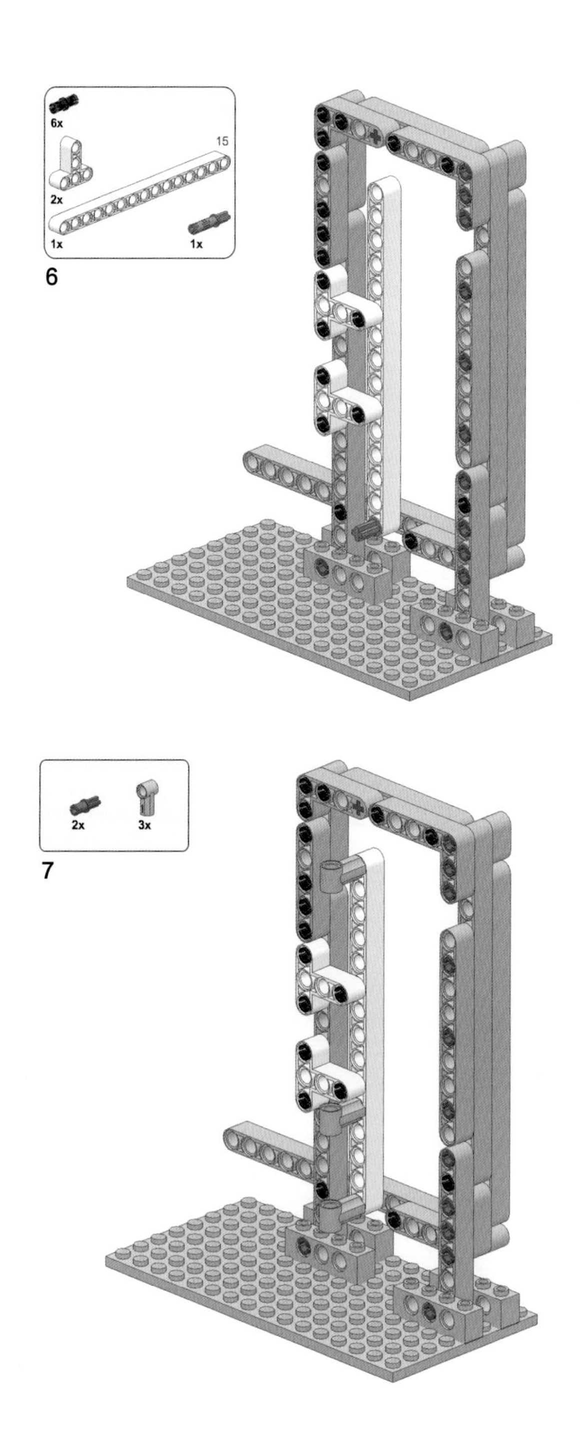
6x
15
2x
1x
1x
6
2x
3x
7

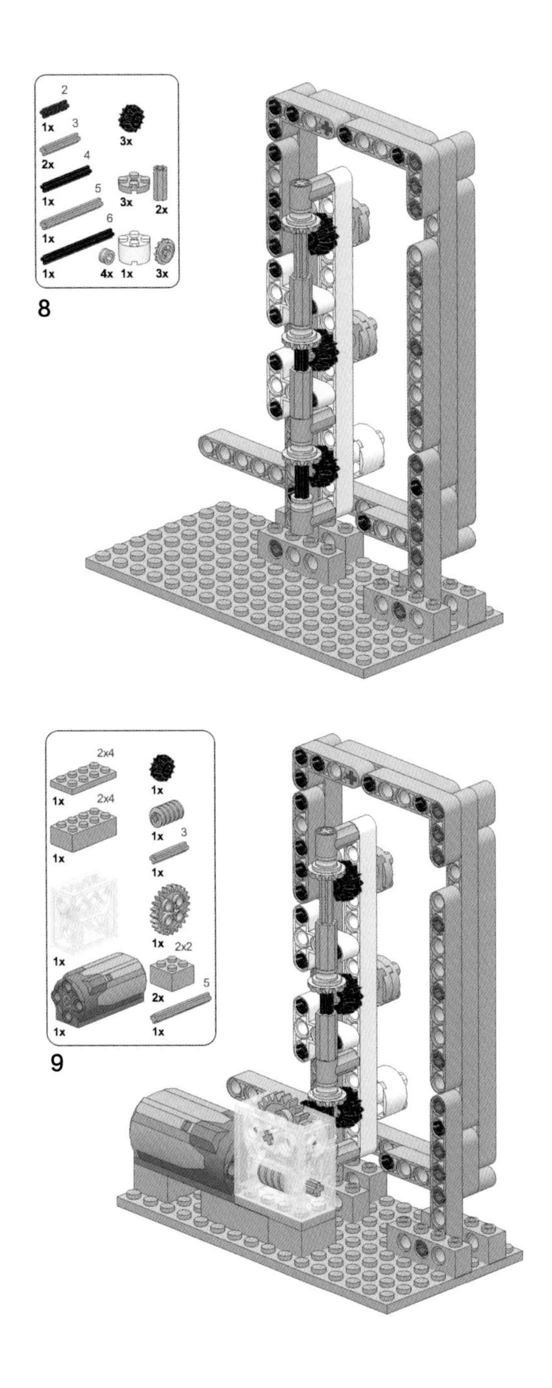
2
1x
3
3x
2x
4
1x
5
3x
2x
1x
6
1x
4x
1x
3x
8
2x4
1x
1x
2x4
1x
1x
3
1x
1x
1x
1x
2x2
1x
2x
5
1x
1x
9

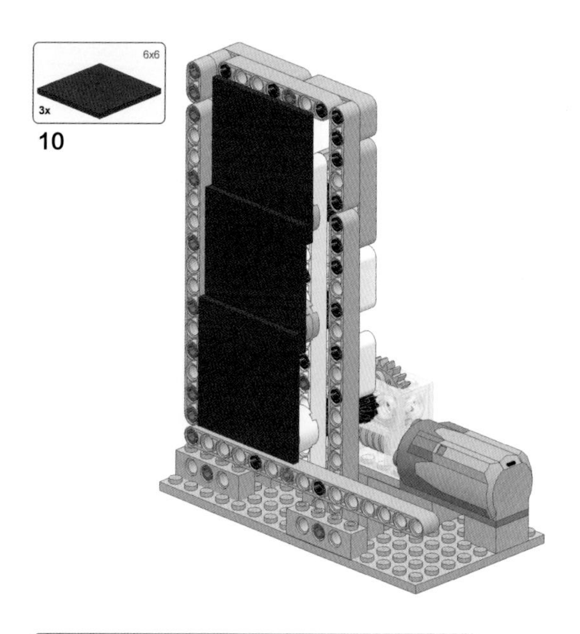
6x6
3x
10

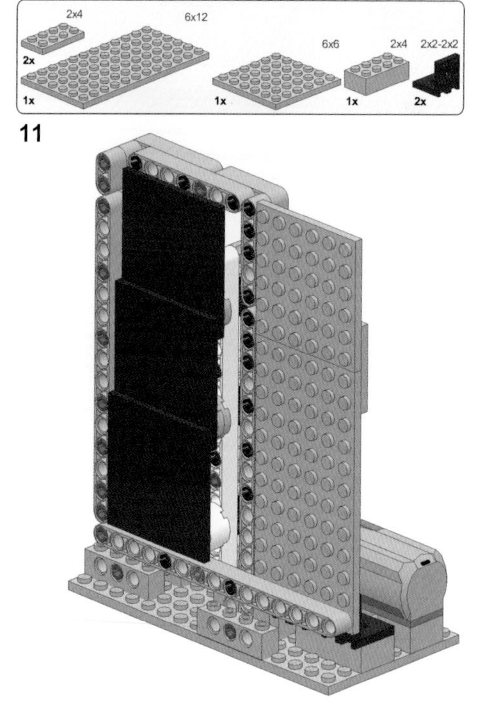
2x4
2x
6x12
1x
6x6
1x
2x4
1x
2x2-2x2
2x
11

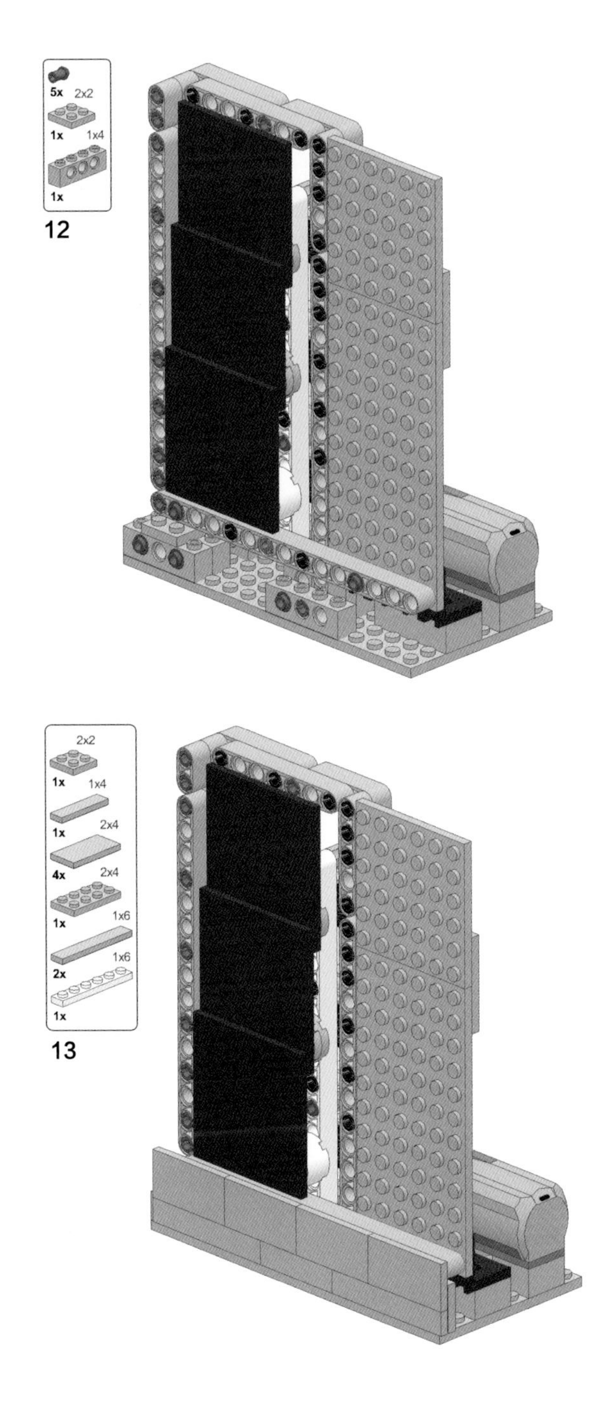
5x
2x2
1x
1x4
1x
12
2x2
1x
1x4
1x
2x4
4x
2x4
1x
1x6
2x
1x6
1x
13

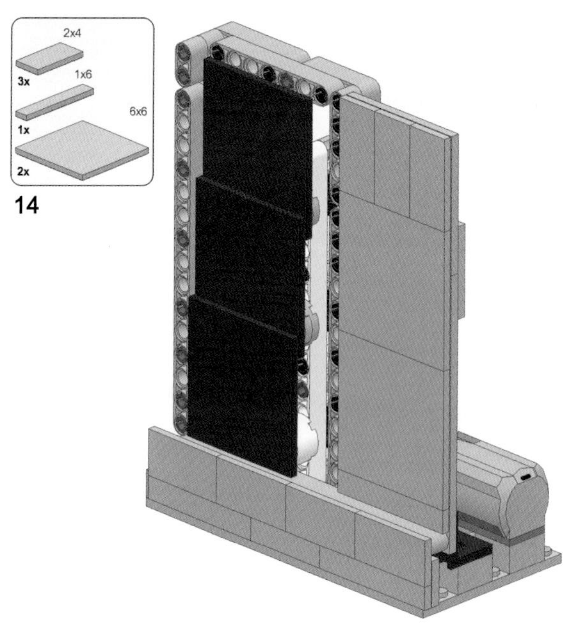

组装完成，图 4-17 显示的是三个旋转门背后的连接件。

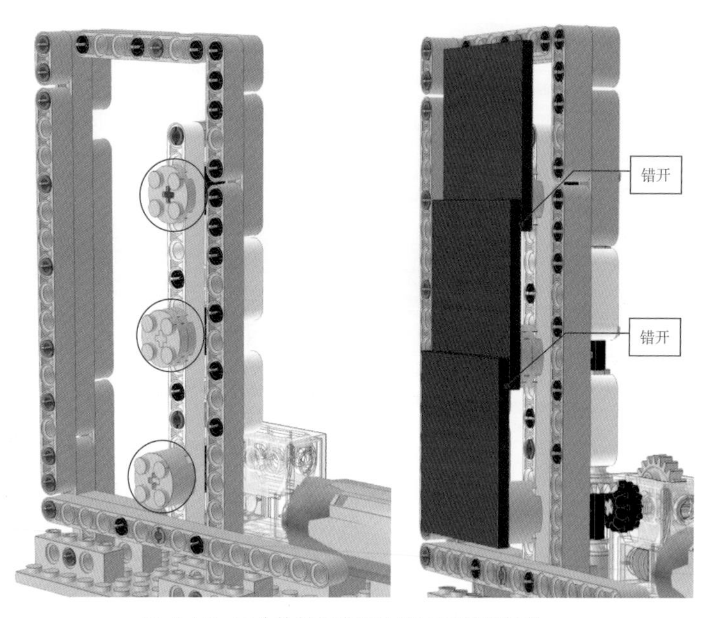

图 4-17　三个旋转门背后高度不同的连接件

扫码观看旋转式机械门视频演示：

4.2.4 零件指南

这个作品中大量使用了乐高光面砖。相比于带有凸点的薄板，光面砖表面光滑平整，在乐高零件中主要起到美化、装饰作用。

DEVID VII 创作的乐高 M1Abrams 坦克，大量使用光面砖装饰车体外表面，使作品显得十分精致，美观，如图 4-18 所示。

图 4-18 乐高 M1 坦克模型

乐高光面砖可分为方形和异形两类。常见的方形规格有 1×1、1×2、1×3、1×4、1×6、1×8、2×2、2×3、2×4、6×6 等。

异形的光面砖有转角砖、圆角砖、弧形砖等，如图 4-19 所示。

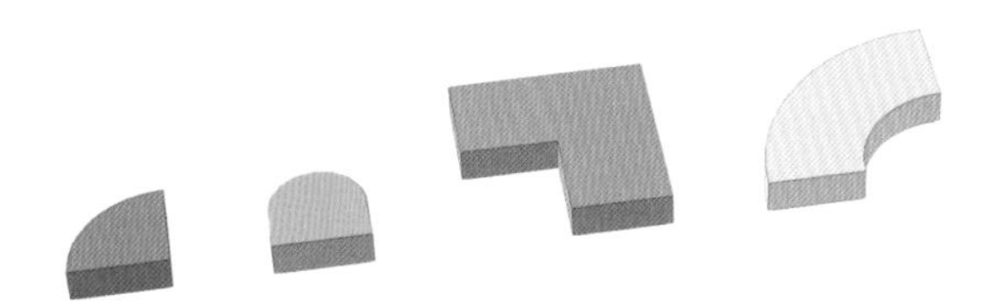

图 4-19 几种异形光面砖

还有一种比较特殊的反向光面砖（编号 11203），背面带有凸点，可以安装在其他砖块或薄板的反面。11203 目前只有 2×2 一种规格，如图 4-20 所示。

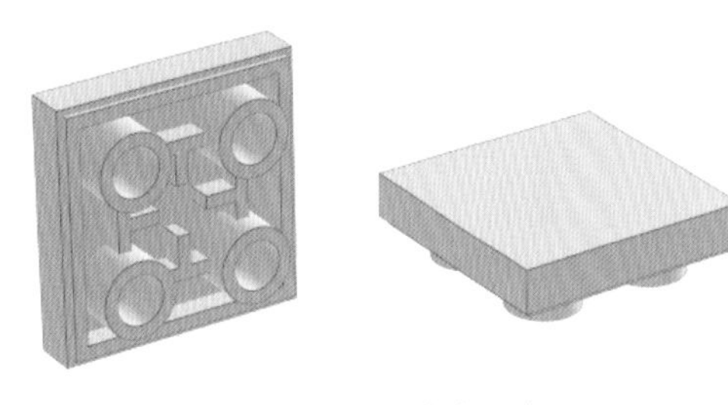

图 4-20 反向光面砖

本作品中选用 6×6 光面砖作为旋转门的零件，不仅仅是出于美观，更主要还有空间上的考虑。由于表面没有凸点，可以紧靠在一起转动，不会产生刮擦。6×6 光面砖的厚度仅为 0.4 单位（3.2mm），所以这样设计是最紧凑的，占用空间也小。如图 4-21 所示。

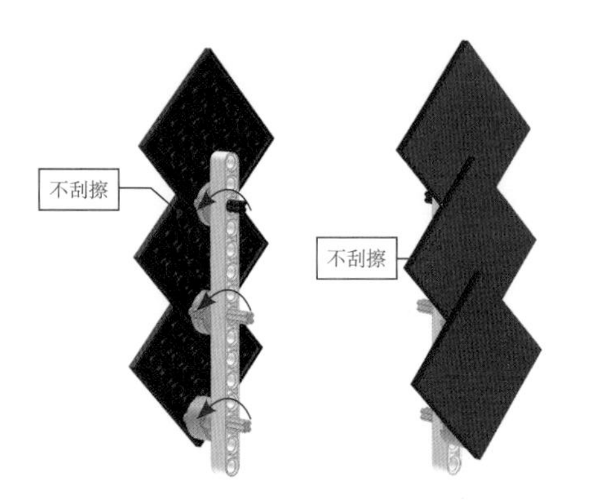

图 4-21　6×6 光面砖

如果采用 6×6 普通薄板搭建，板的厚度（含凸点）达到 5mm，三个旋转门之间的距离就必然加大，由于带有凸点很容易产生刮擦。

4.2.5　结构解析

这个作品的关键结构是三套圆锥齿轮传动机构和一套涡轮蜗杆传动机构。两套机构之间用锥齿轮系统传递动力，如图 4-22 所示。

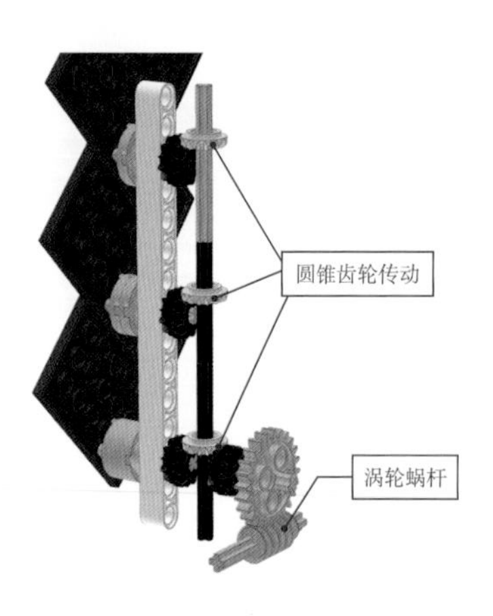

图 4-22　传动系统

4.3　简单两足行走机构

4.3.1　作品概况

简单两足行走机构采用两个 C 字形的脚掌以交替平行摆动方式行走，是一种经典的不变换重心方式的两足行走机构。

由于结构简单，这个机构在简单的玩具机器人中经常被采用。图 4-23 是一款经典的怀旧铁皮玩具机器人，其双脚就是采用了 C 形结构。

图 4-23　怀旧铁皮机器人及其脚掌设计

简单两足行走机构由涡轮箱、平行曲柄、C形脚掌、马达和电池箱等部件组成，如图4-24所示。

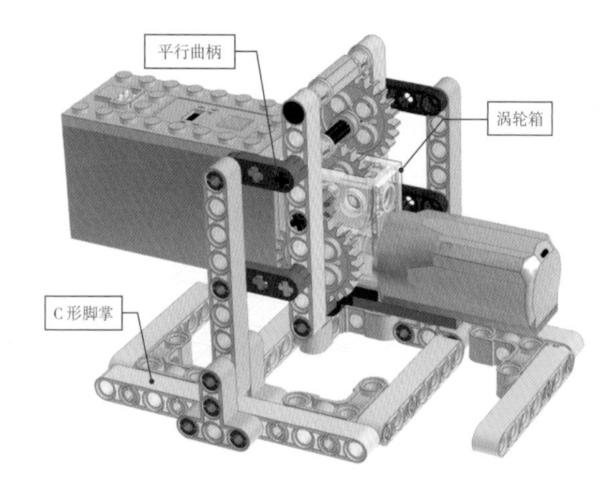

图4-24 大脚两足行走机构

作品概况

零件数量：53个

长度：18单位

宽度：12单位

高度：12单位

动力：中马达

电源：7号电池箱

4.3.2 动态效果

两足行走机构的动态效果是，当左侧脚掌落地时，右侧脚掌在平行摆臂的带动下抬起并向前摆动；当右脚掌落地之后，左脚掌抬起向前摆动。两个脚掌的动作循环交替，就形成了不断向前行走的动态效果，如图4-25所示。

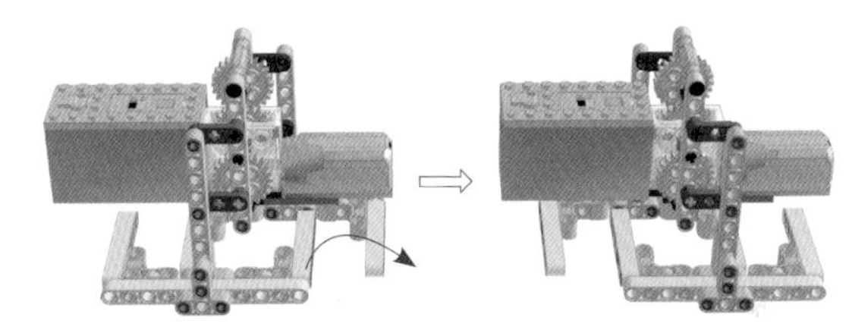

图4-25 两足行走机构动态效果

4.3.3 搭建指南

两足行走机构零件表如图4-26所示。

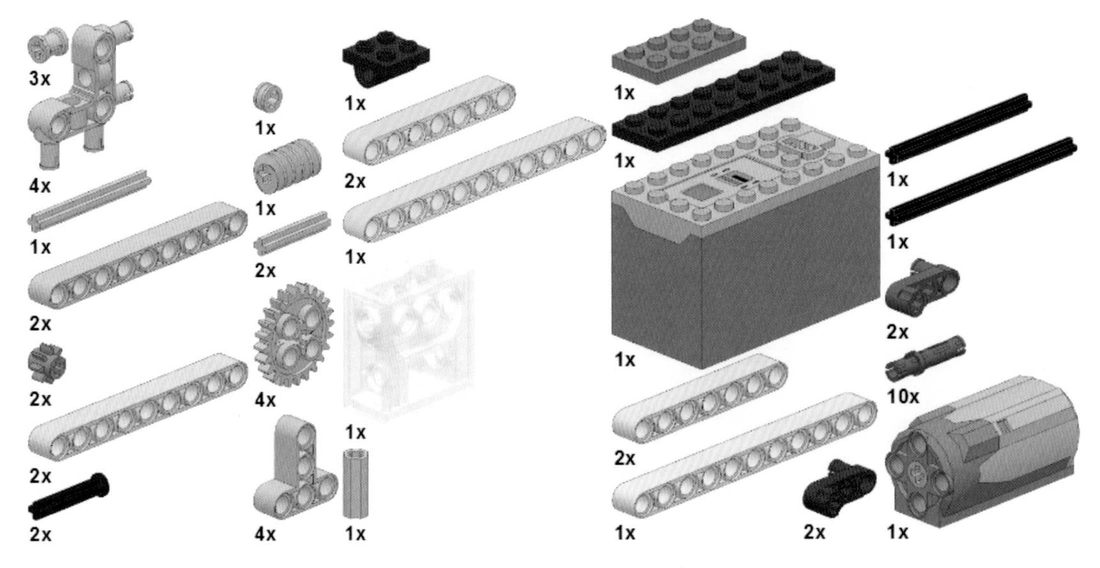

图 4-26　两足行走机构零件表

两足行走机构简要搭建步骤图：

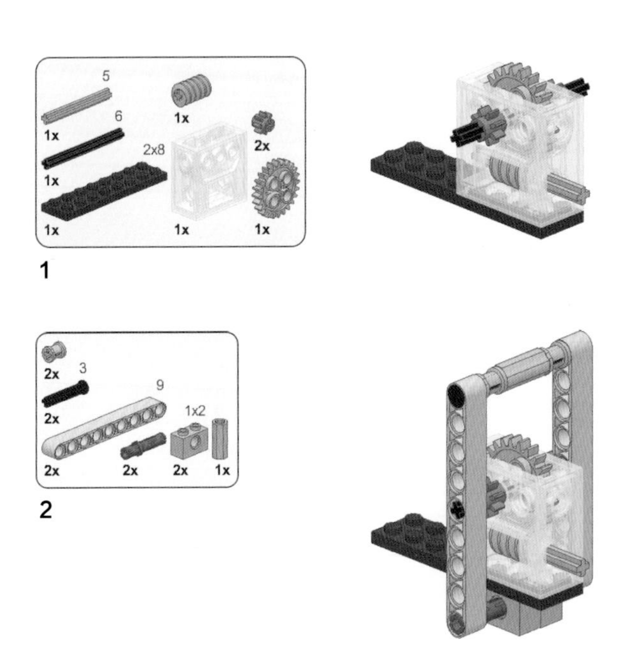

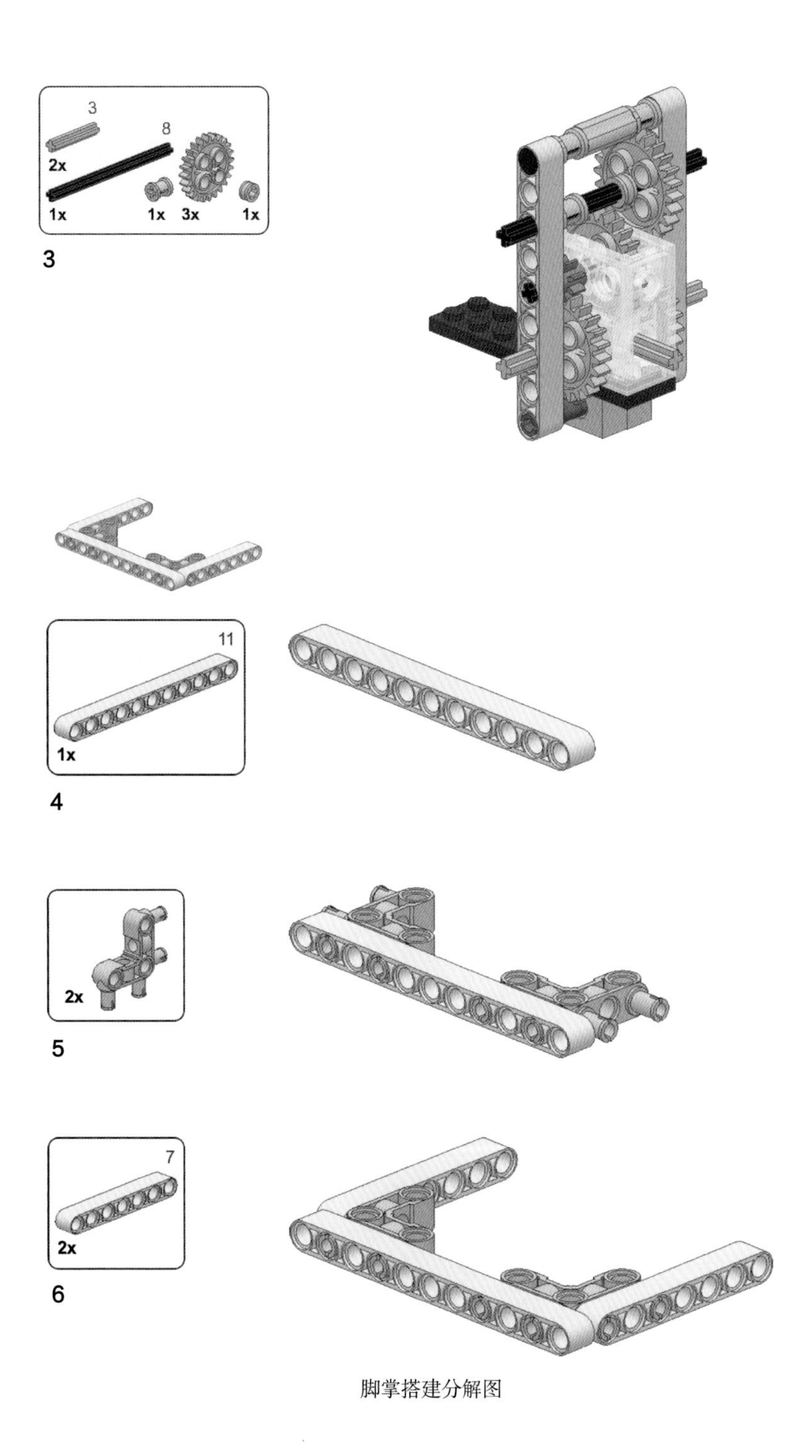

脚掌搭建分解图

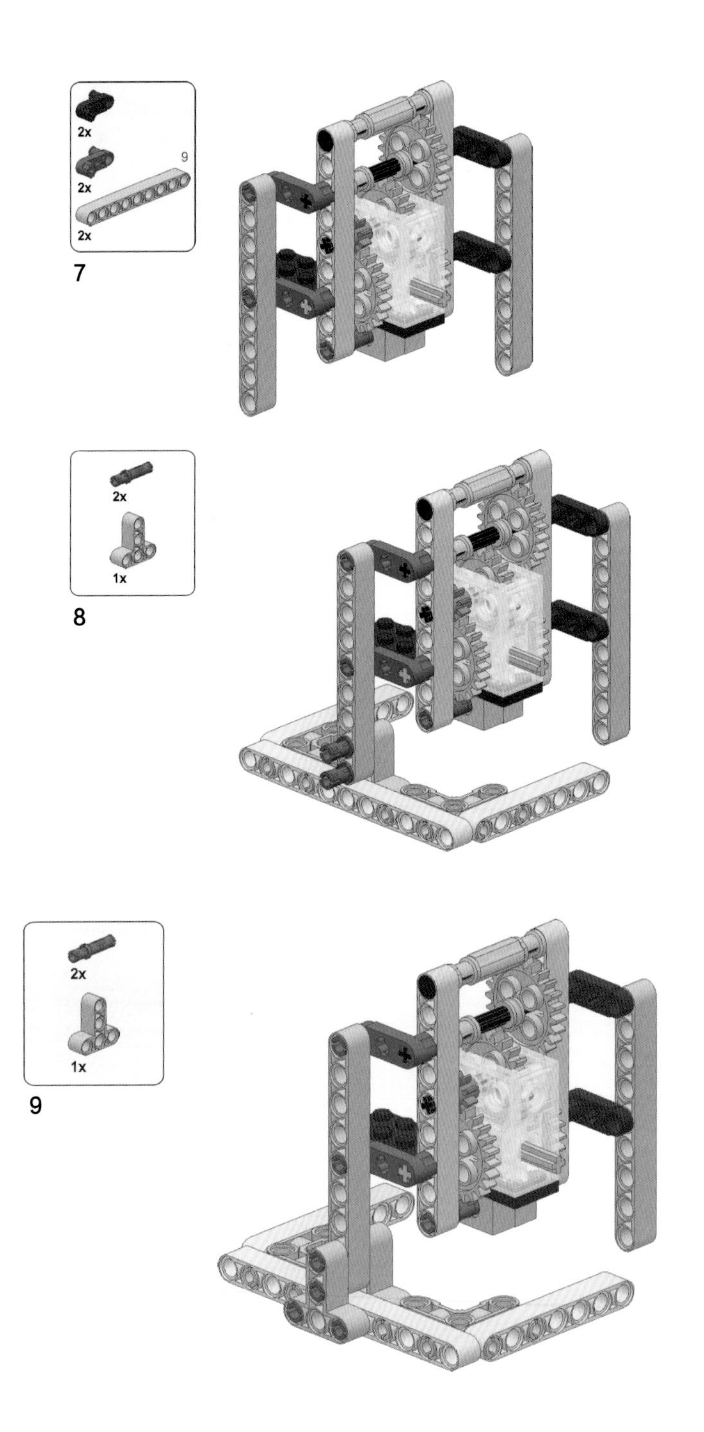
2x
2x
9
2x
7
2x
1x
8
2x
1x
9

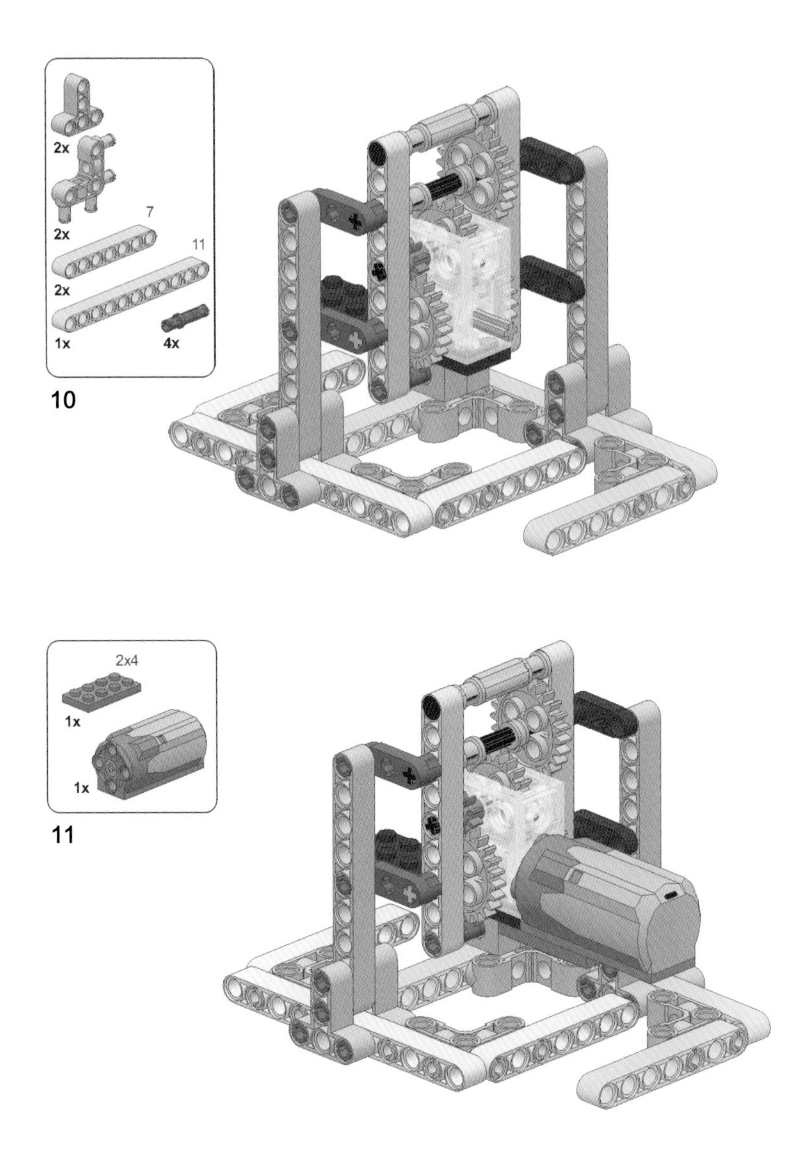
2x
2x
7
2x
11
1x
4x
10
2x4
1x
1x
11

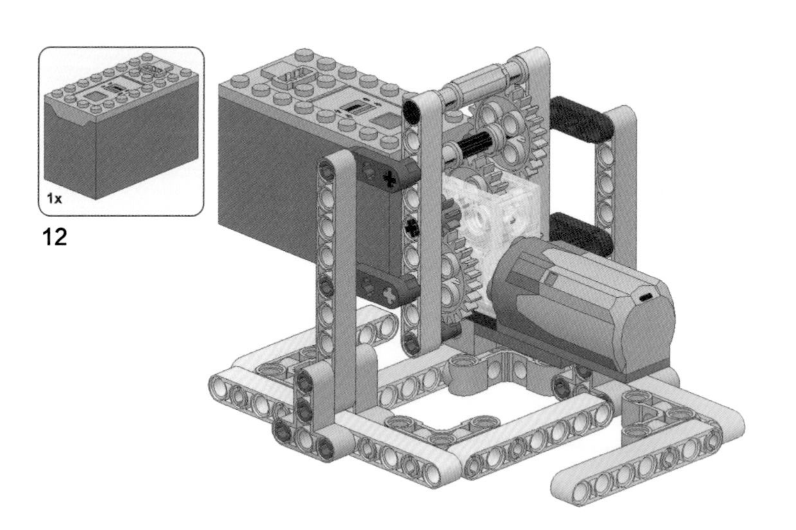

扫码观看两足行走机构动态视频演示:

4.3.4 零件指南

3 美金和 5 美金

这个作品的C形脚掌，使用了两个“3×3 直角连接销”（编号 55615）。这个名称十分拗口，业内通常称之为“5 美金”，可能与这个零件上有 5 个销孔有关。

这款零件常用于梁之间的直角连接。常用的连接方法为：（1）左侧的搭建方法，三个零件处于同一个平面上，空间占用小，强度也比较好；（2）右侧的搭建方法，两根梁呈现空间中的交叉，孔的方向也不同，如图 4-27 所示。

另有一款零件“3×3 双连接销”（编号 48989）通常被称为“3 美金”，如图 4-28 所示。

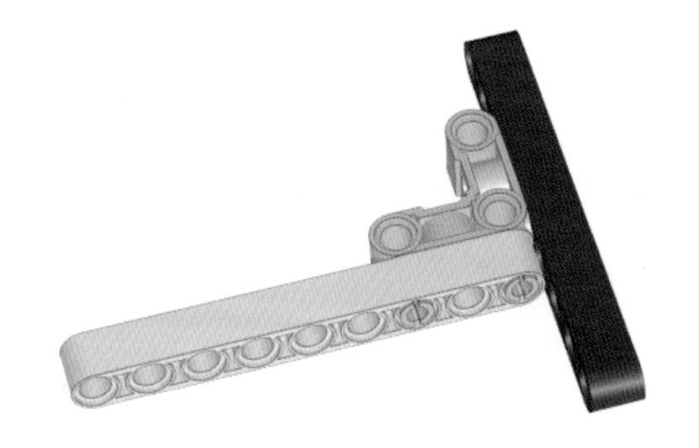

图 4-27 “5 美金”的常见连接方法

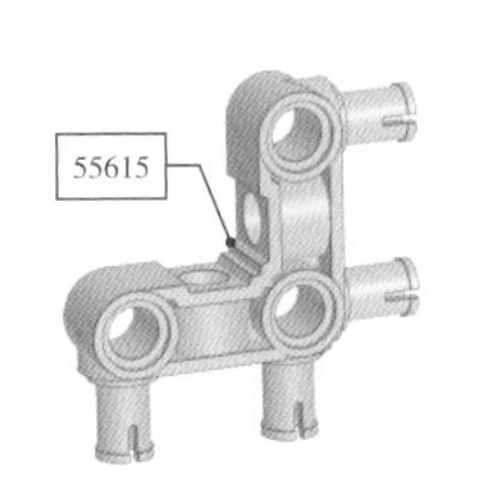

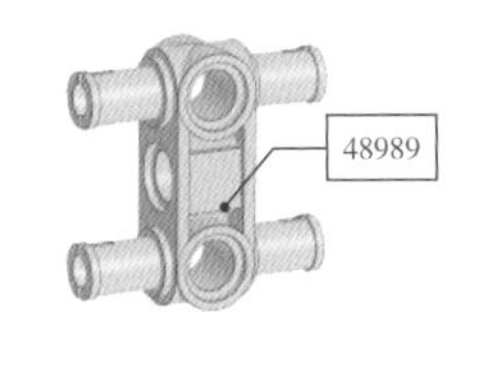

图 4-28 “3 美金”和“5 美金”

带销孔板

在结构设计中，2×2 带销孔薄板（编号 2817）的作用非常关键。这个零件安装在涡轮箱的底部，与外侧的 7 孔梁连接，形成一个稳固的框架。2817 在这里起到重要的固定作用。

2817 外形是一个 2×2 的薄板，下方带有两个销孔，如图 4-29 所示。

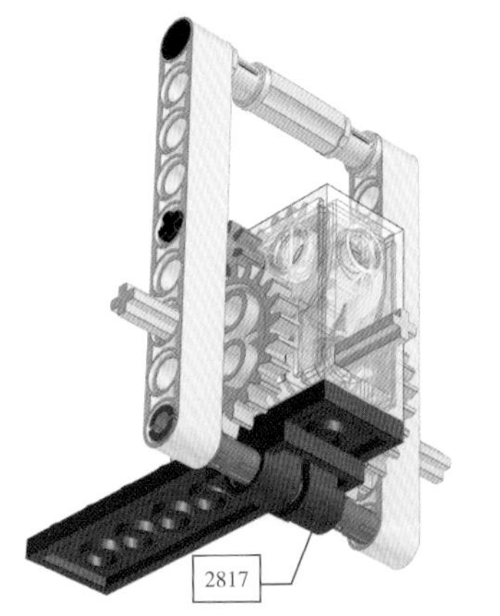

图 4-29 带销孔薄板 2817

还有一款零件编号是 2444，与 2817 类似，但是只在一侧带有一个销孔，如图 4-30 所示。

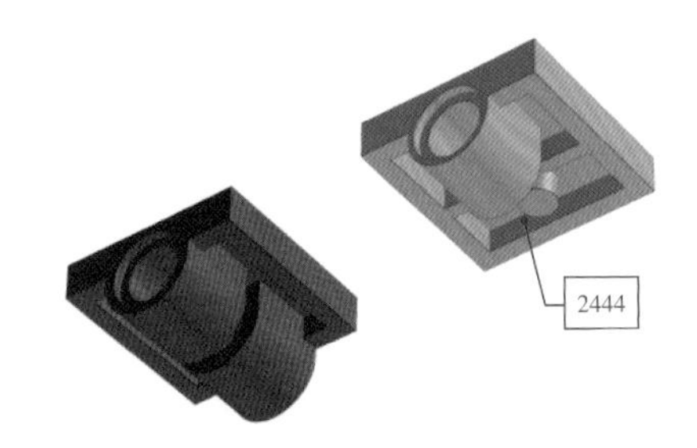

图 4-30 2817 与 2444

这里也可以采用两块 1×2 带孔砖（编号 3700）并排使用替代 2817，只不过这个方案不如采用 2817 坚固和美观，如图 4-31 所示。

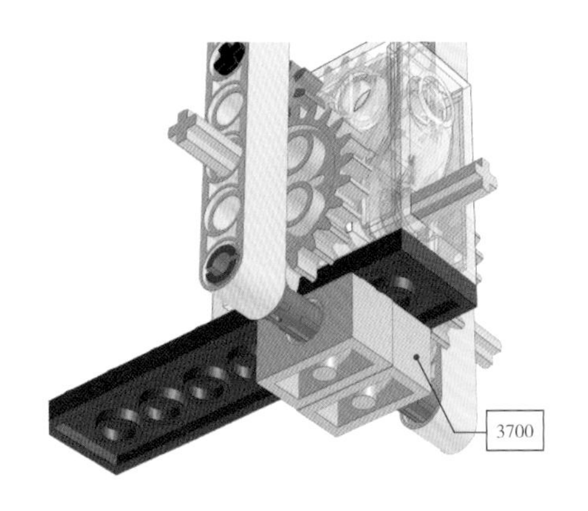

图 4-31 2817 的替代方案

4.3.5 结构解析

这个作品为了缩小体积，采用了小巧的涡轮箱作为减速机构。涡轮箱只能采用24T 齿轮，因此这个减速机构的减速比为 24 ：1，实际运行的时候速度有点慢，如图 4-32 所示。

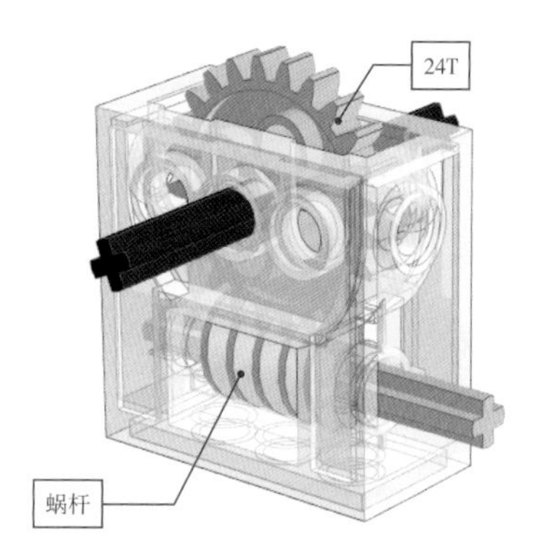

图 4-32　涡轮箱

如果希望提高两足机构的行走速度，可以重新设计变速机构。例如，采用三角梁（编号 2905）框架，涡轮带动 8T 齿轮。这样变速比为 8 ：1，速度提高了三倍，如图 4-33 所示。

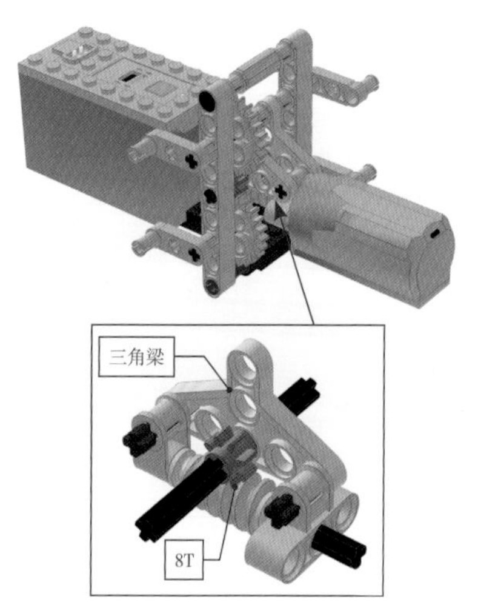

图 4-33　蜗杆与 8T 齿轮减速机构

由于三角梁的宽度为 5 单位，因此这个减速机构占用空间比涡轮箱稍大，造成作品整体的长度增加了将近 2 个单位。

4.4 手动陀螺加速器

4.4.1 作品概况

在常用机械结构中，马达或手动输出的转动通常需要进行加速或减速处理，才能为机器所使用。这就好比 220V 的交流电需要通过稳压电源降压之后才能用于大多数电器。

本案例是一款加速装置，通过三级加速，可以将手动输出的旋转加速 27 倍，可用于陀螺等需要高速旋转的物体。

加速机构采用行星齿轮系统，其结构分为两大部分——“日”字形框架和 3 个行星齿轮加速器，3 个行星齿轮加速器从上至下逐级加速，如图 4-34 所示。

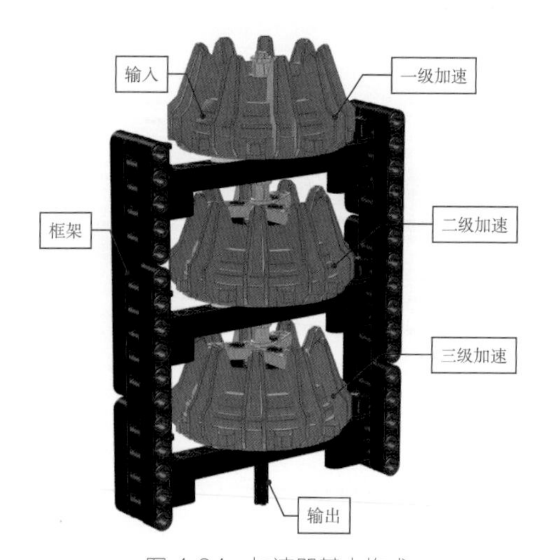

图 4-34　加速器基本构成

作品概况

零件数量：112

长度：14 单位

高度：19 单位

宽度：8 单位

动力：手动

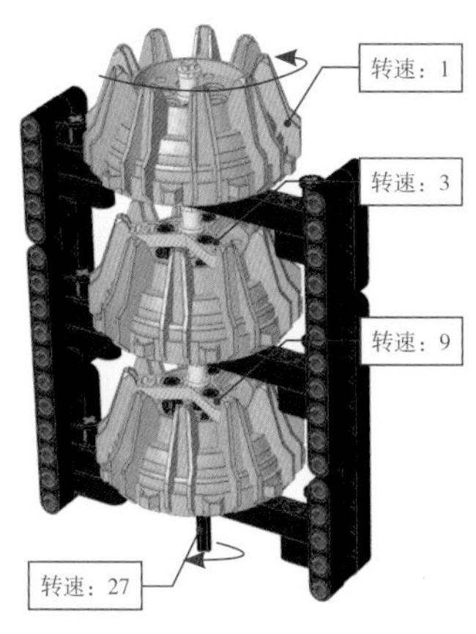

图 4-35 手动加速器动态效果

4.4.2 动态效果

操作加速器的方法是，一手握住外框，一手转动一级加速器外壳，旋转逐渐加速并传输到第三级加速器，输出轴将得到 27 倍于输入端的转速，如图 4-35 所示。

4.4.3 搭建指南

手动加速器零件表如图 4-36 所示。

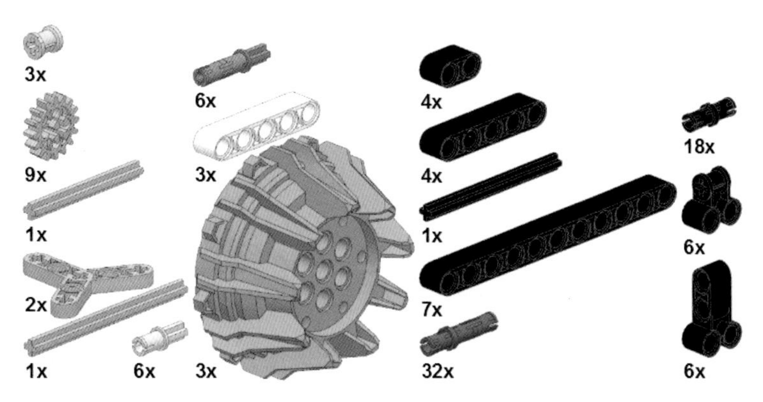

图 4-36 手动加速器零件表

手动加速器简要搭建步骤图：

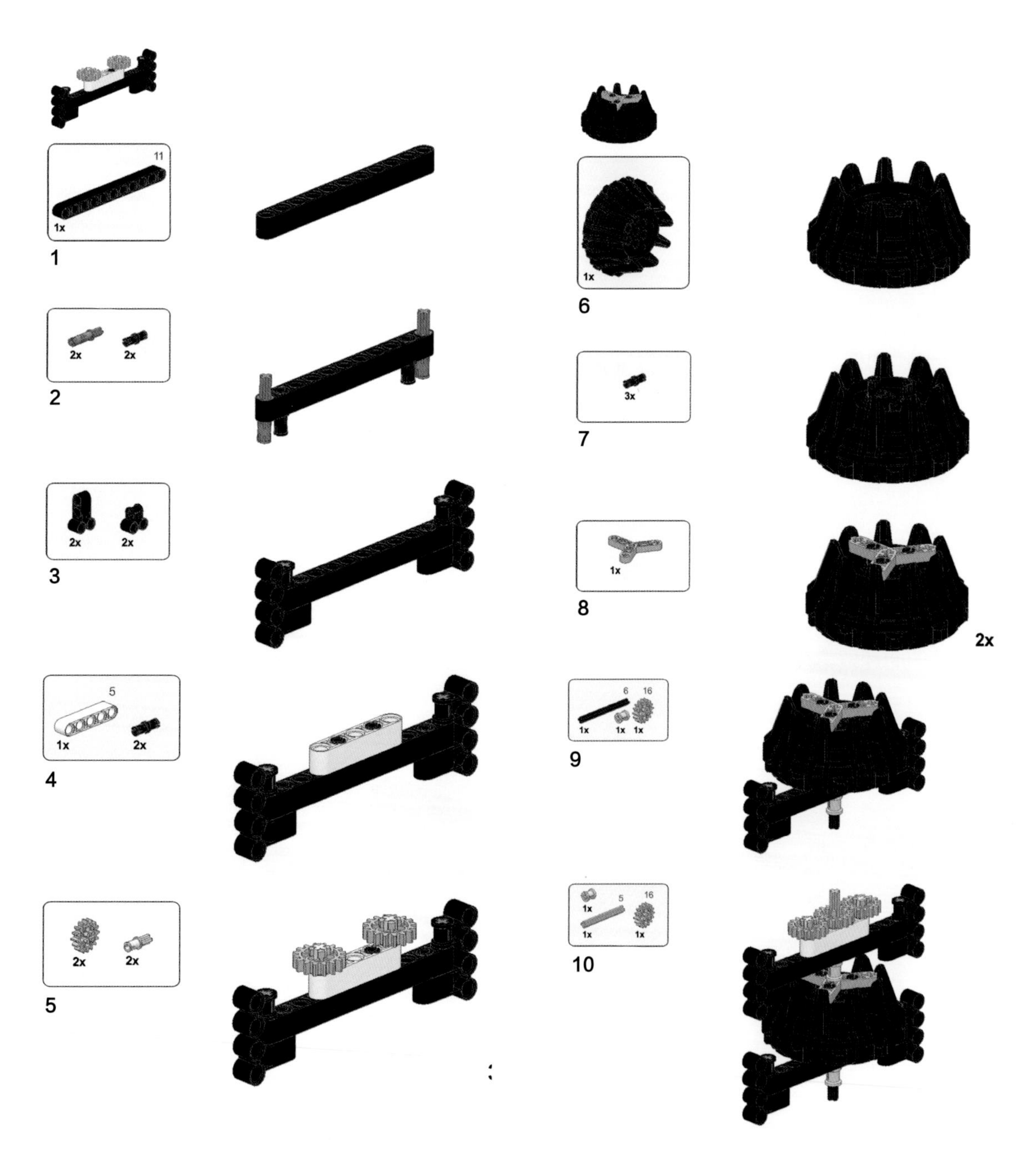

11

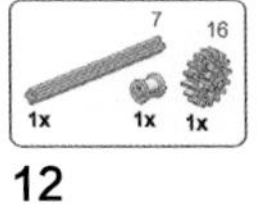

12

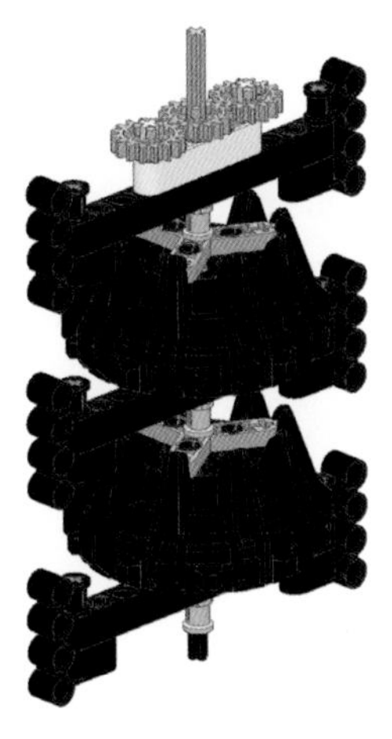

12x

13

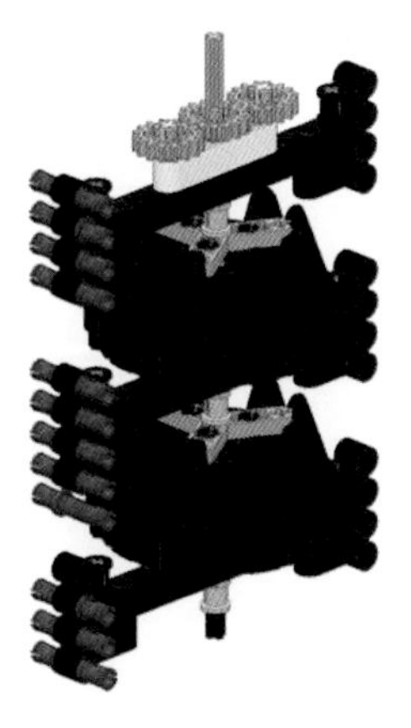

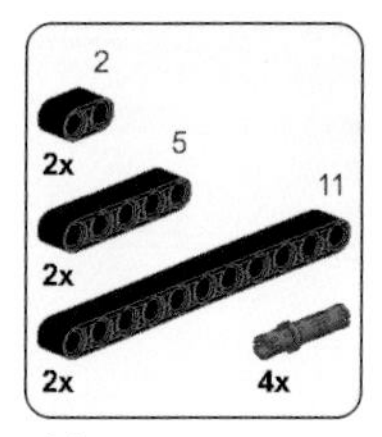

14

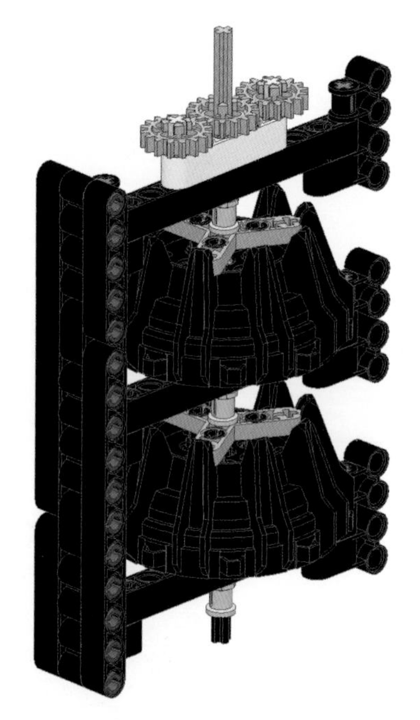

15

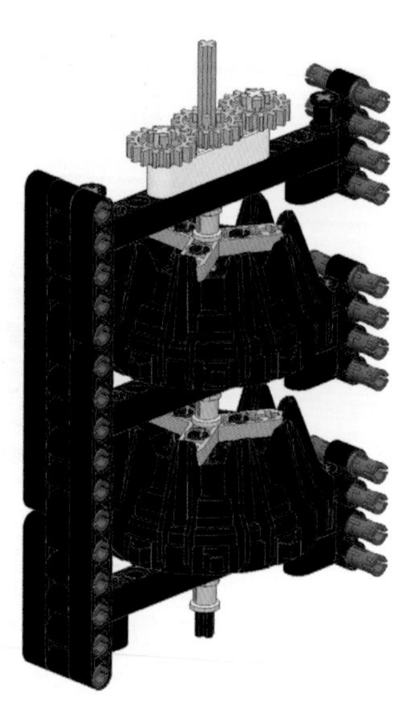

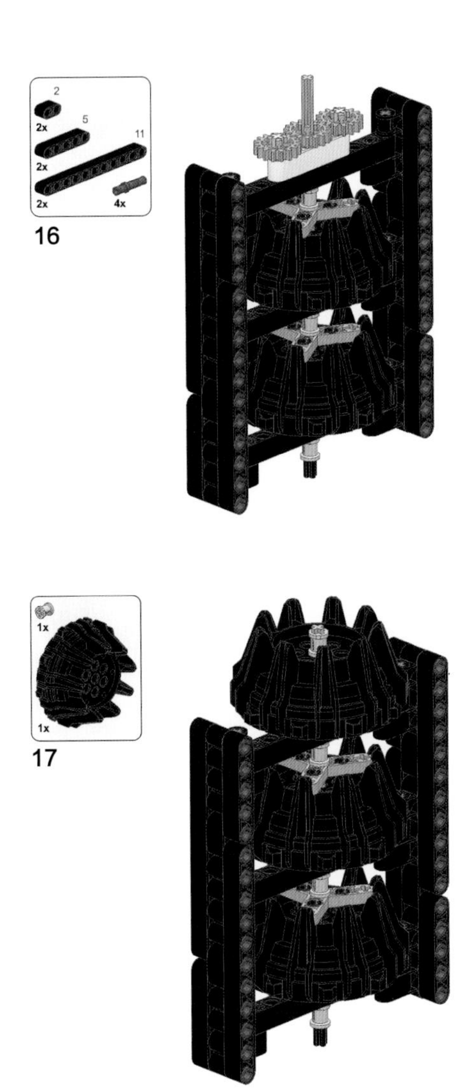

扫码观看手动加速器视频演示：

4.4.4 零件指南

这个作品中的重要零件是编号64712的硬塑料轮，这个零件被归类为轮子类。但是由于其带有内齿圈、中央带有销孔，也经常被用来做行星齿轮的外齿圈，如图4-37所示。

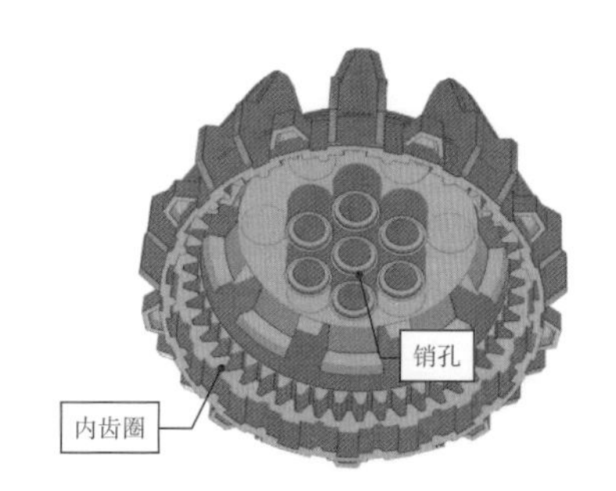

图4-37 硬塑料轮64712

64712适合与16T齿轮配合形成一套行星齿轮机构。每一级的行星齿轮加速器由64712和3个16T齿轮组成，64712内置48齿齿轮，与16T齿轮形成的行星齿轮系统可以实现3：1的变速。其结构如图4-38所示。

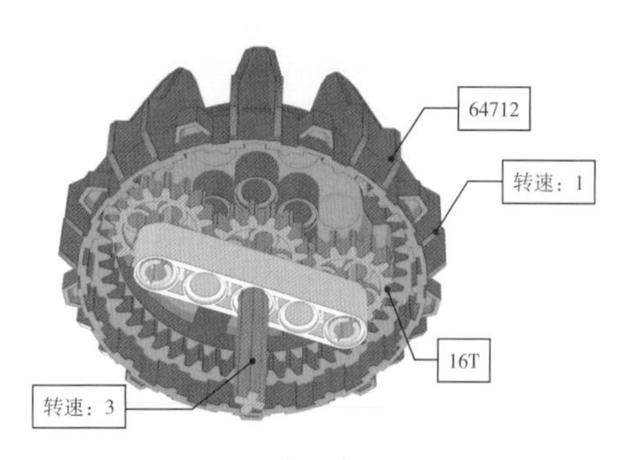

图4-38 64712构成的行星齿轮变速机构

4.4.5 结构解析

行星齿轮是一种常见的机械结构，位于中心的齿轮被称为太阳轮，周围有围绕其旋转的行星齿轮，外侧还有一个齿圈。当行星齿轮机构运转的时候，行星齿轮既有自转也有公转，很像行星的运行特点，故有此名。行星齿轮构成原理如图4-39所示。

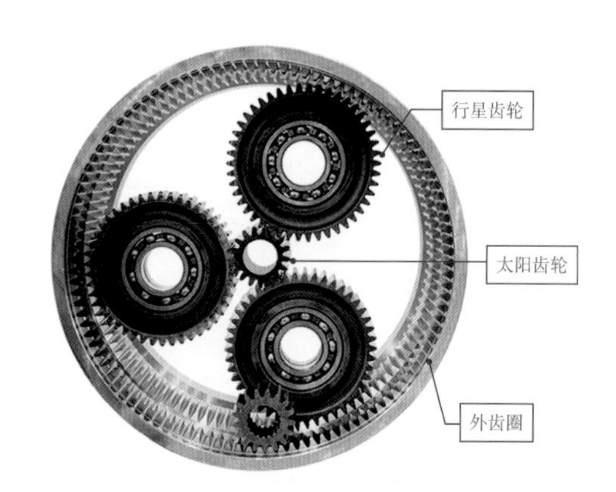

图4-39 行星齿轮构成原理

行星齿轮机构具有传动比大、减速比大、结构紧凑等优点，在机械设计中应用广泛。

乐高零件当中也有适合搭建行星齿轮机构的零件，比较常见的有64712和64713，这两个零件的共同特点是都带有内齿圈，而且中央的孔是圆孔。

64713（英文名CONICAL DRILL WITH SPKES）外径30mm，其外形是一个锥形的钻头，带有24个齿的内齿圈，如图4-40所示。

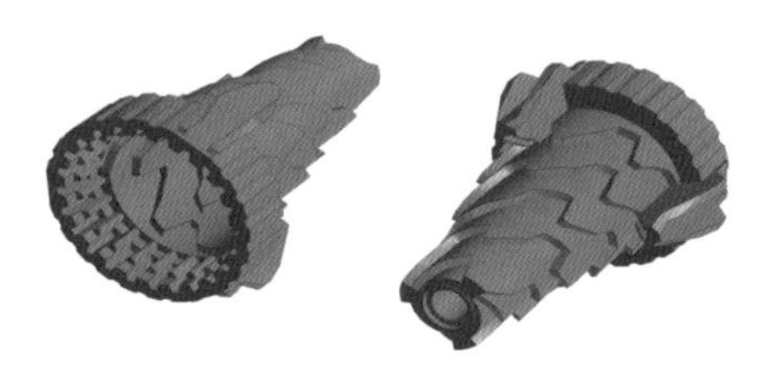

图 4-40　64713 零件

64713的内齿圈适合安装3个8T齿轮，其转速（传动）比是3：1，如图4-41所示。

图 4-41　64713 的应用

64712 外径为 62mm，体积较大，其内部是一个 48 齿齿轮，适合安装 3 个或 4 个 16T 齿轮，其转速（传动）比也是 3：1。图 4-42 是 64712 另一种 4 个行星齿轮搭建机构。

图 4-42　64712 的 4 齿轮行星齿轮机构

行星齿轮机构在乐高结构设计中用途广泛，图 4-43 为采用行星齿轮机构搭建的舞动人仔作品，动态效果是三个人仔既有公转又有自转的舞动。

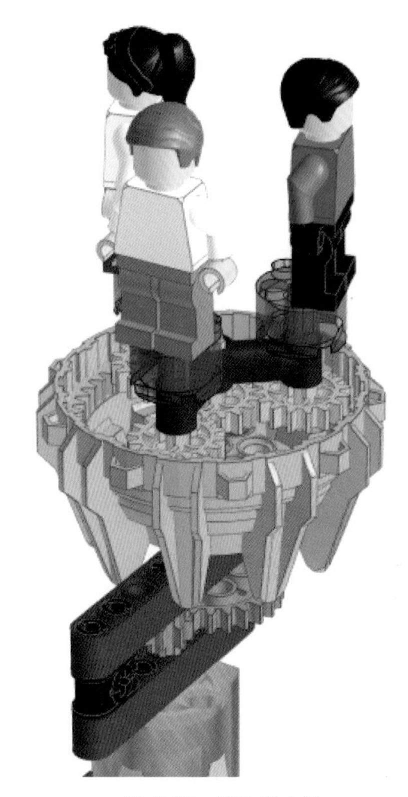

图 4-43　舞动的人仔

第5章

实用机械装置

5.1 单杠机器人

5.1.1 概述

单杠机器人是一款趣味玩具。通过手摇方式控制小人，可以完成各种单杠动作。

单杠机器人由底座、单杠、小人和传动机构等几个部分组成，如图 5-1 所示。

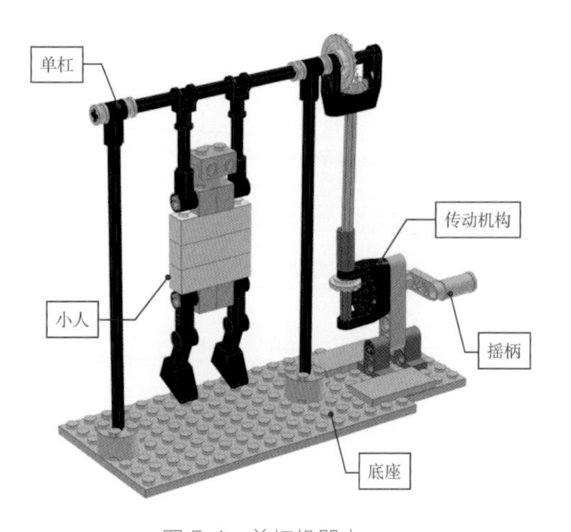

图 5-1 单杠机器人

作品概况

零件数量：33

长度：20 单位

宽度：8 单位

高度：16 单位

驱动方式：手动

5.1.2 动态效果

转动摇柄，传动系统带动单杠的横杆转动，横杆带动小人在单杠上做各种动作。如图 5-2 所示。

图 5-2 小人的杠上动作瞬间

5.1.3 搭建指南

单杠机器人零件表，如图 5-3 所示。

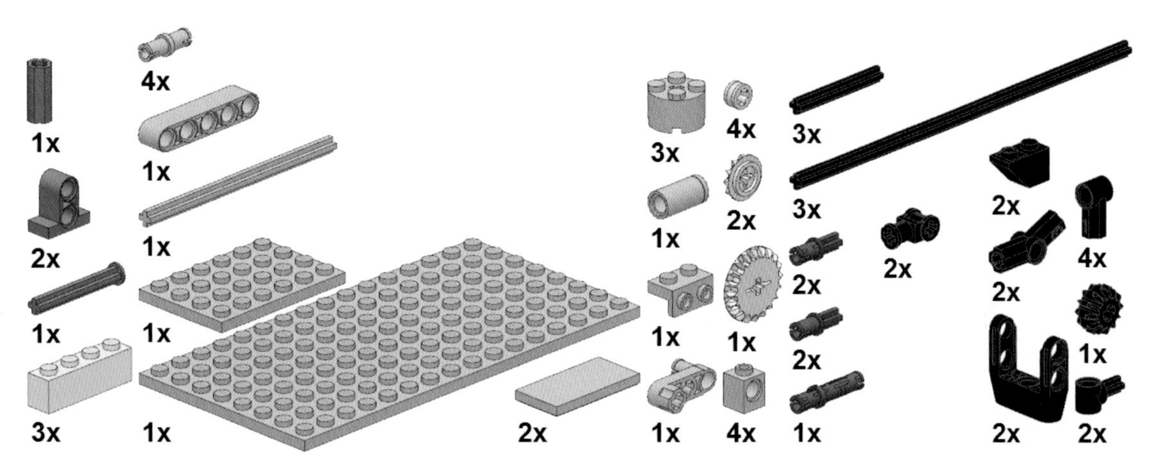

图 5-3 单杠机器人零件表

单杠机器人简要搭建步骤图：

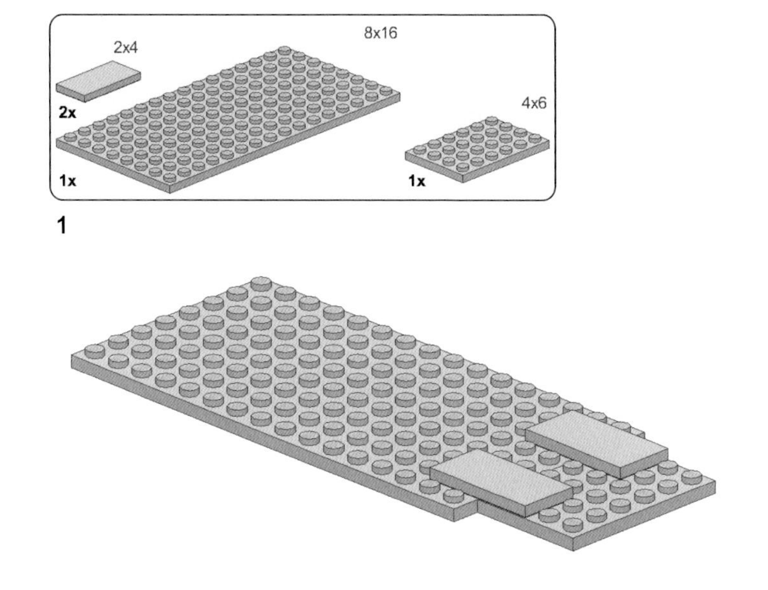

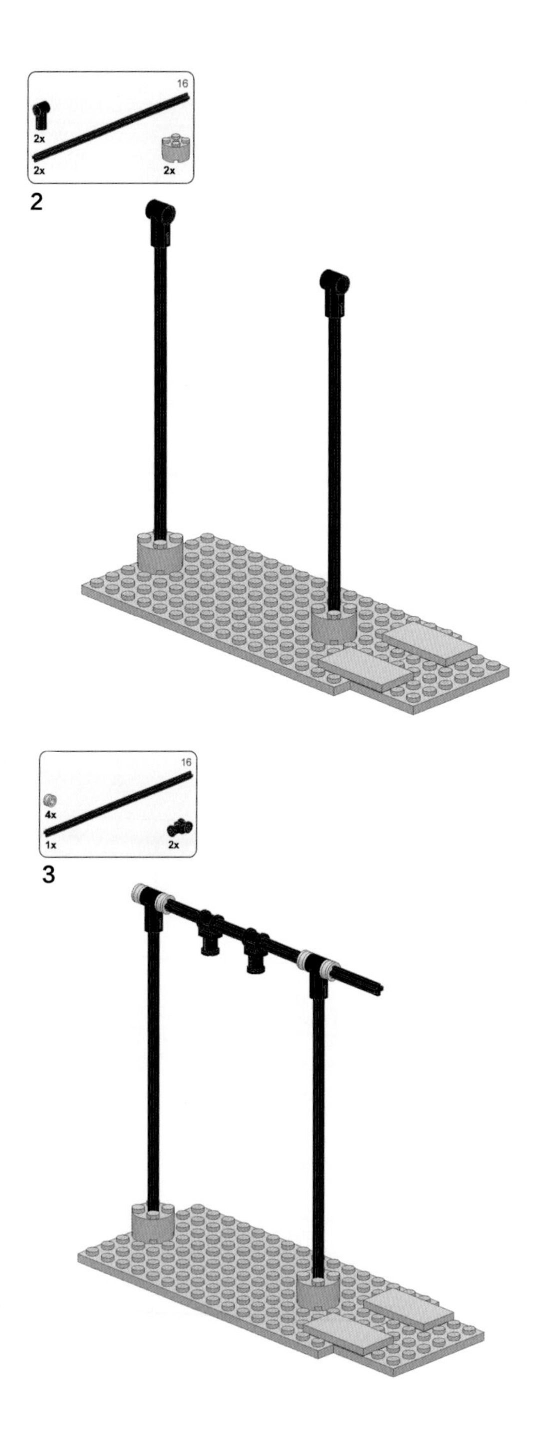
16
2x
2x
2x
2
16
4x
1x
2x
3

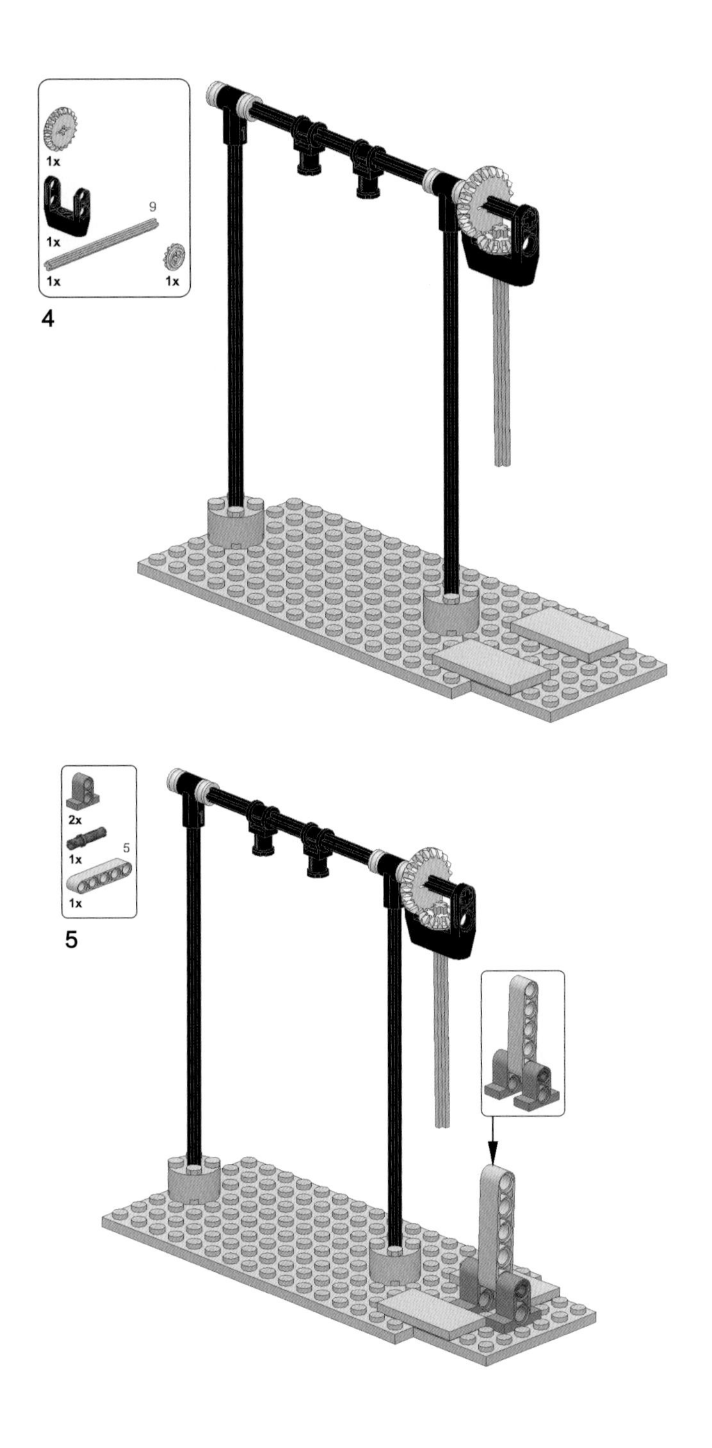
1x
1x
9
1x
1x
4
2x
1x
5
1x
5

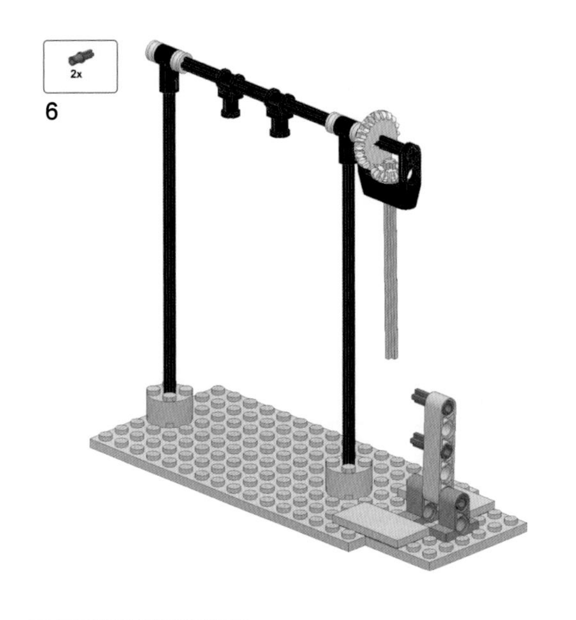
2x
6

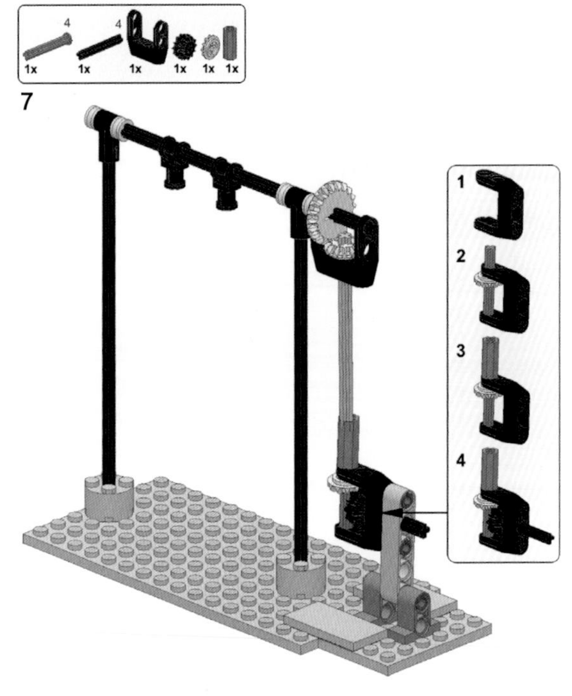
4
4
1x
1x
1x
1x
1x
1x
7
1
2
3
4

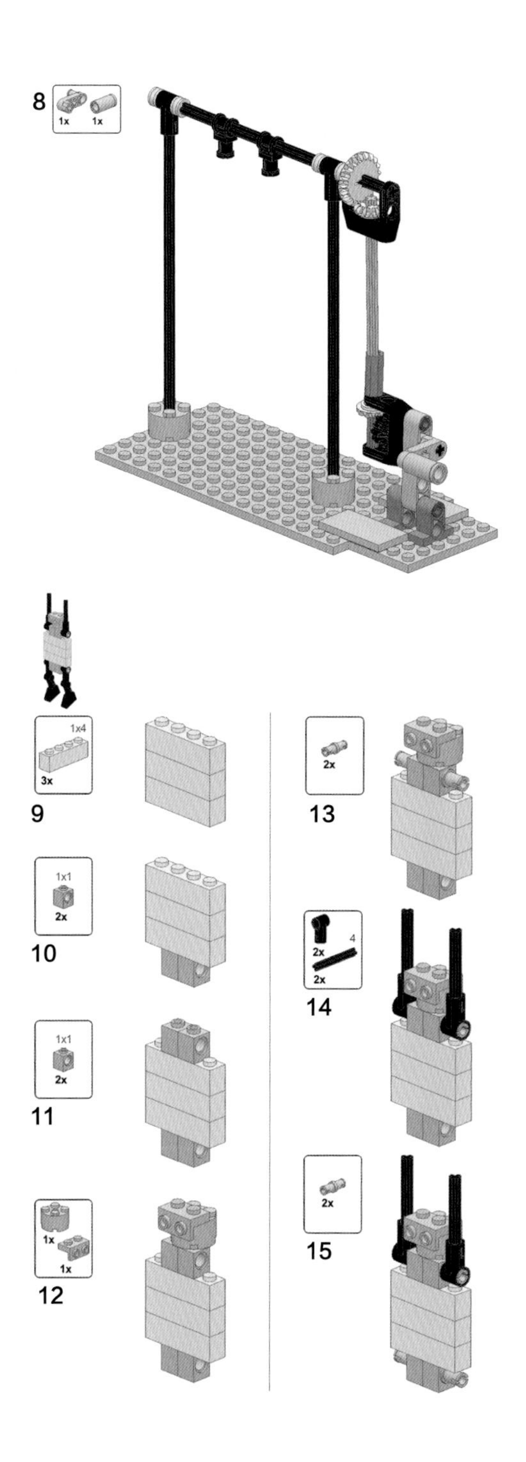
8
1x
1x
1x4
3x
9
1x1
2x
10
1x1
2x
11
1x
1x
12
2x
13
2x
4
2x
14
2x
15

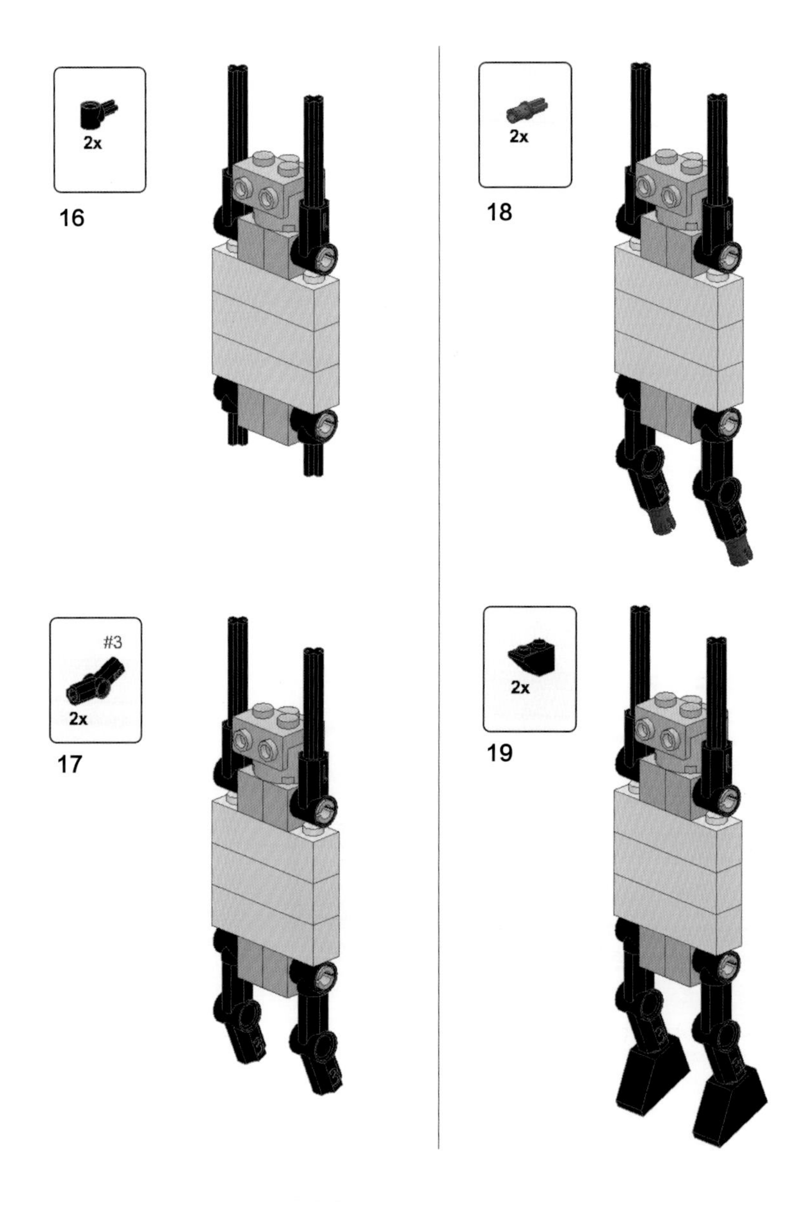

2x
16
2x
18
#3
2x
17
2x
19

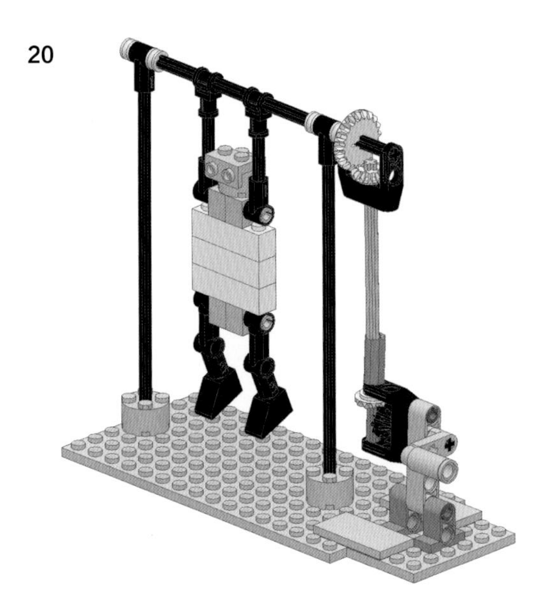

单杠机器人简要搭建步骤图

扫码观看单杠机器人视频演示：

5.2 手机支架

5.2.1 概述

这款创意手机支架带有涡轮蜗杆系统，可以在 45° ～ -90° 之间任意调整角度。还带有橡筋的开合机构，可夹紧手机，防止脱落。

手机支架由底座、托架、加紧机构、旋钮、角度开合机构等几个部分组成。如图 5-4 所示。

作品概况

零件数量：55

长度：13 单位

宽度：9 单位

高度：13 单位

驱动方式：手动

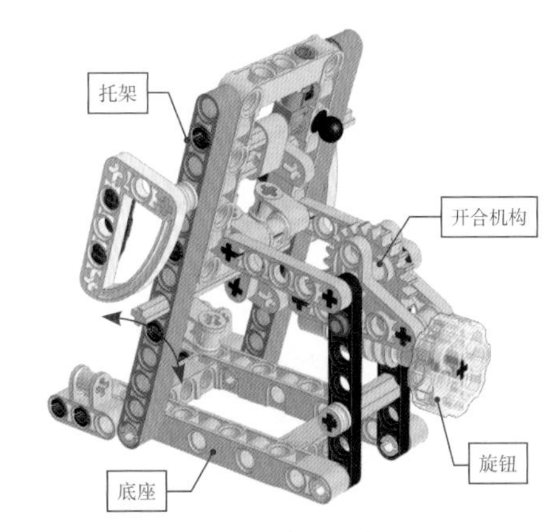

图 5-4 手机支架组成部分

图 5-4　手机支架组成部分（续）

5.2.2　动态效果

手机放在支架上的情形如图 5-5 所示。

图 5-5　手机放在支架上的情形

逆时针转动旋钮，托架在开合机构的带动下，向前转动。手机最大的前倾角度为 90° 。顺时针转动旋钮，托架向后转动，手机的最大后倾角为 45° ，如图 5-6 所示。

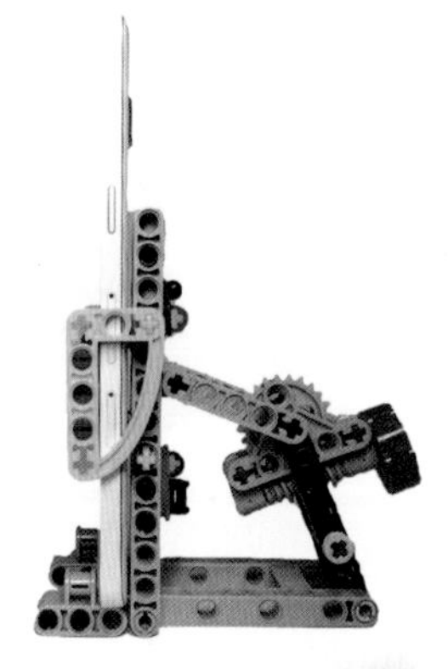

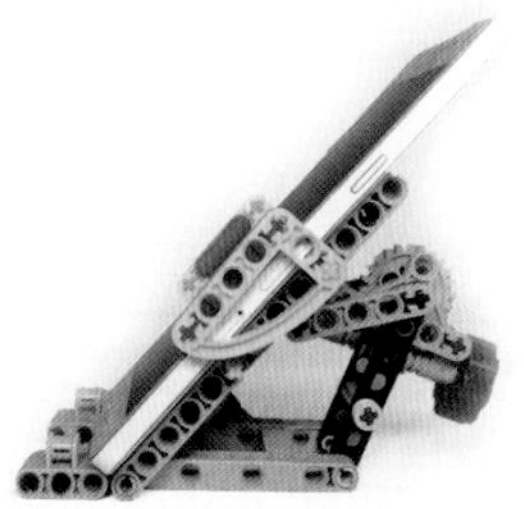

图 5-6　最大夹角和最小夹角

5.2.3　搭建指南

手机支架零件表，如图 5-7 所示。

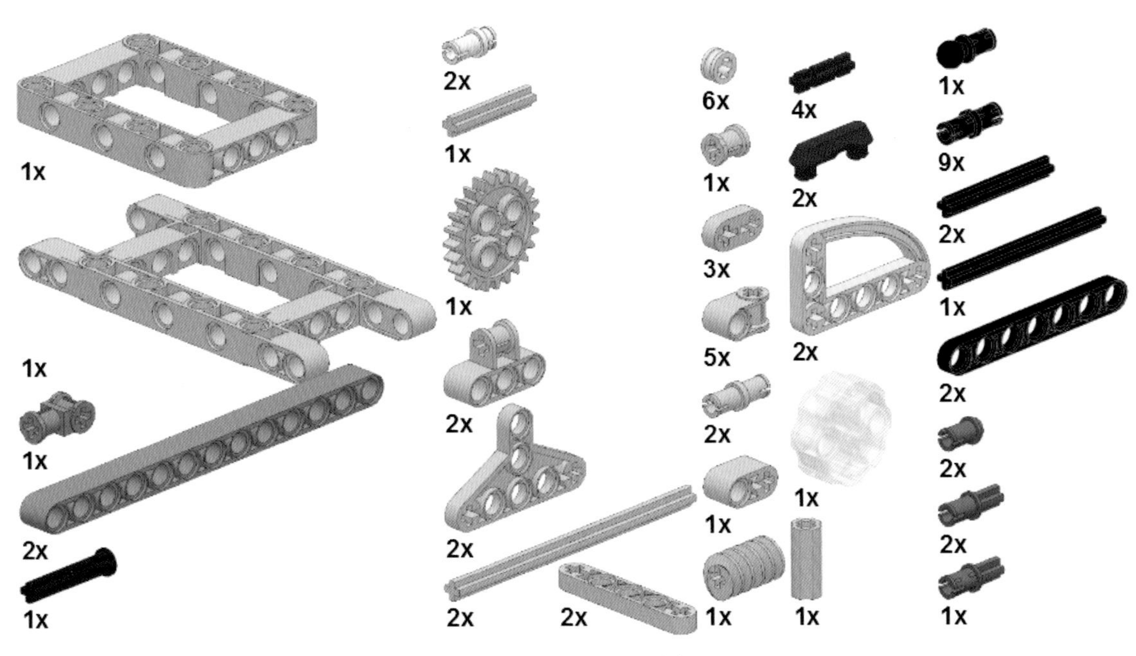

图 5-7　手机支架零件表

手机支架简要搭建步骤图：

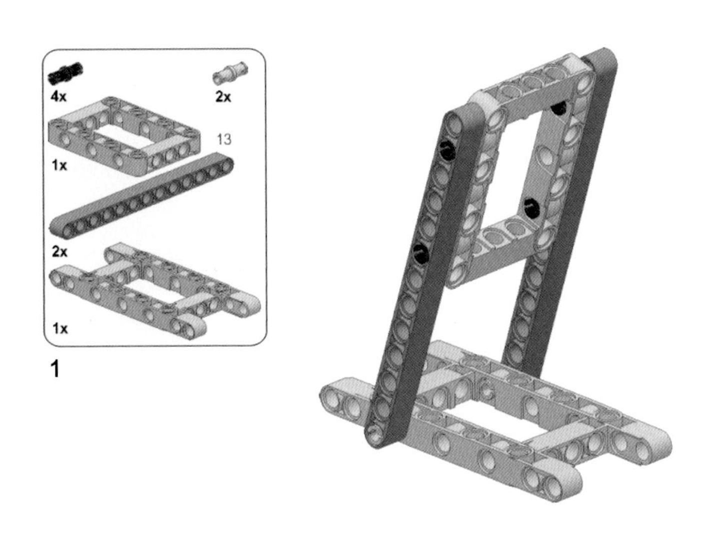

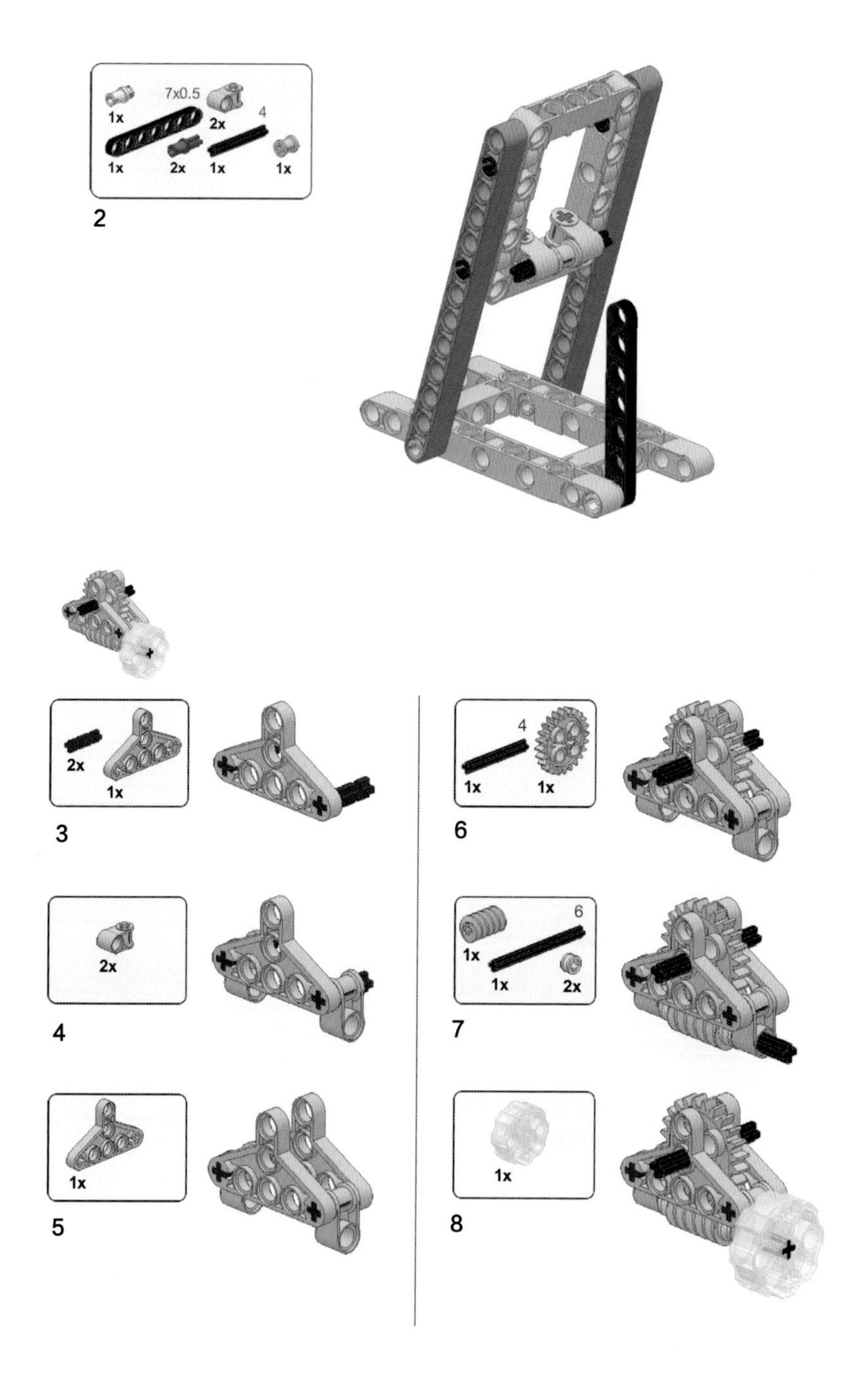
7x0.5
4
1x
2x
1x
2x
1x
1x
2
2x
1x
3
2x
4
1x
5
4
1x
1x
6
6
1x
1x
2x
7
1x
8

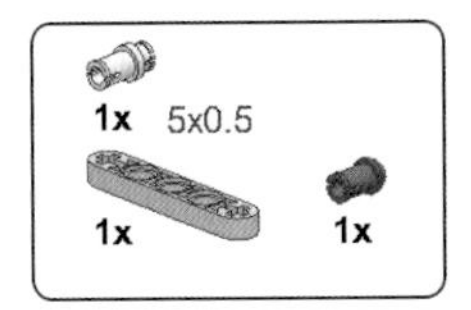

9

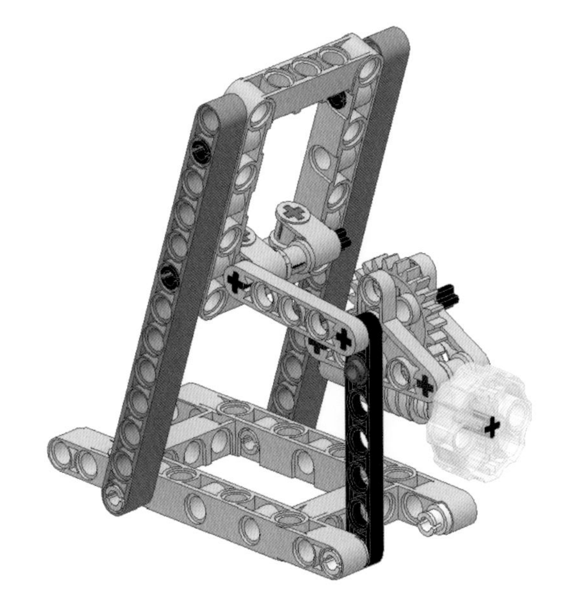

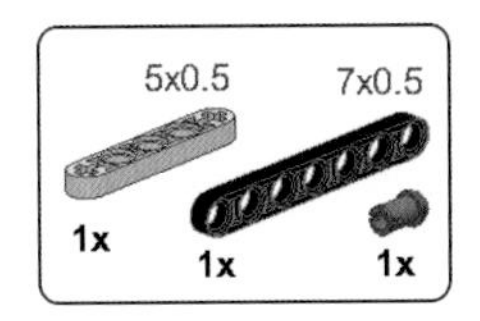

10

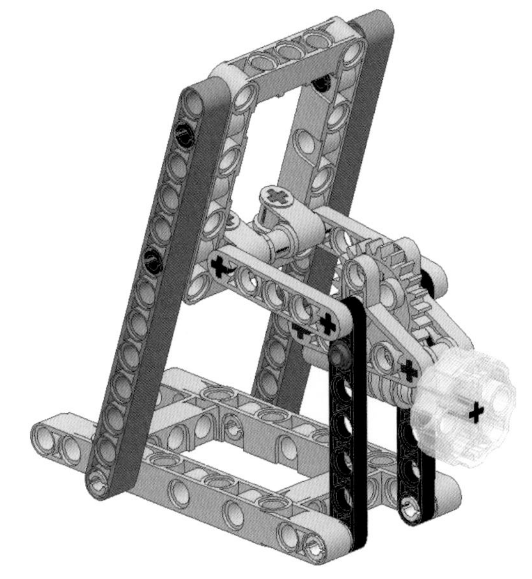

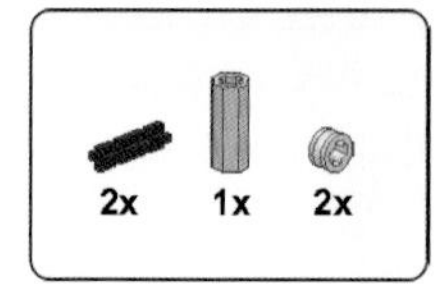

11

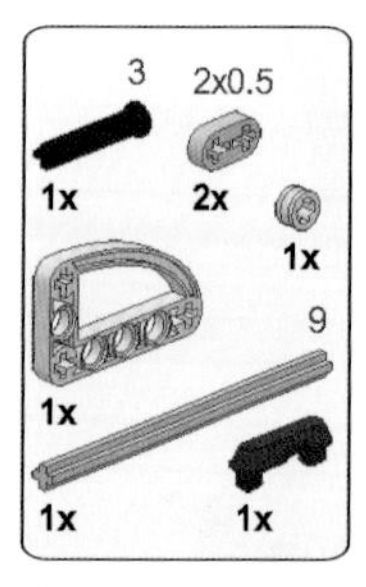

12

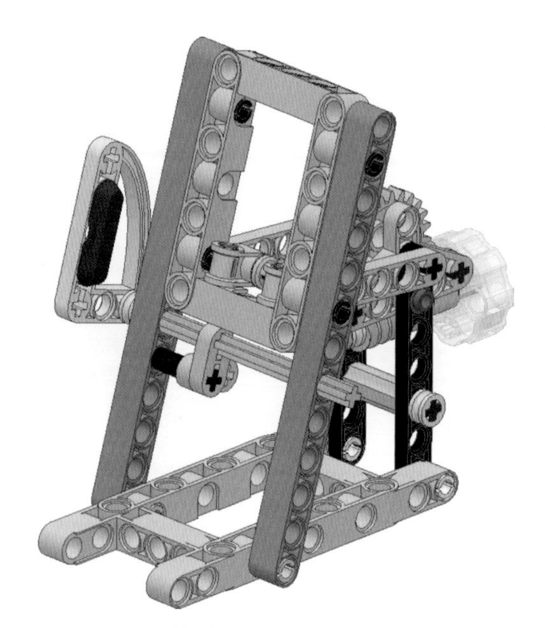

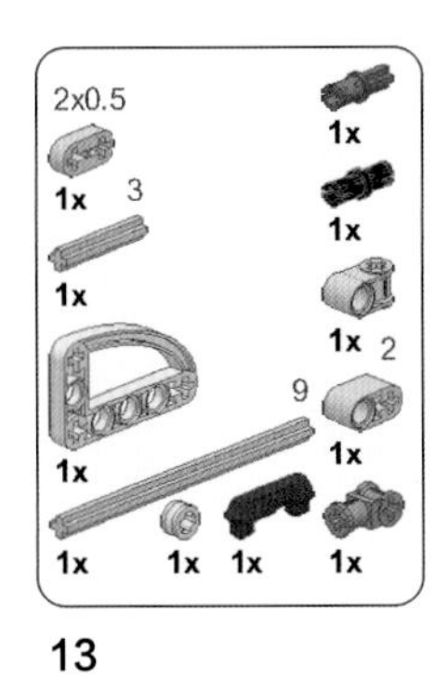

13

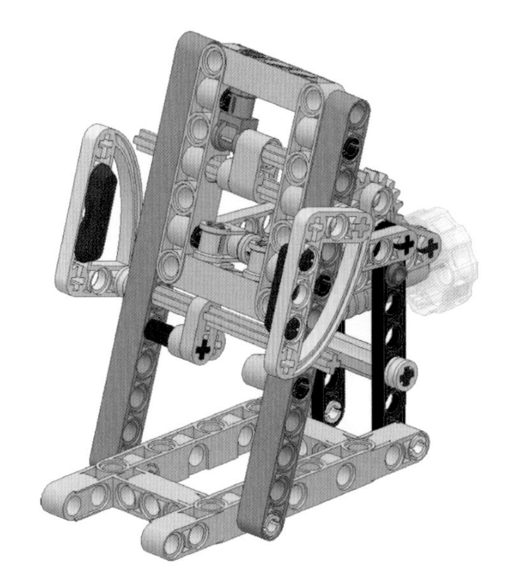

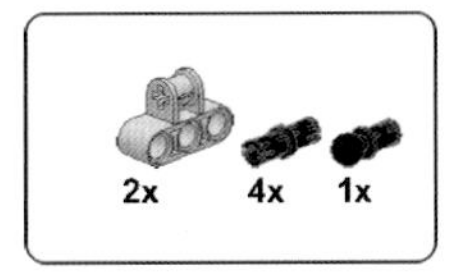

14

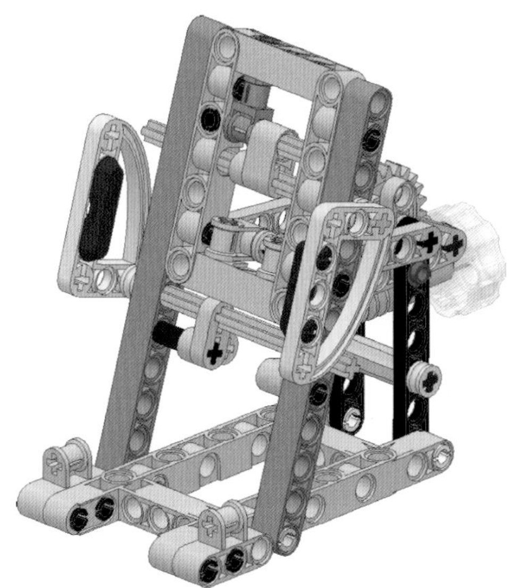

手机支架简要搭建步骤图

手机支架成品如图 5-8 所示。

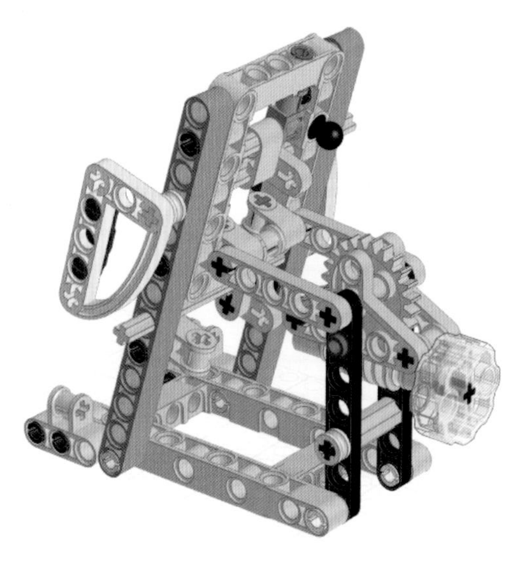

图 5-8 成品

扫码观看手机支架视频演示：

5.3 变形折叠桌

5.3.1 概述

变形折叠桌是一款创意家具，可以在桌子和书架之间任意切换。变形折叠桌由支架、平行边框、桌面板和铰链等部分构成。如图 5-9 所示。

作品概况

零件数量：111

长度：15 单位

宽度：11 单位

高度：12 单位

驱动方式：手动

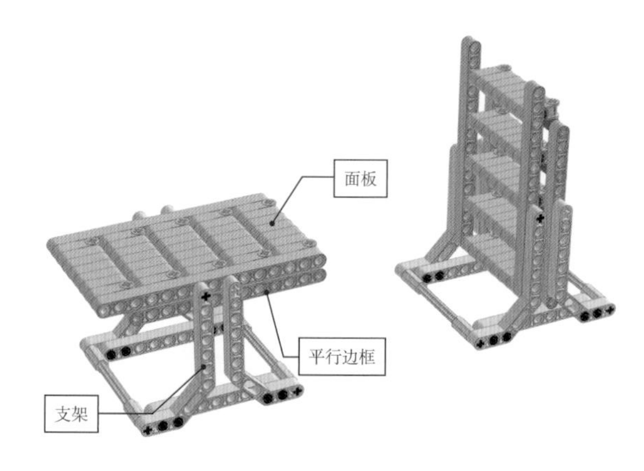

图 5-9 变形折叠桌和书架

5.3.2 动态效果

变形折叠桌的桌面由多块长方形面板拼合而成，面板两侧与两根平行边框采用活动铰链连接。平行边框处于水平状态的时候，面板呈水平方向拼合在一起，形成一个平面，这时是一个桌子。

当平行边框绕中心轴逆时针转动，随着旋转角度的加大，两组平行边框之间出现一个间隙，带动面板水平方向错开，逐渐变形为一个书架。如图 5-10 所示。

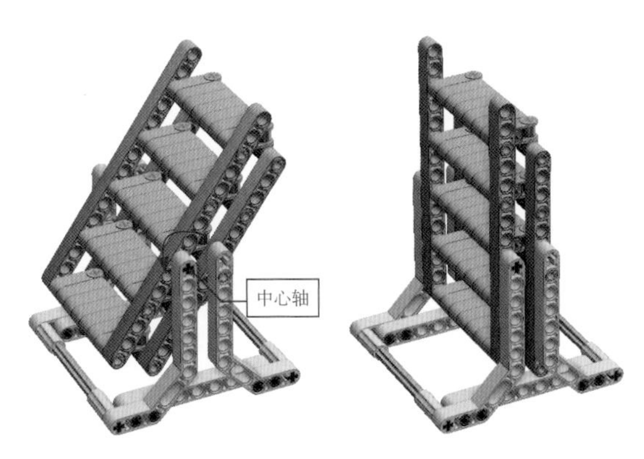

图 5-10　由桌子变形为书架

5.3.3　搭建指南

变形折叠桌零件表，如图 5-11 所示。

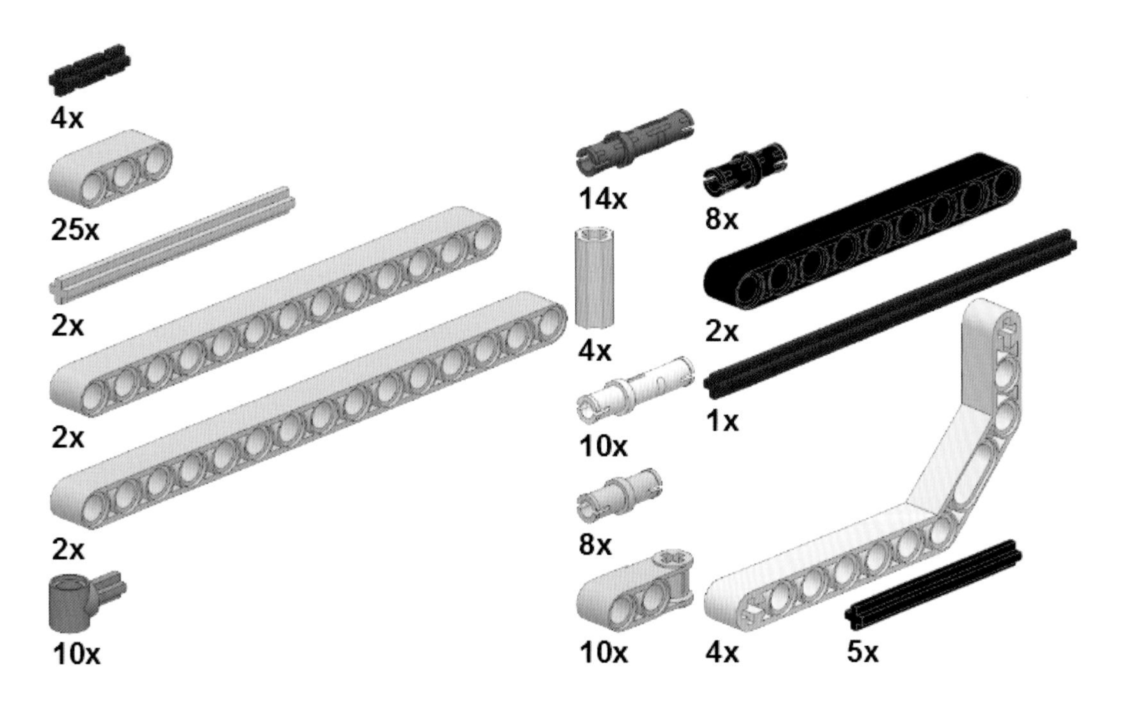

图 5-11　变形折叠桌零件表

变形折叠桌简要搭建步骤图：

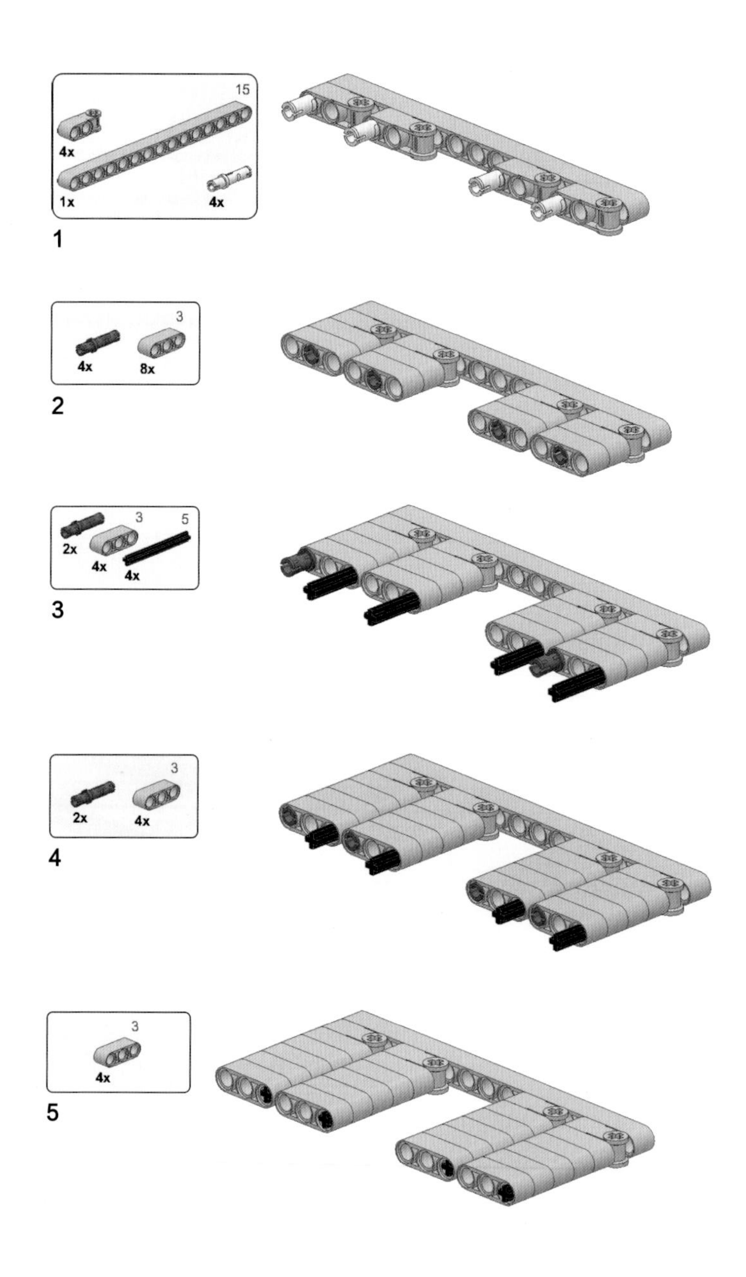

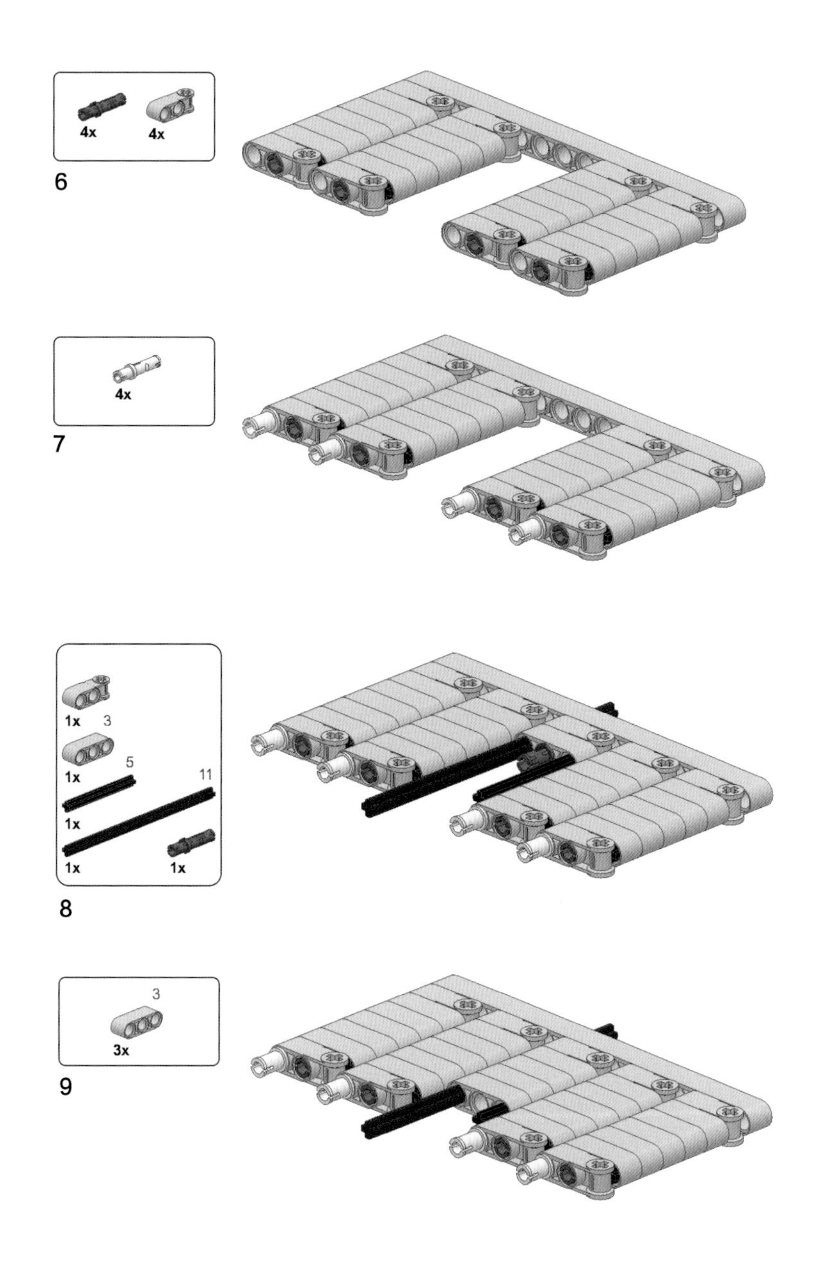
4x
4x
6
4x
7
1x
3
1x
5
11
1x
1x
1x
8
3
3x
9

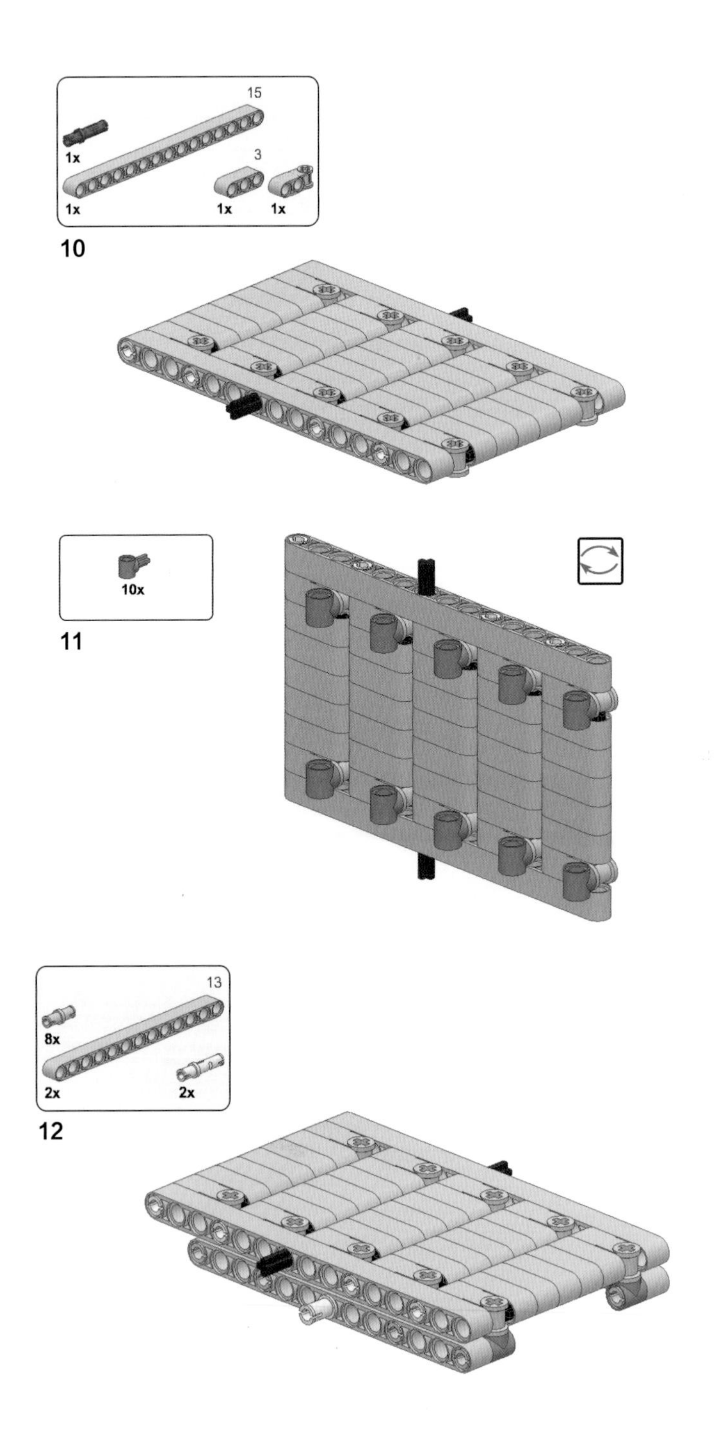
15
1x
3
1x
1x
1x
10
10x
11
13
8x
2x
2x
12

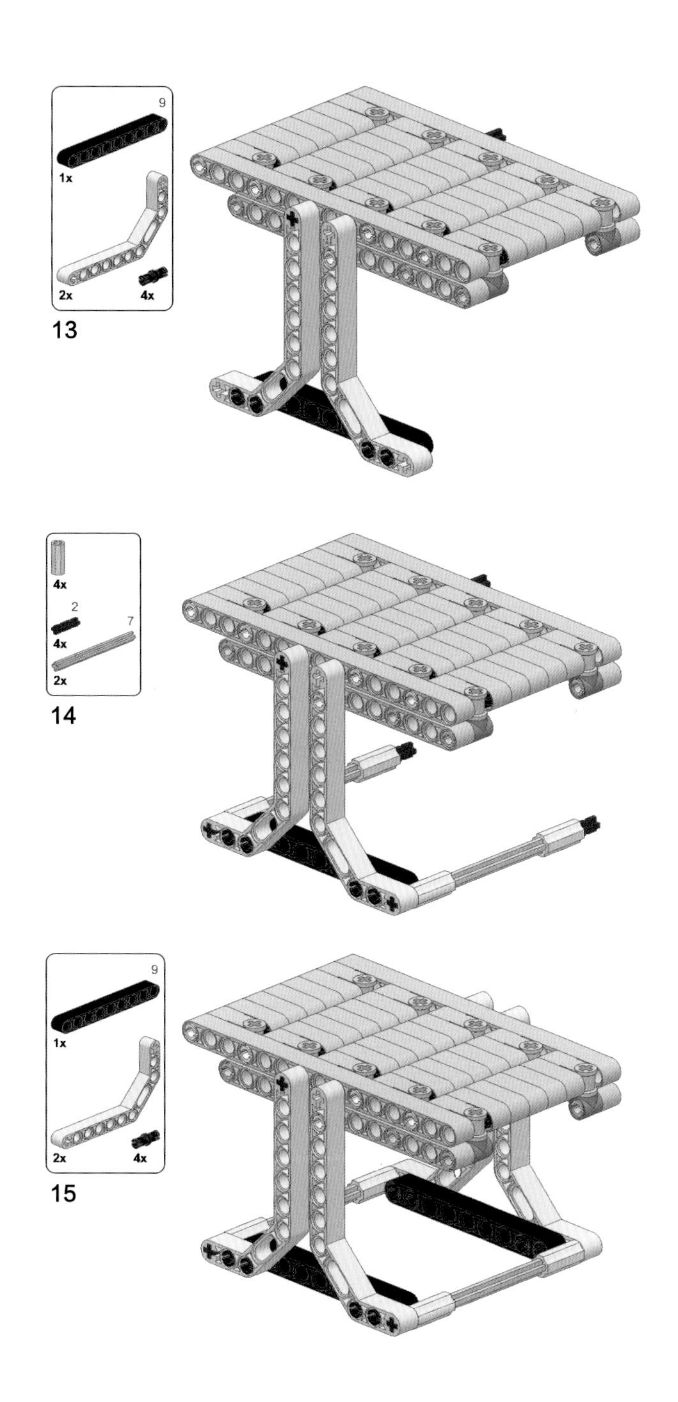

手机扫码观看变形
折叠桌视频演示：

5.4 折叠道闸

5.4.1 作品概述

折叠道闸通常用于高度有限的空间，道闸升起的时候，横杆平行于地面抬起的，占用垂直空间较小。

乐高版折叠道闸采用平行四边形机构设计，可以保持红色横杆始终处于水平状态。如图 5-12 所示。

图 5-12 折叠道闸

折叠道闸有底座、支架、齿轮传动系统、平行四边形连杆、横杆等部分组成，如图 5-13 所示。

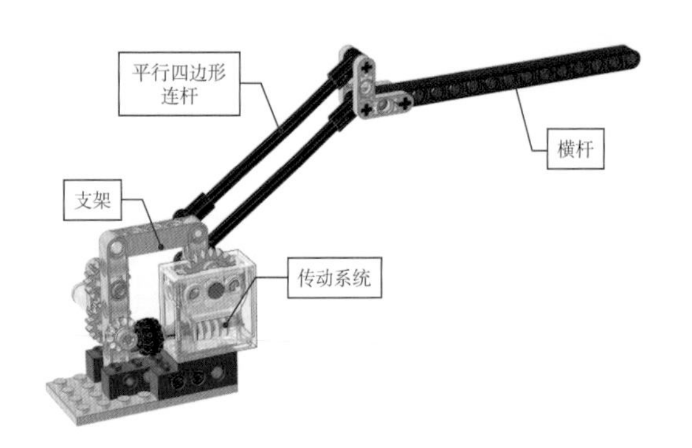

图 5-13 折叠道闸组成

作品概况：

零件数量：39

长度：33 单位

宽度：7 单位

高度：15 单位

驱动方式：手动

5.4.2 动态效果

顺时针摇动手柄，驱动齿轮传动系统，带动平行四边形连杆转动，横杆将上升，如图 5-14 所示。

图 5-14 横杆的初始位置

当平行四边形的两根连杆紧靠在一起的时候，横杆达到最高位置，如图 5-15 所示。

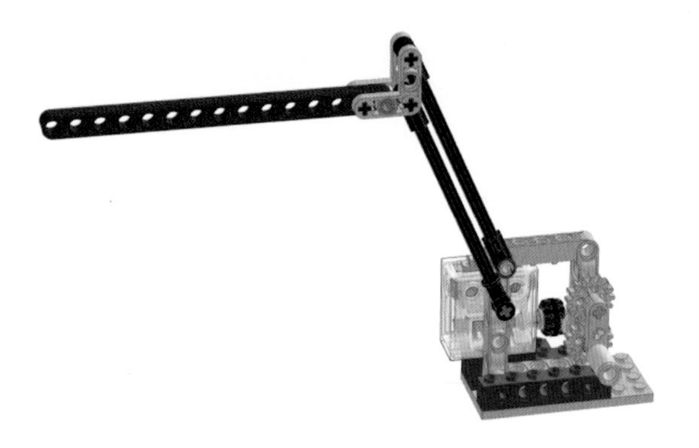

图 5-15 横杆的最高位置

由于齿轮传动机构中带有一个涡轮蜗杆装置，所以横杆在抬升和下降过程中都处于自锁状态，可以在任何位置停止，但横杆不会自行下落，确保通过的车辆安全通过。如图 5-16 所示。

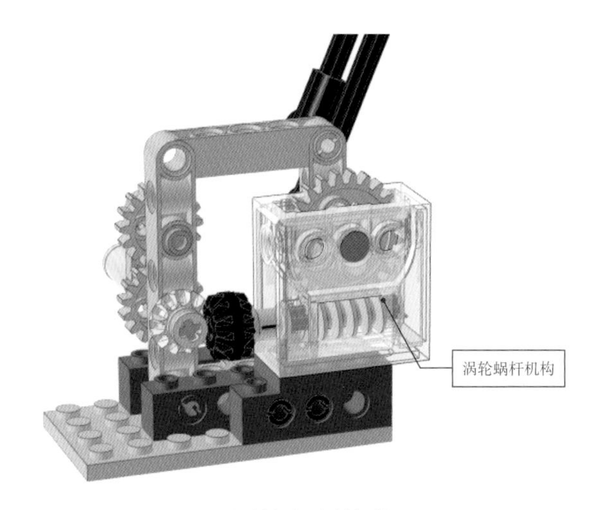

图 5-16　涡轮蜗杆自锁机构

5.4.3 搭建指南

折叠道闸零件表，如图 5-17 所示。

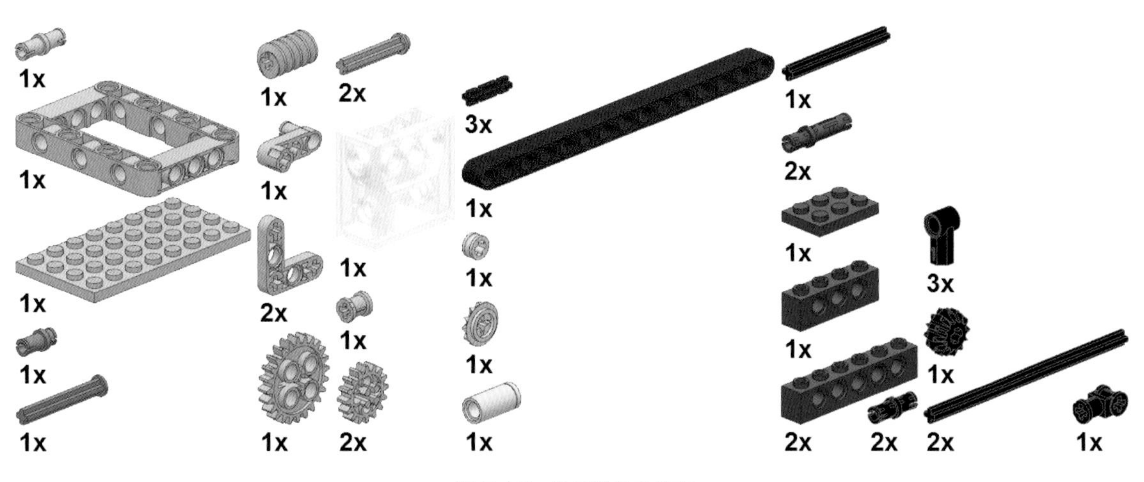

图 5-17　折叠道闸零件表

折叠道闸简要搭建步骤图：

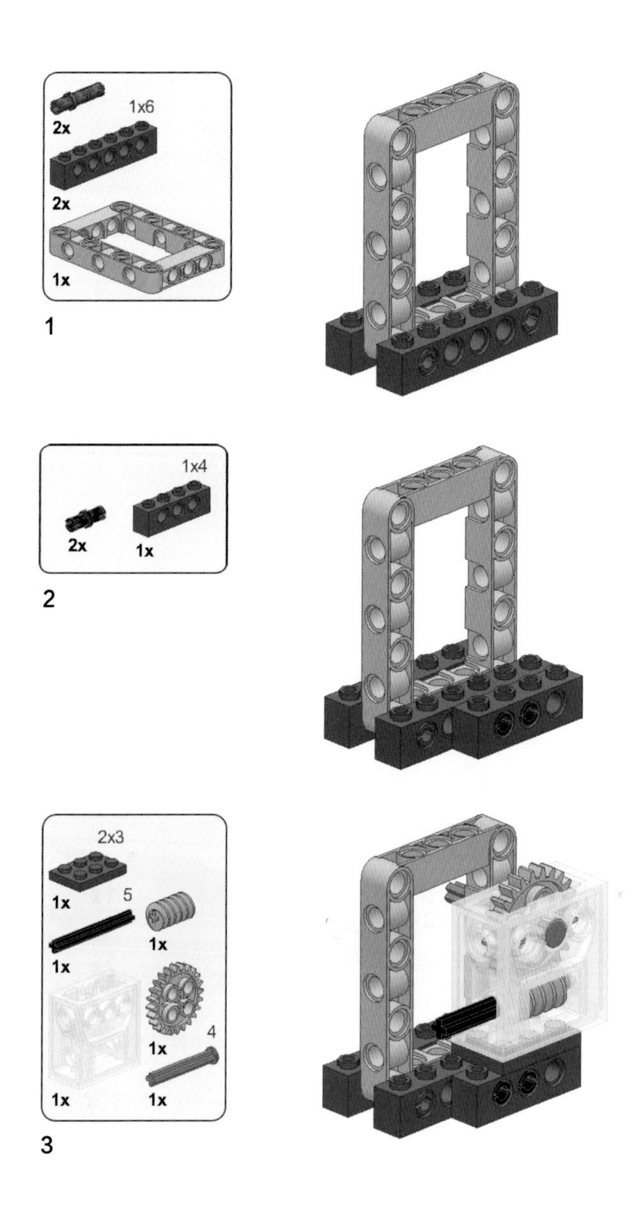

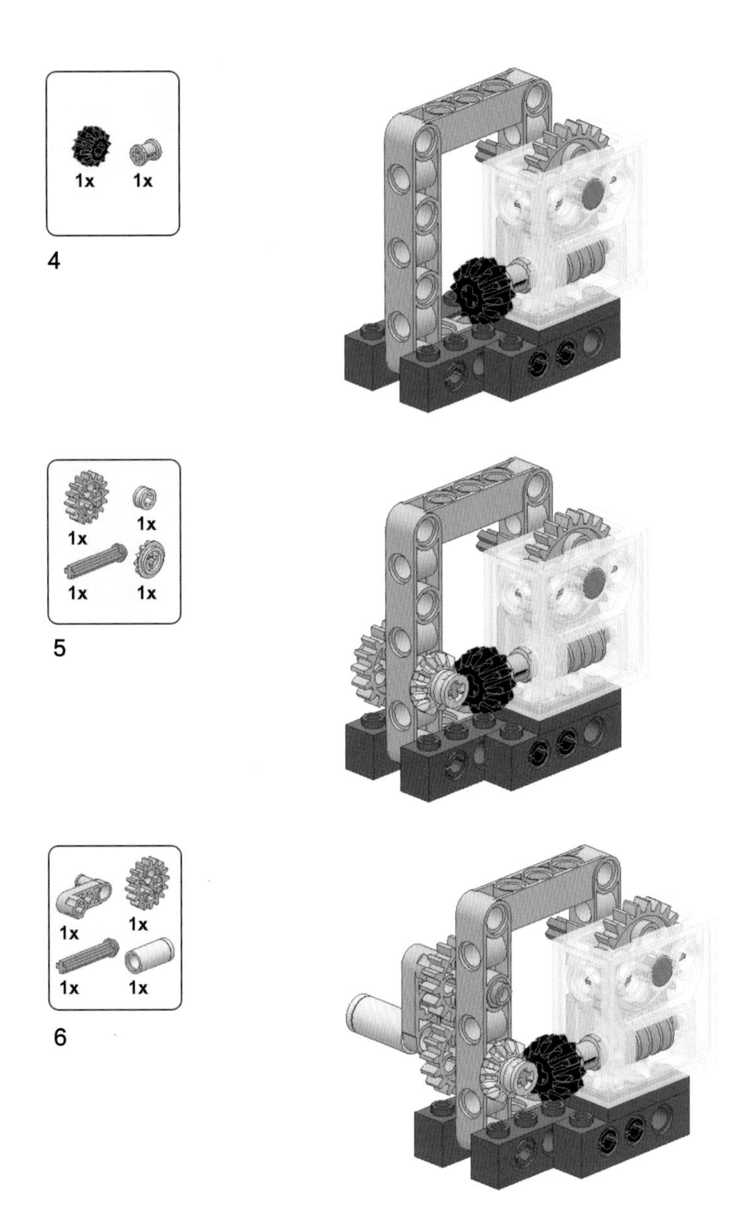
1x
1x
4
1x
1x
1x
1x
5
1x
1x
1x
1x
6

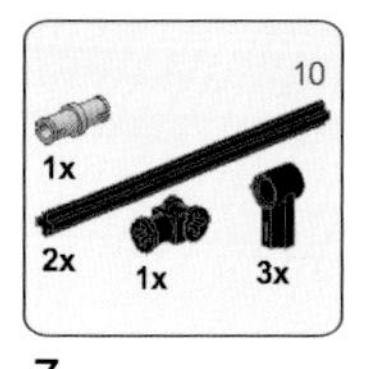

7

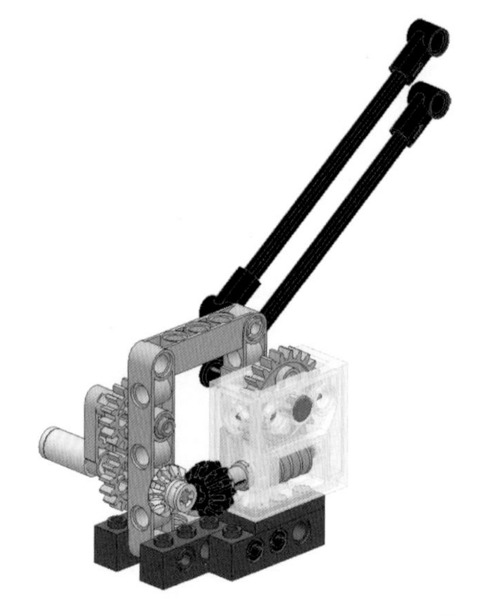

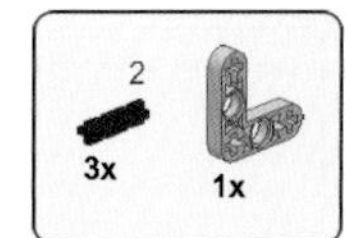

8

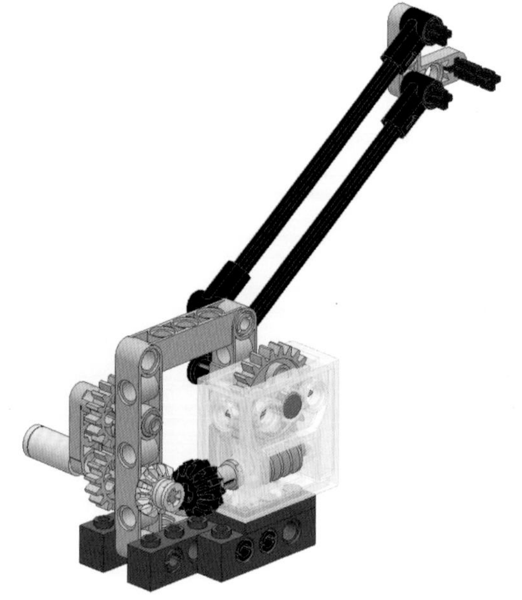

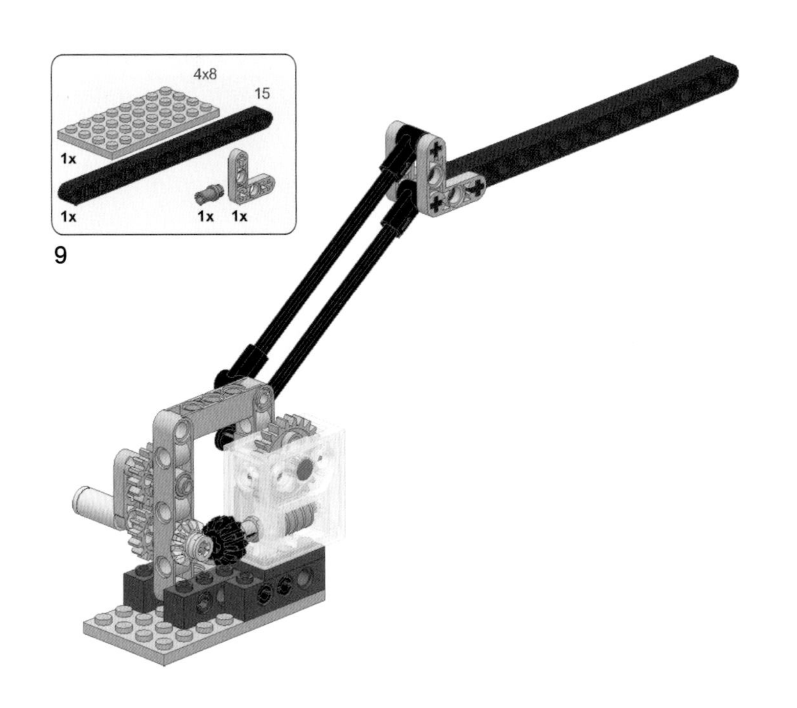

扫码观看折叠道闸视频演示：

5.5 发条流星锤

5.5.1 作品概述

流星锤是一个物理玩具，动力来源是一个发条马达，上紧一次发条可以连续运转 20 分钟左右。

流星锤由齿轮箱、发条马达、摇柄、摆臂、细线、锤头、立柱等几个部分组成，如图 5-18 所示。

作品概况

零件数量：67

长度：27 单位

宽度：7 单位

高度：15 单位

驱动方式：发条马达

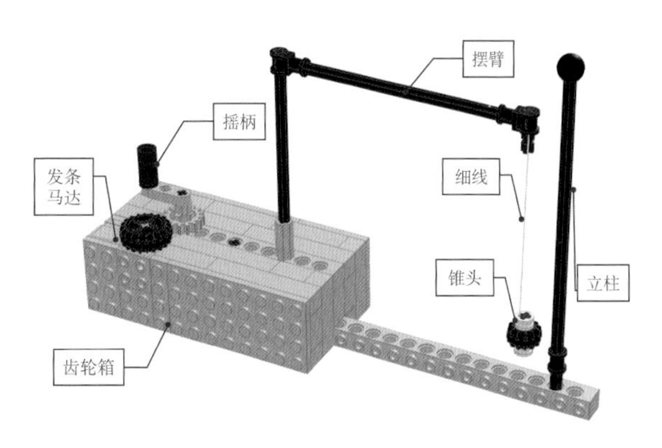

图 5-18 流星锤的组成部分

5.5.2 动态效果

转动手柄，上紧发条马达。发条马达带动一套齿轮加速机构驱动摆臂连续转动。细线在锤头的带动下不断地在立柱上缠绕、释放。

流星锤的几个动态瞬间，如图 5-19 所示。

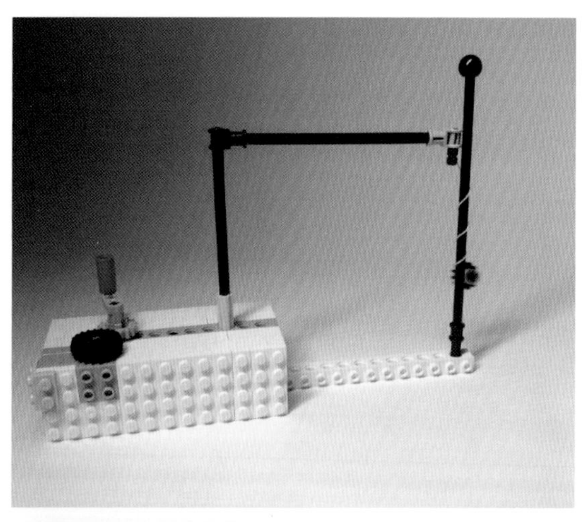

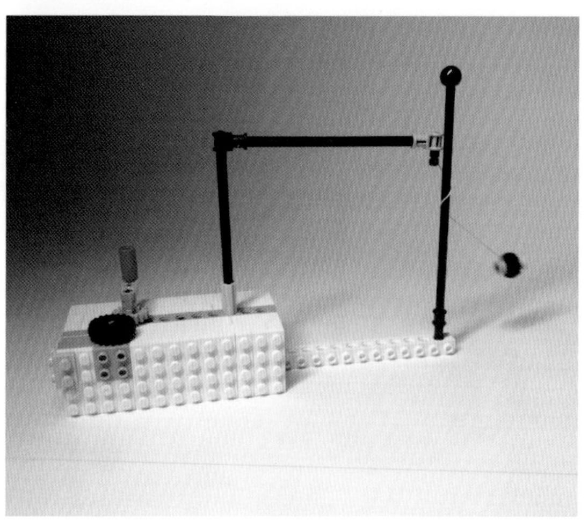

图 5-19　流星锤的几个动态瞬间

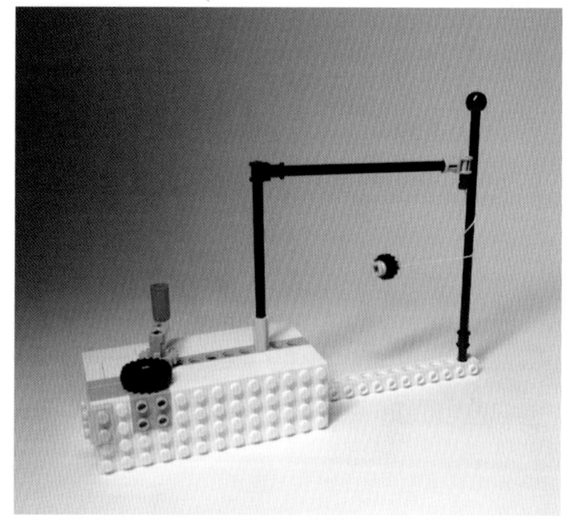

图 5-19　流星锤的几个动态瞬间（续）

5.5.3 搭建指南

流星锤零件表如图 5-20 所示。

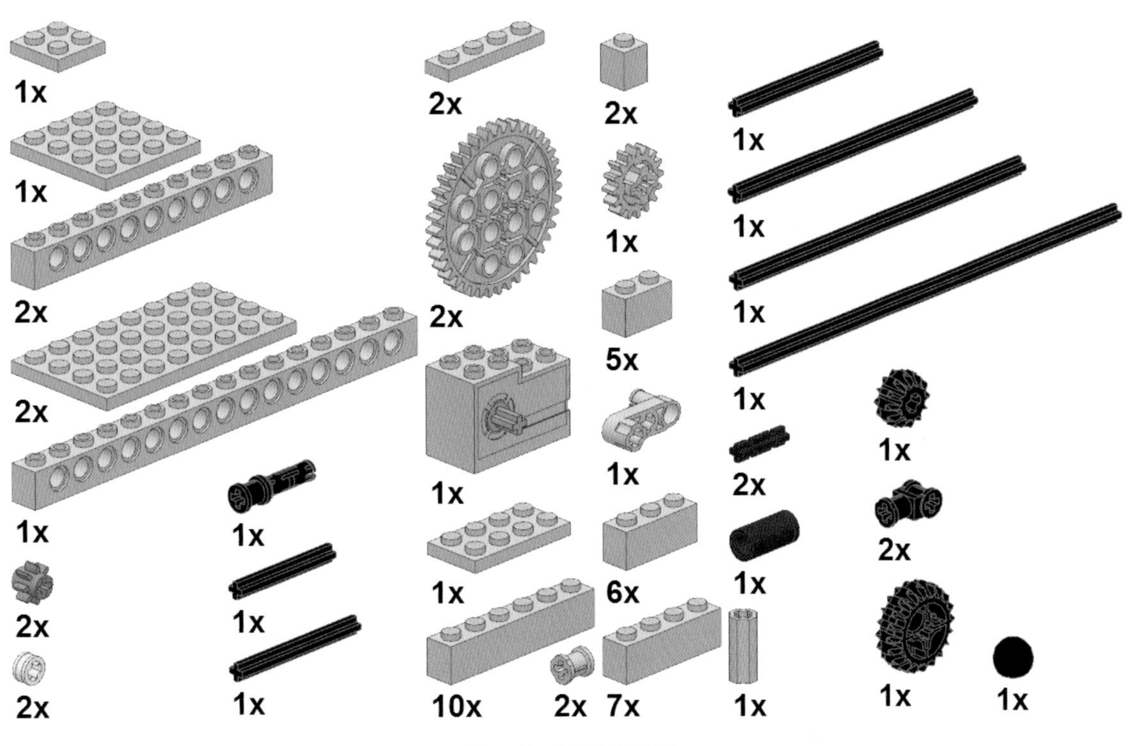

图 5-20 流星锤零件表

发条流星锤简要搭建步骤图:

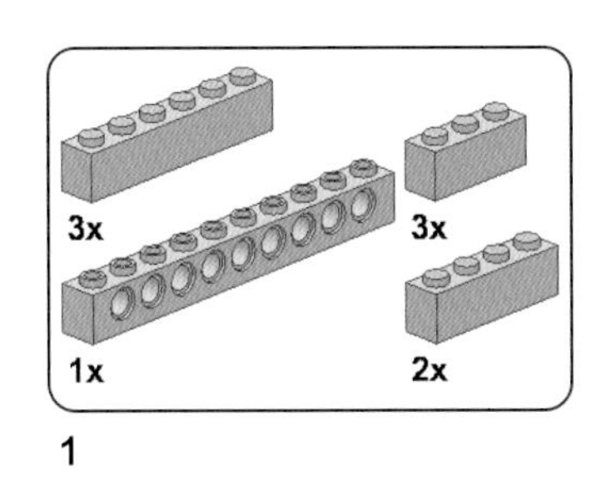

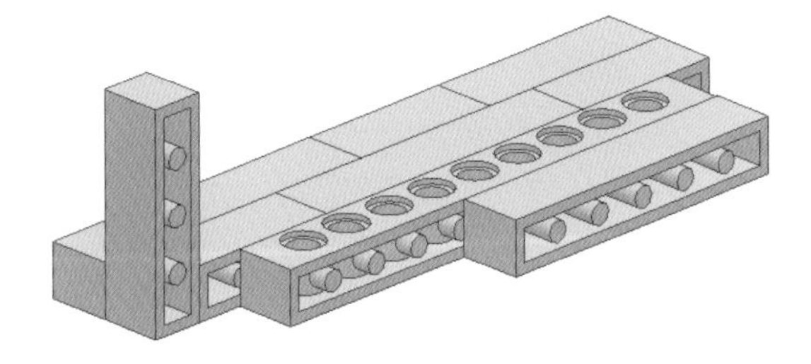

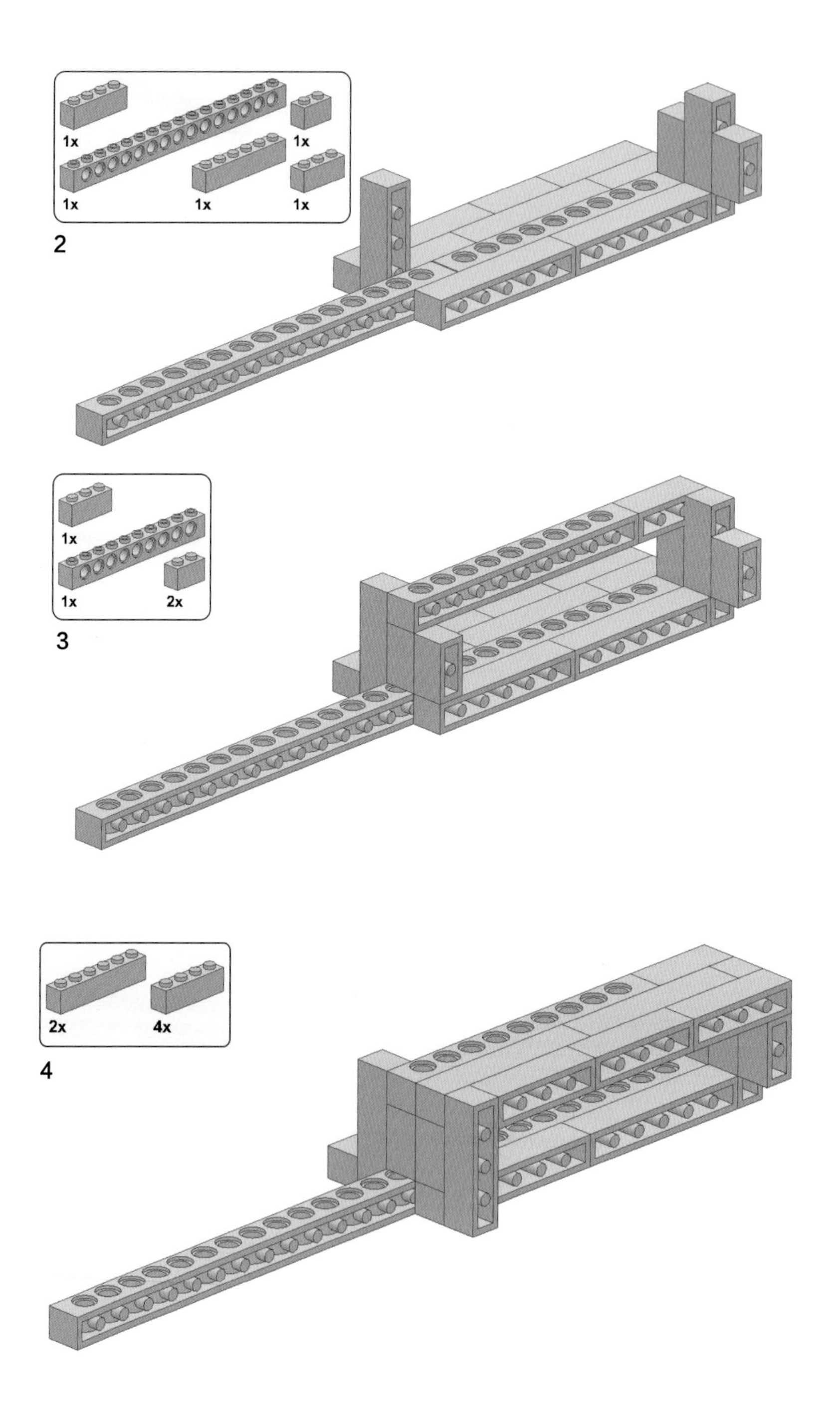
1x
1x
1x
1x
1x
2
1x
1x
2x
3
2x
4x
4

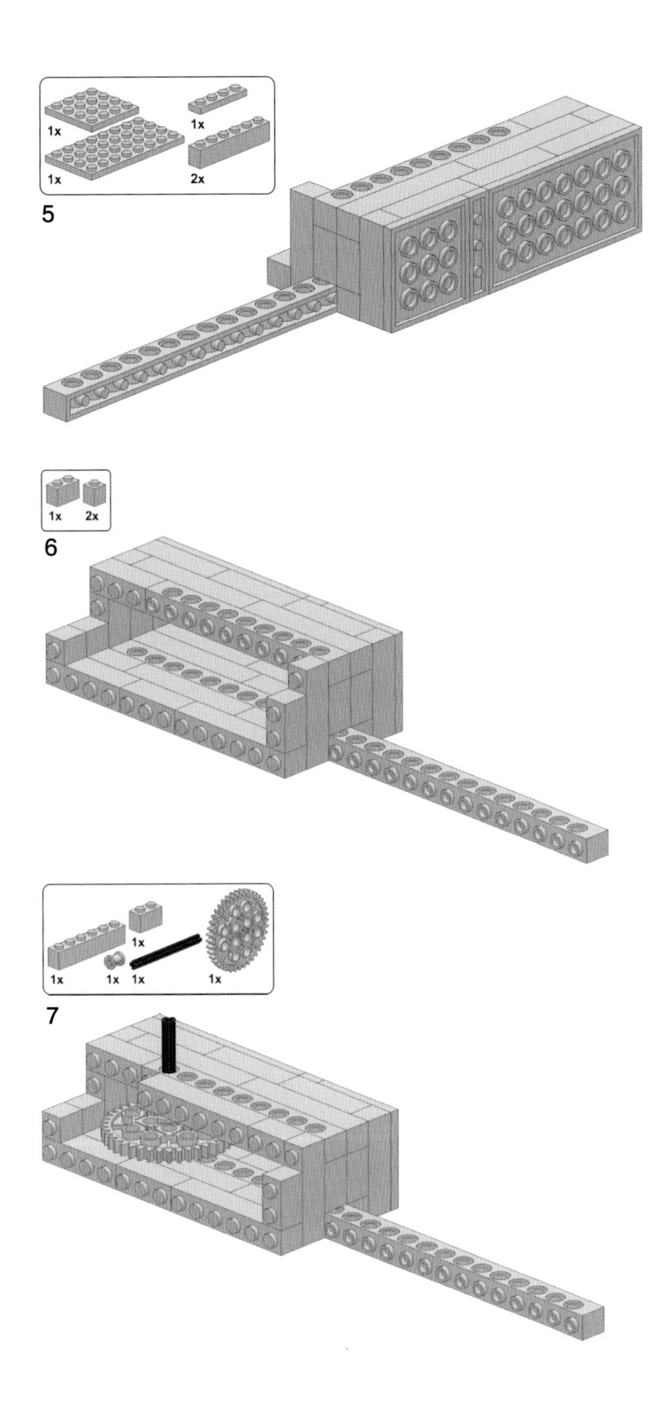
1x
1x
1x
2x
5
1x
2x
6
1x
1x
1x
1x
1x
7

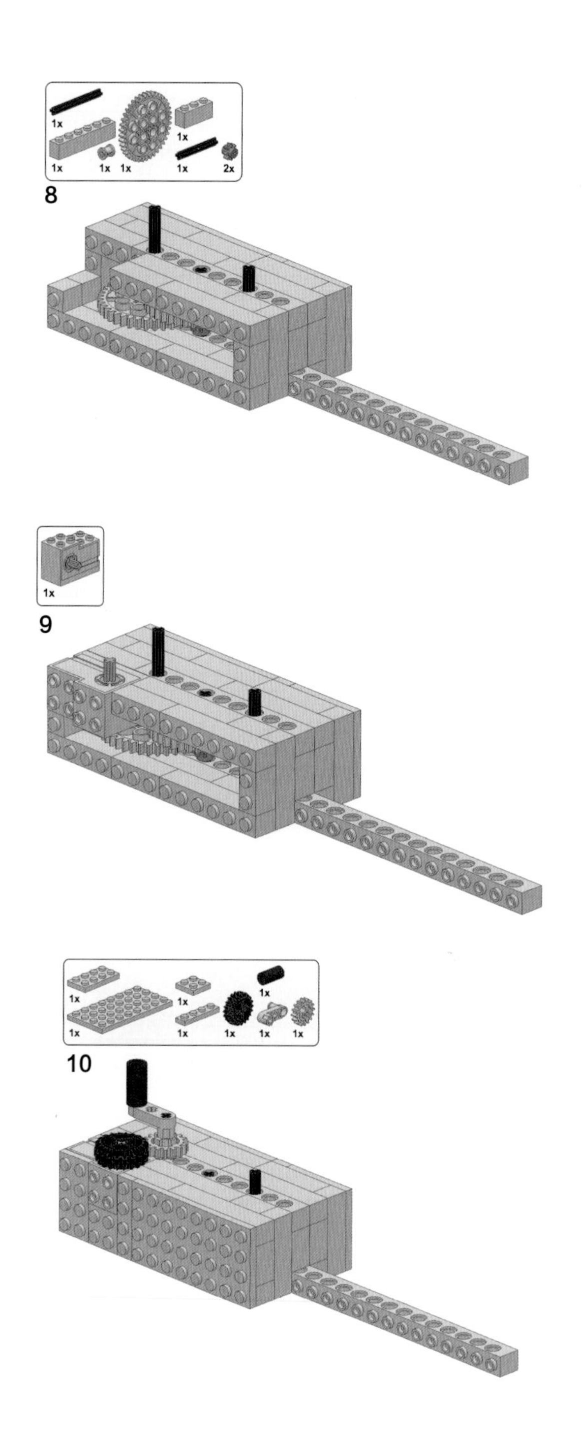
1x
1x
1x
1x
1x
1x
2x
8
1x
9
1x
1x
1x
1x
1x
1x
1x
1x
10

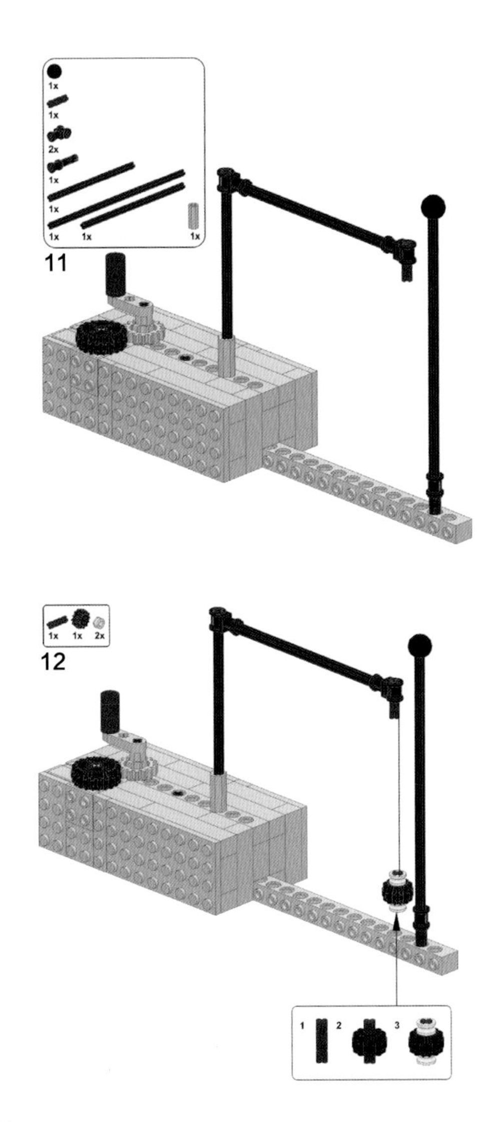

扫码观看流星锤视频演示：

5.5.4 零件指南

发条马达

这个作品的动力来源采用了发条马达（乐高编号 61100），这款马达体积只有 4×2×2 乐高单位，十分小巧。上方的橙色十字轴为输入 / 输出轴，既用来上紧发条，也用来输出动力。左侧的按钮是开关，按下按钮动力开始输出，如图 5-21 所示。

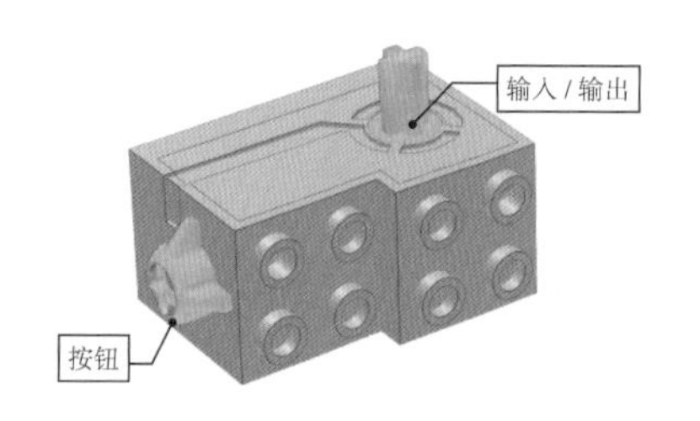

图 5-21 发条马达 61100

齿轮传动系统

发条流星锤带有一套齿轮加速系统。这个系统由 6 个齿轮组成，主动齿轮外 20T 双面齿和两个 40T 直齿轮，从动齿轮为 16T 和两个 8T 齿轮。如图 5-22 所示。

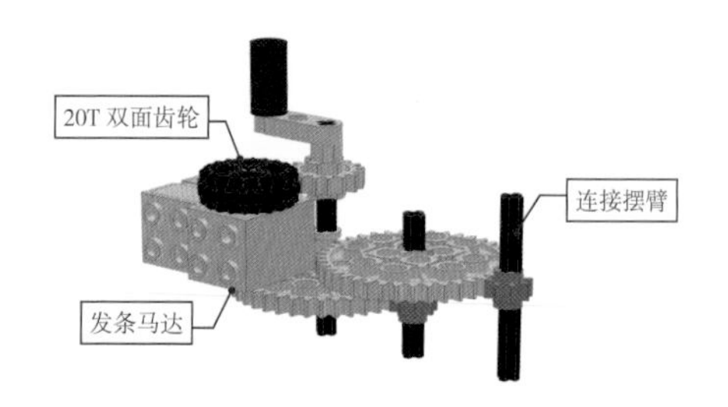

图 5-22 齿轮传动系统

这套齿轮机构的传动比为：

$$20 \times 40 \times 40 / 16 \times 8 \times 8 = 31.25$$

发条马达转动一圈，摆臂将旋转 31.25 圈。每转一圈，还需要缠绕和释放细线，使流星锤的运转时间大幅度延长。

5.6 发条伸缩车

5.6.1 作品概况

这款伸缩车采用平行四边形机构，在发条马达驱动下伸缩前进。由于没有马达和电池箱，其体积非常小巧。

发条伸缩车由发条马达、伸缩机构、单向锁止机构和车轮等几个部分组成。如图 5-23 所示。

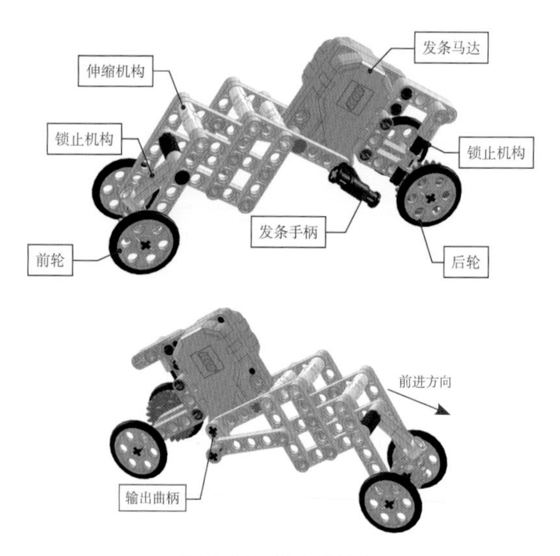

图 5-23 发条伸缩车

作品概况

零件数量：75

长度：20 单位

宽度：7 单位

高度：11 单位

驱动方式：发条马达

5.6.2 动态效果

首先，逆时针转动发条手柄上紧发条。上紧发条后，松开手柄，动力输出曲柄开始逆时针转动，驱动平行四边形机构伸缩运动。前后两个轮子上的单向锁止机构约束轮子，只能顺时针转动，从而使伸缩车只能向前运动，如图 5-24 所示。

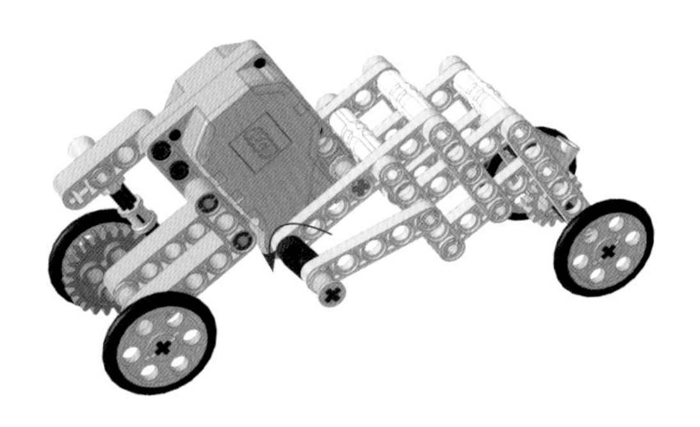

图 5-24 曲柄和轮子的转动方向

当曲柄转动到最靠后角度时，平行四边形机构被压缩至最小，伸缩车的轴距最小，约为 11 个单位，如图 5-25 所示。

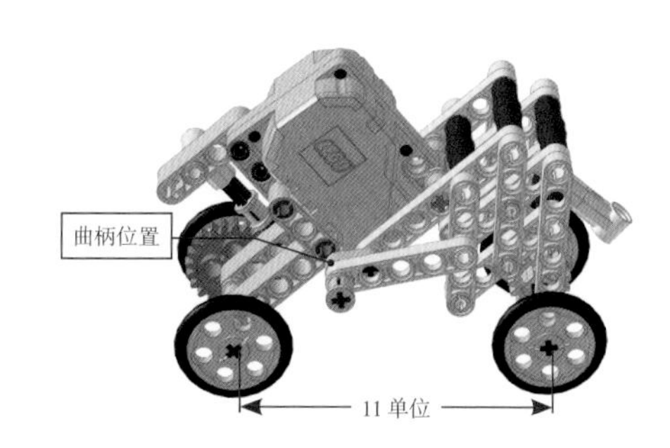

图 5-25 伸缩车最小轴距

当曲柄转动到最靠前轮位置时，平行四边形机构拉伸到最长，伸缩车轴距最大，约为 19 单位，如图 5-26 所示。

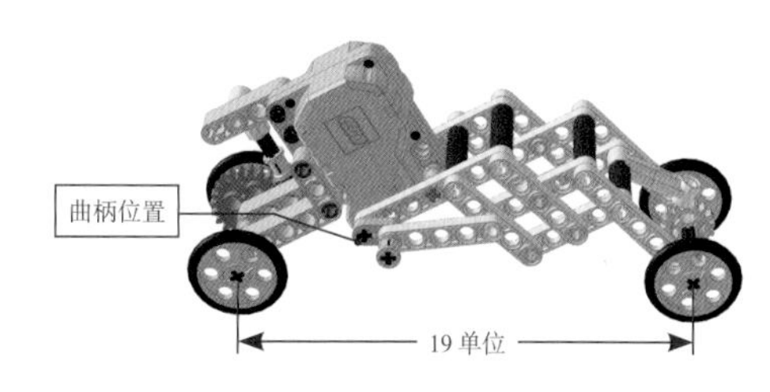

图 5-26 伸缩车最大轴距

伸缩车在上述两个状态之间交替变化，不断向前运动。

5.6.3 搭建指南

发条伸缩车零件表，如图 5-27 所示。

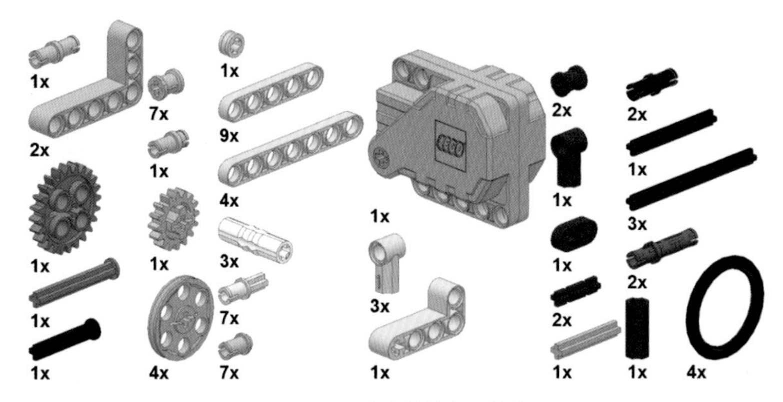

图 5-27　发条伸缩车零件表

发条伸缩车简要搭建步骤图：

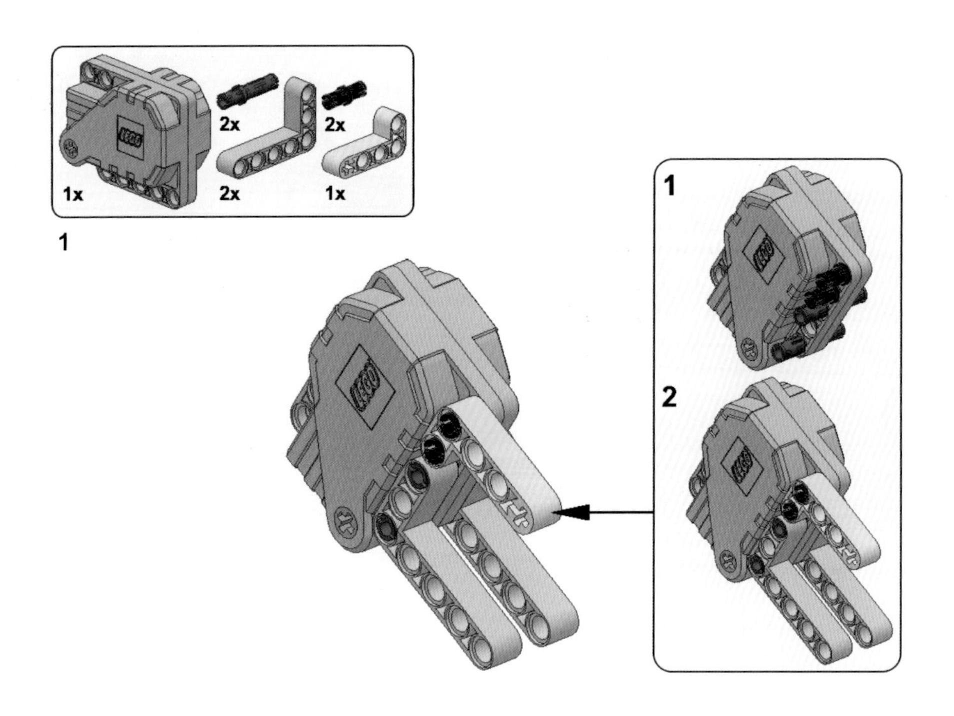

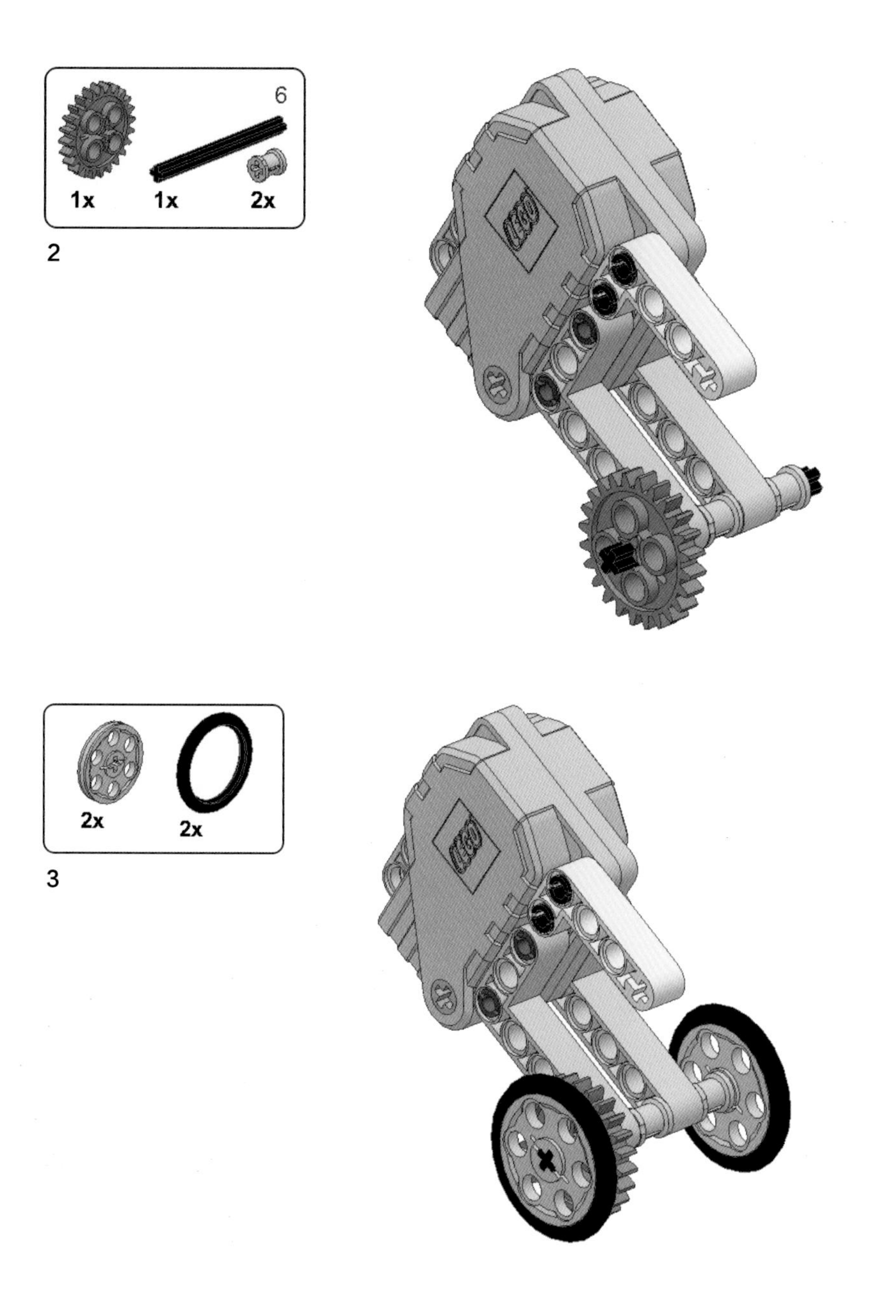
6
1x
1x
2x
2
2x
2x
3

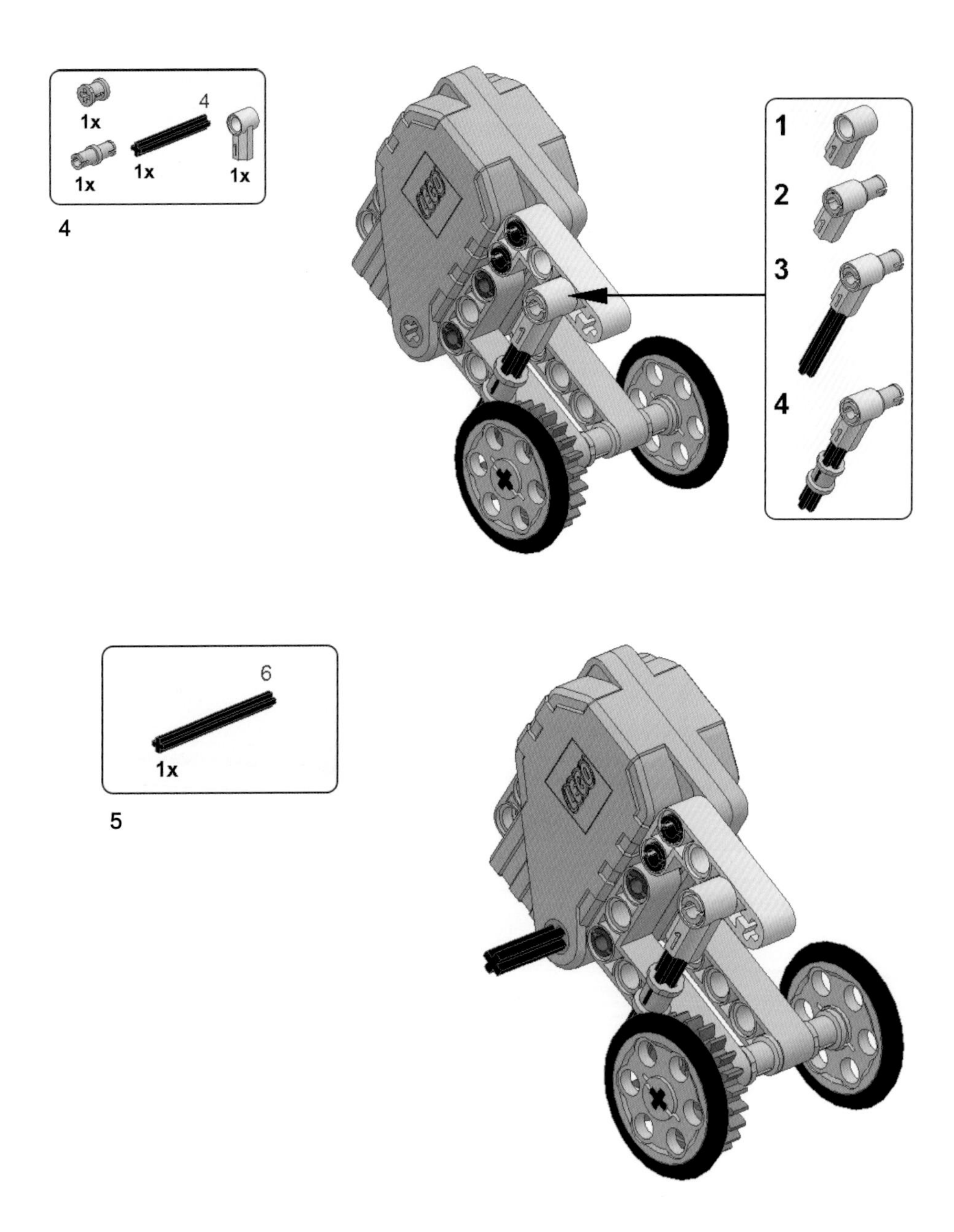
1x
4
1x
1x
1x
4
1
2
3
4
6
1x
5

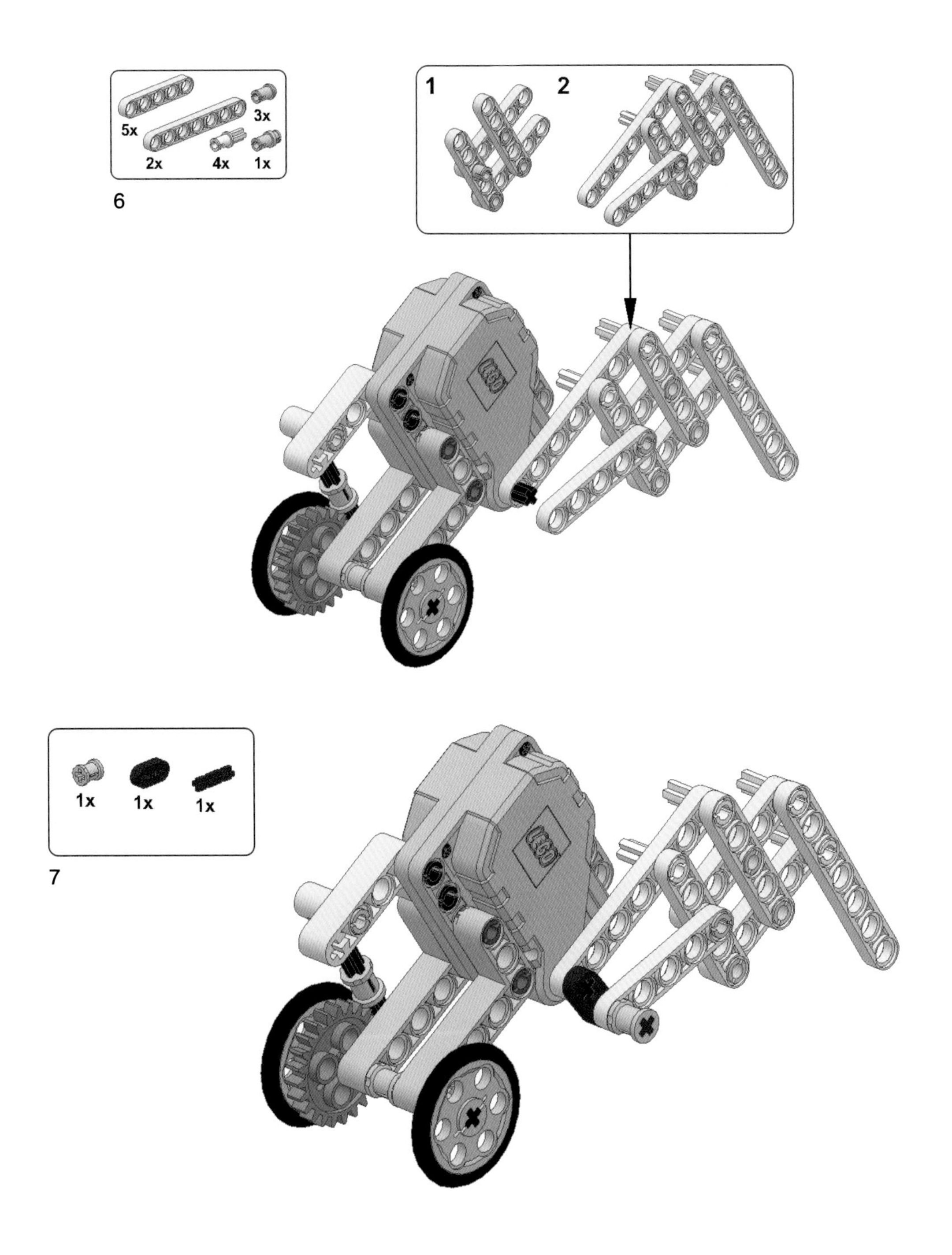
5x
3x
2x
4x
1x
6
1
2
1x
1x
1x
7

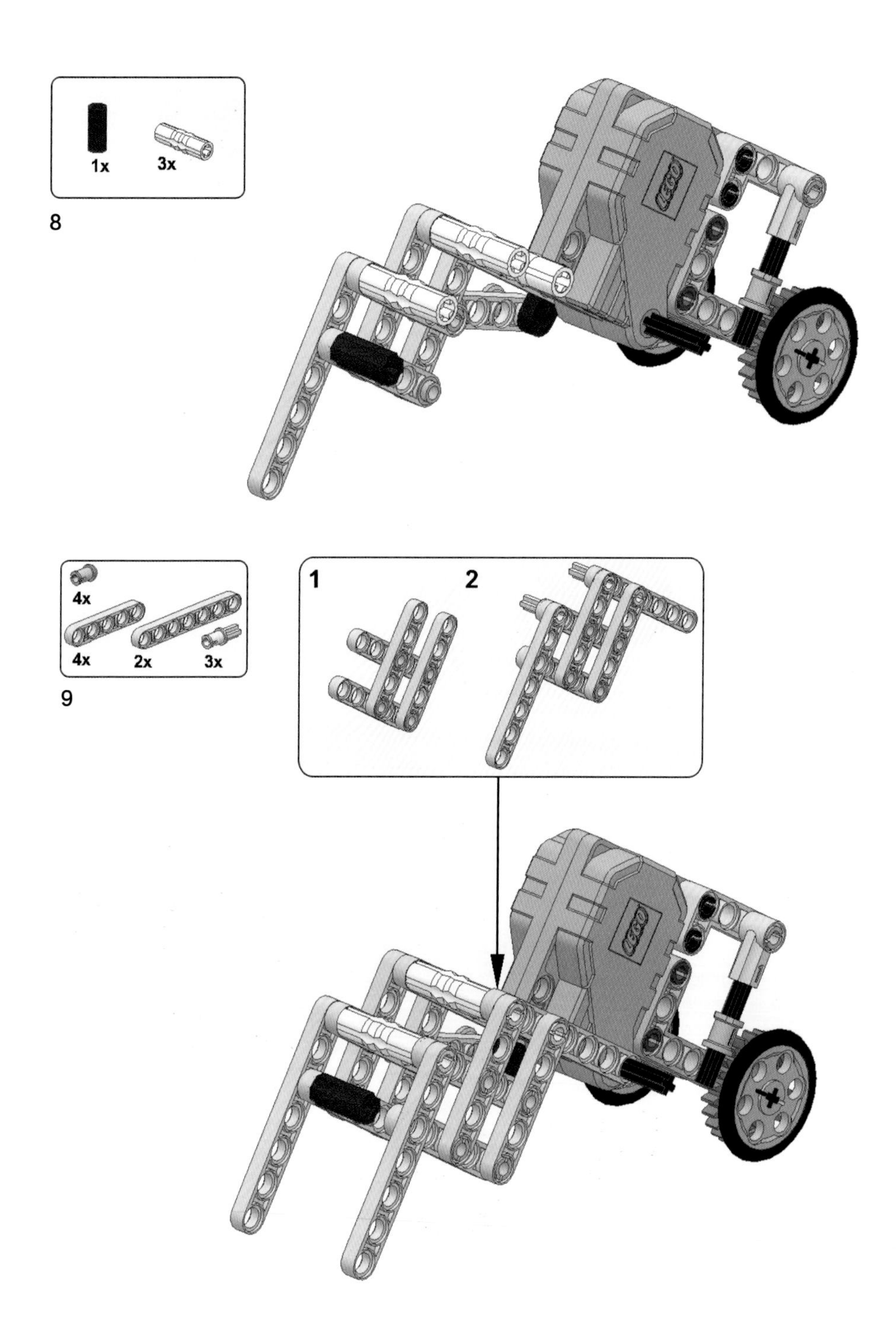
1x
3x
8
4x
4x
2x
3x
9
1
2

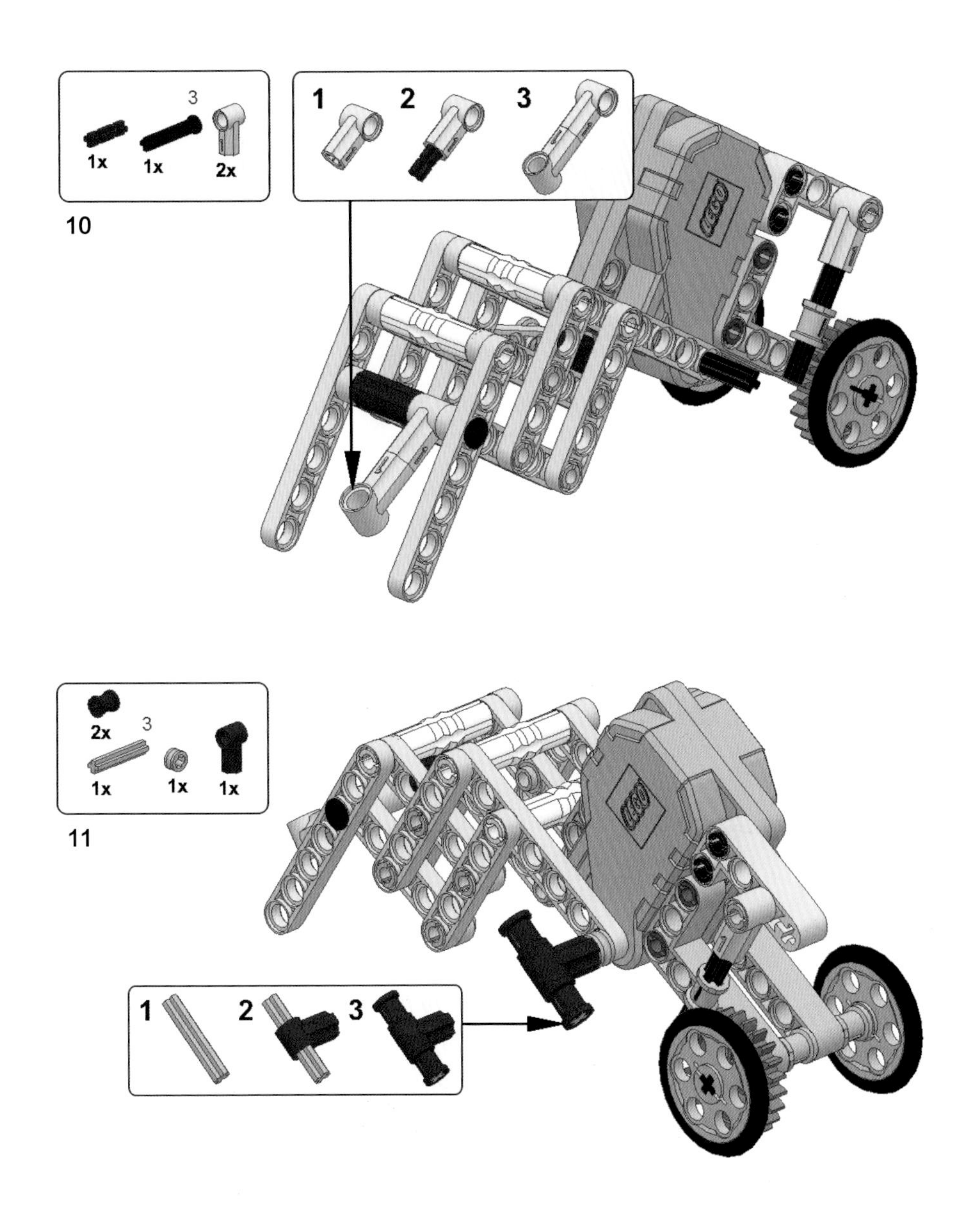
3
1x
1x
2x
1
2
3
10
2x
3
1x
1x
1x
11
1
2
3

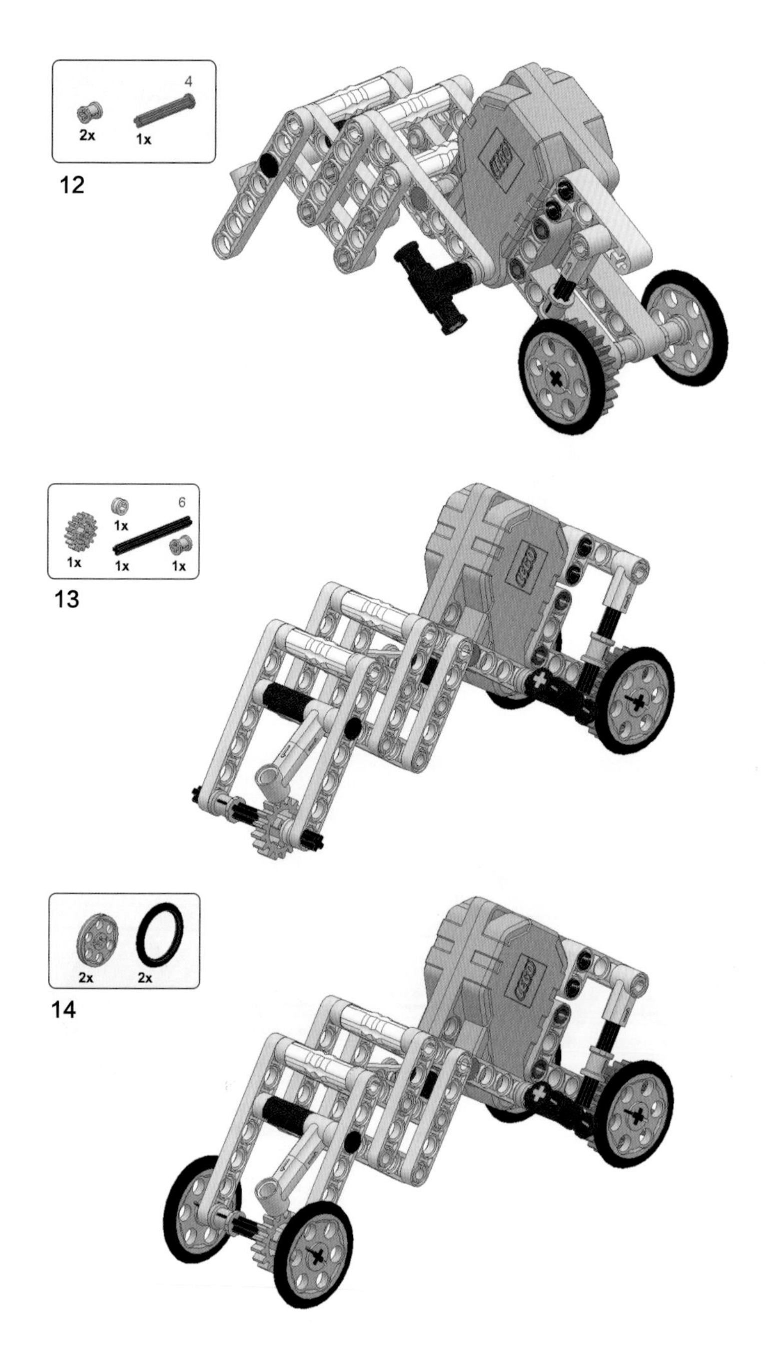

扫码观看伸缩车视频演示：

第6章

动力车辆

6.1 漂移车

6.1.1 作品概况

漂移车由底盘、漂移机构、车轮、7 号电池箱、中马达等几个部分组成，如图 6-1 所示。

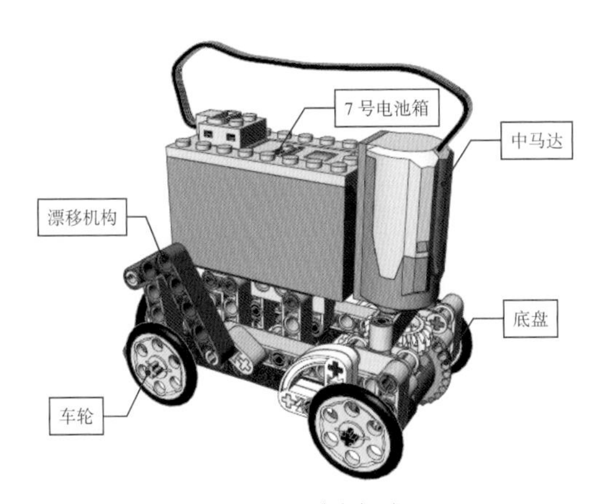

图 6-1 漂移车组成

作品概况：

零件数量：101 个

总长度：15 个乐高单位

总宽度：9 个乐高单位

总高度：12 个乐高单位

动力：中马达

电源：7 号电池箱

6.1.2 动态效果

漂移车的动态效果是在 3/4 的运行时间里直行，1/4 的时间进行漂移转向。行走线路是一个不规则的多边形，如图 6-2 所示。图中带箭头的红线为直行状态，5 个角的转角处为漂移状态，漂移方向是左转。

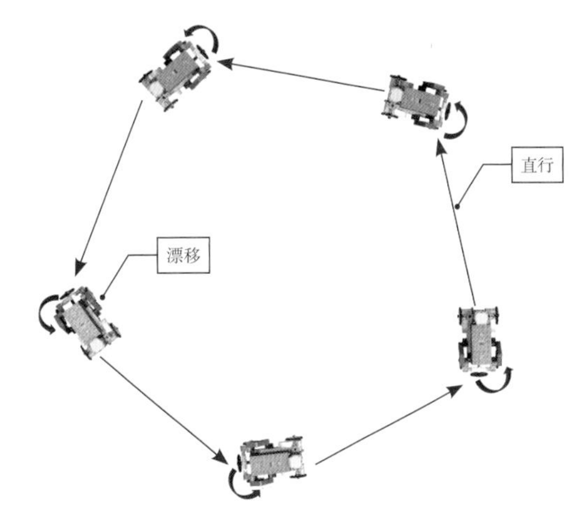

图 6-2 漂移车行走路线

6.1.3 零件指南

差速器

这个作品中差速器的作用很重要，在漂

移的时候内外轮的转速差很大，没有差速器根本无法做漂移动作。

差速器本质上属于行星齿轮机构。它解决了在向两边半轴传输动力的同时，还能允许两边半轴以不同的转速进行旋转，以此减少两边轮胎与地面之间的磨损，如图 6-3 所示。

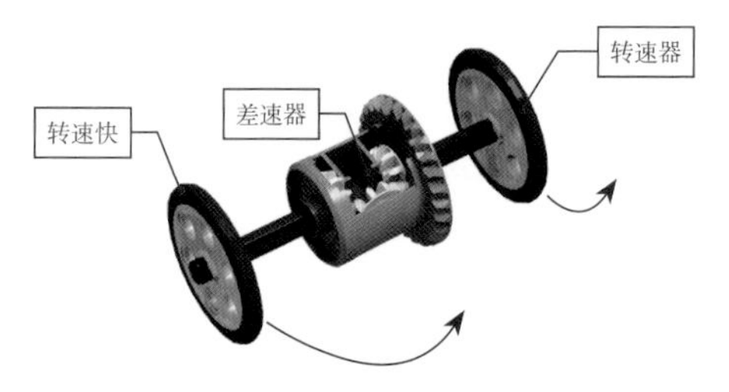

图 6-3　差速器的重要性

不过差速器也不可避免存在一些缺陷。如果一侧车轮发生离地时，因等扭矩作用，马达的全部动力将会传递到打滑的半轴上，形成车轮空转。而另一侧将会彻底失去动力，导致车辆无法前进。如图 6-4 所示。

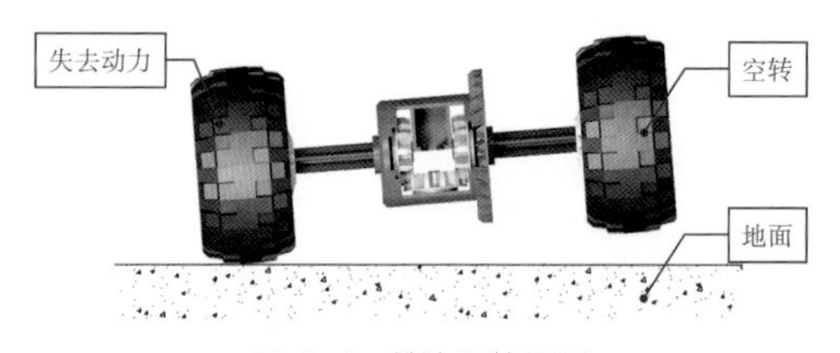

图 6-4　差速器的不足

在高级的乐高车辆模型上设计有差速锁，防止悬空的轮子空转。真实的越野汽车和 SUV 上也有类似的差速锁设计。

目前，比较常见的差速器是编号为 62821 的 3 单位（宽度）款式。还有一种老款差速器，编号为 6573，宽度为 4 个单位，其外壳上的齿轮为两种直齿轮，一端是 24 齿，另一端是 16 齿。如图 6-5 所示。

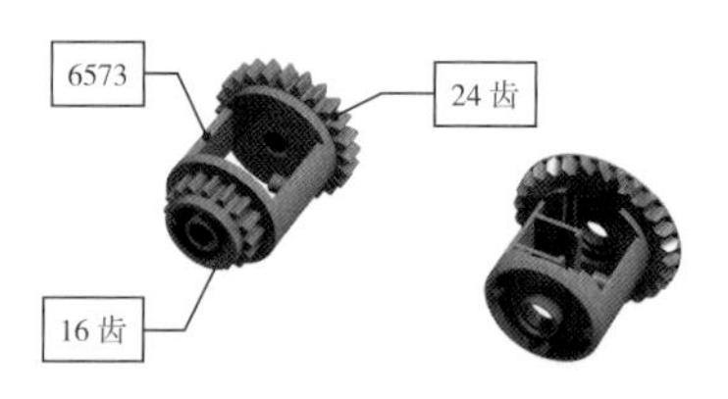

图 6-5　两种差速器

老款差速器必须与直齿轮配合，做出来的机械结构往往体积较大，已经逐步被淘汰。

万向节

万向节用于带有角度的两根轴之间的传动，而且两根轴之间的角度是可变的。漂移车的漂移轮处在不断地摆动之中，必须使用万向节才能保证动力的传输，如图 6-6 所示。

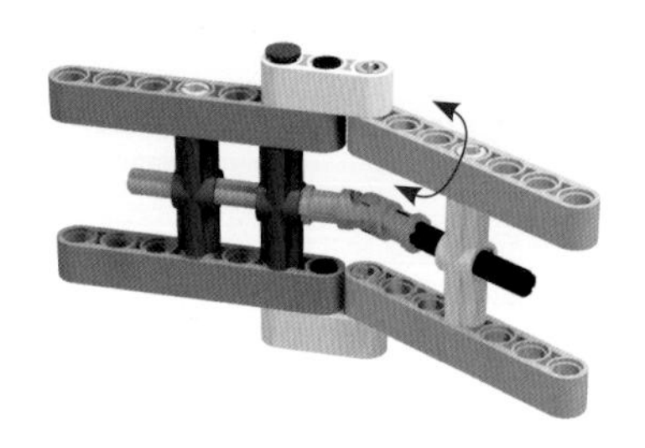
图 6-6　单个万向节的应用

万向节也可用于不共线但是平行的两根轴之间的动力传输，这种情况必须使用两个万向节串联。这种机构要求两根轴之间的距离不少于 6 个单位，如图 6-7 所示。

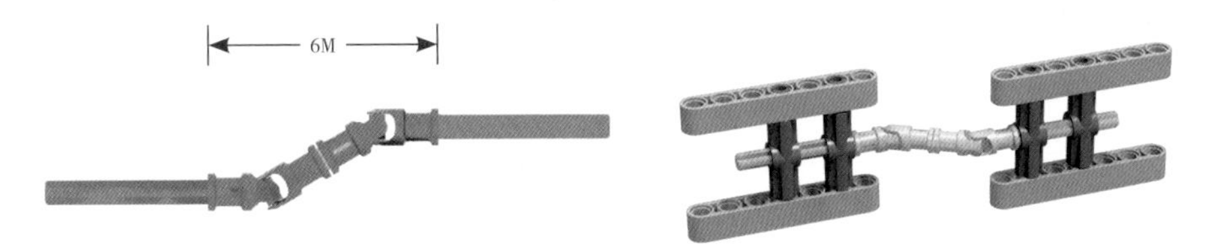

图 6-7　两根万向节的应用

6.1.4　搭建指南

漂移车的零件表，如图 6-8 所示。

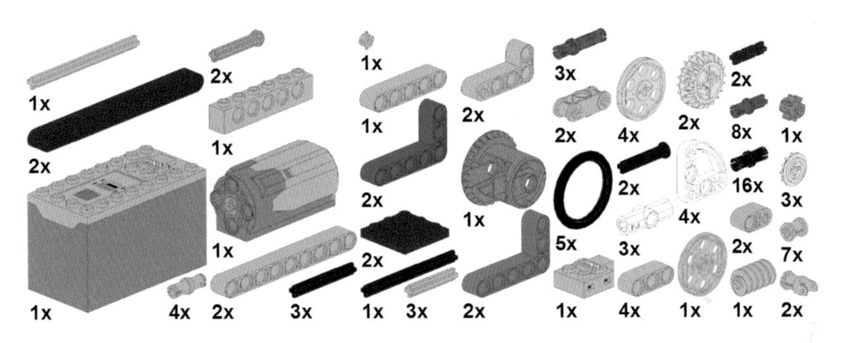

图 6-8　漂移车零件表

漂移车简要搭建步骤图:

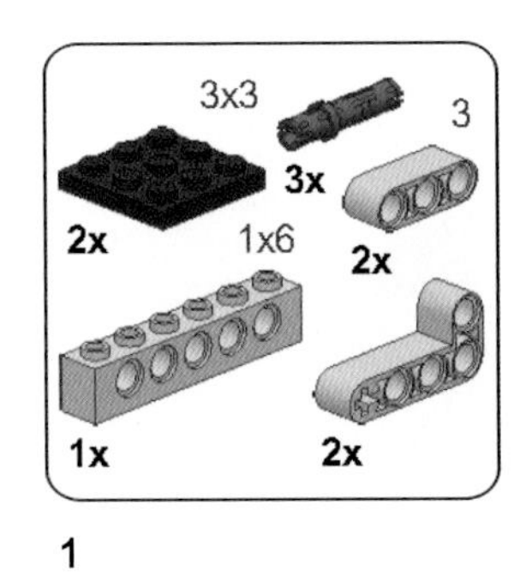

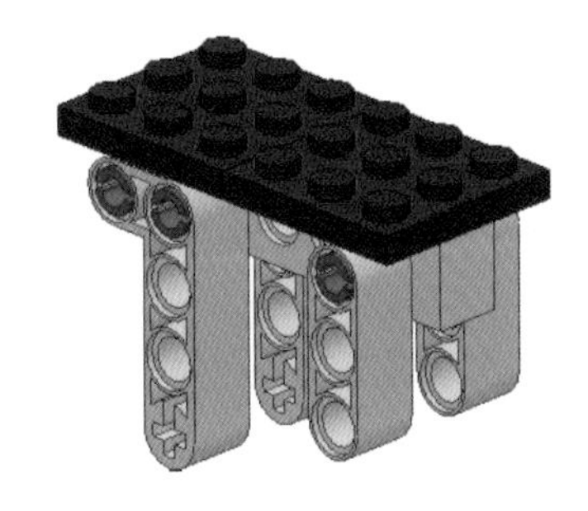

1

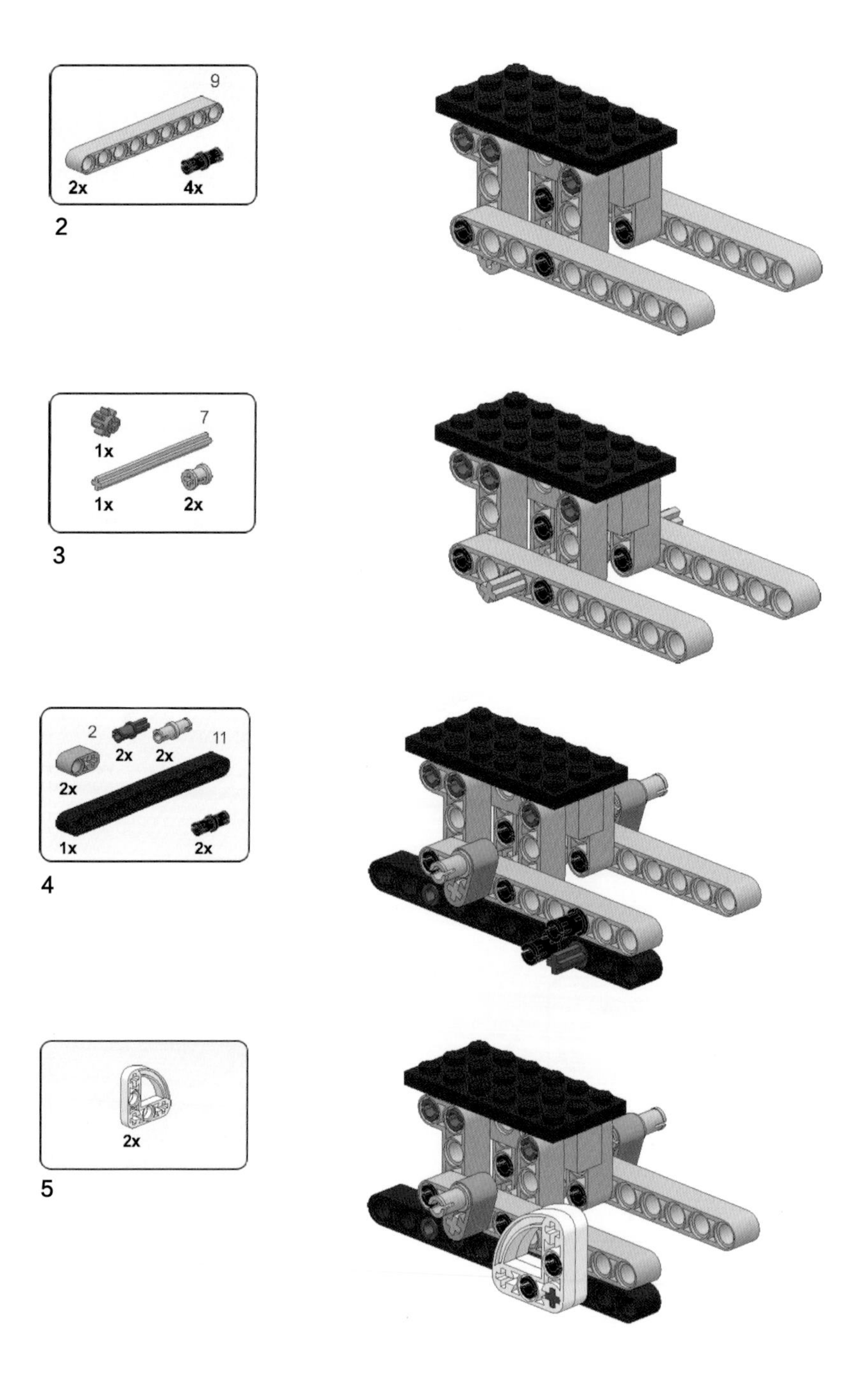
9
2x
4x
2
7
1x
1x
2x
3
2
2x
2x
11
2x
1x
2x
4
2x
5

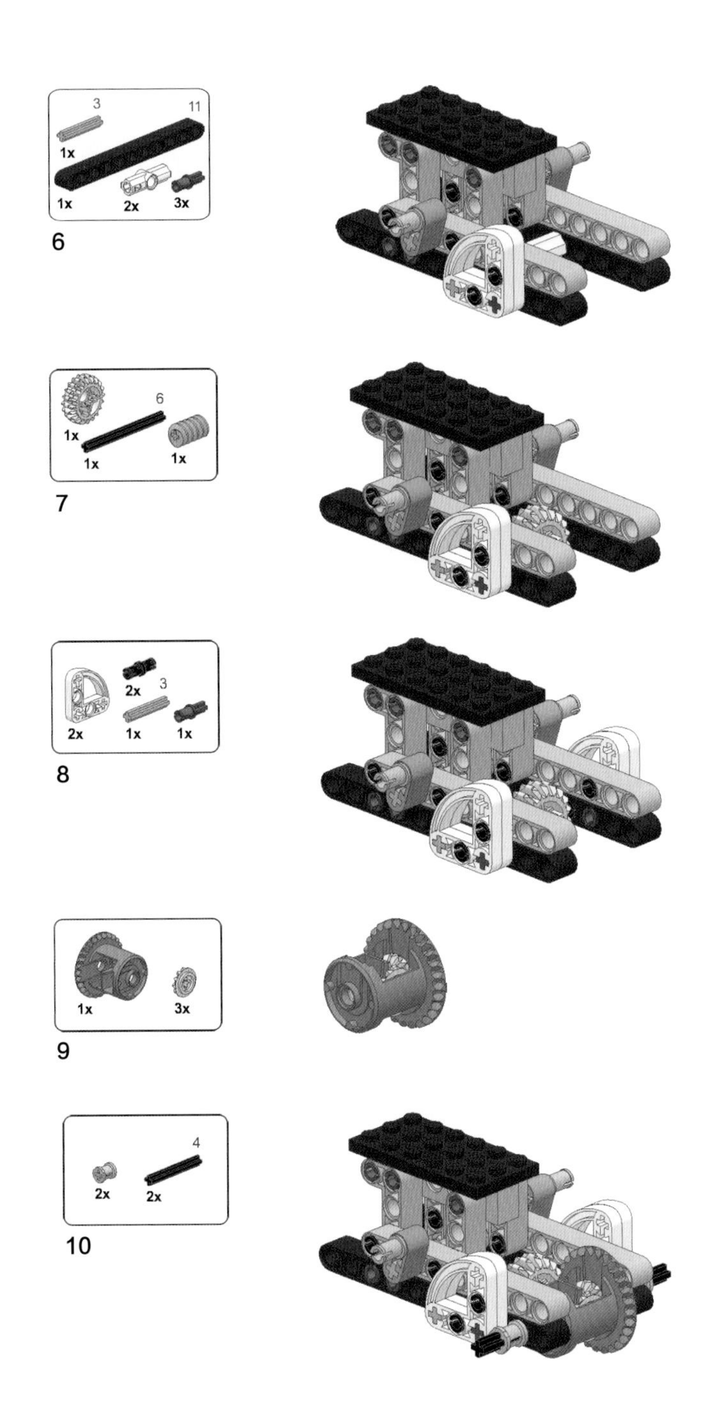
3
11
1x
1x
2x
3x
6
1x
6
1x
1x
7
2x
3
2x
1x
1x
8
1x
3x
9
4
2x
2x
10

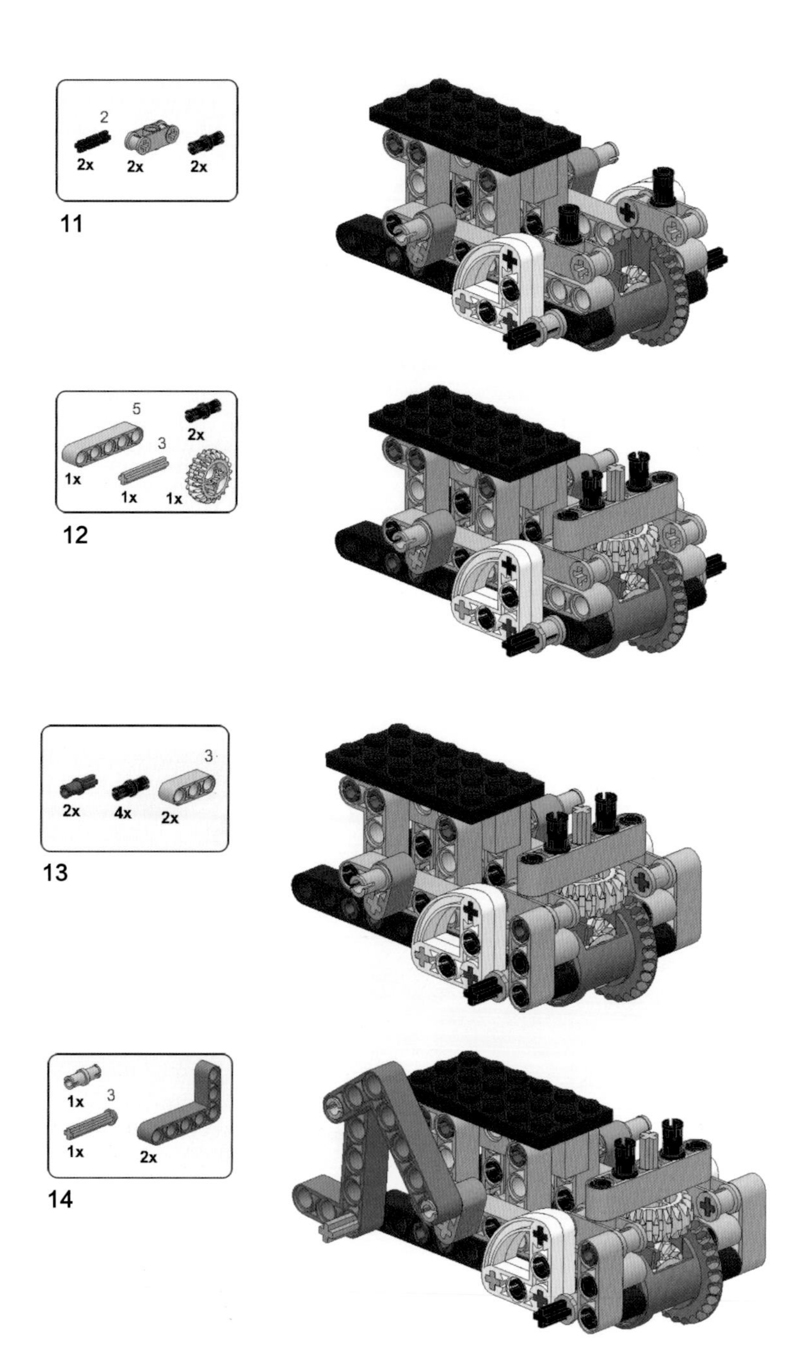
2
2x
2x
2x
11
5
2x
3
1x
1x
1x
12
3
2x
4x
2x
13
1x
3
1x
2x
14

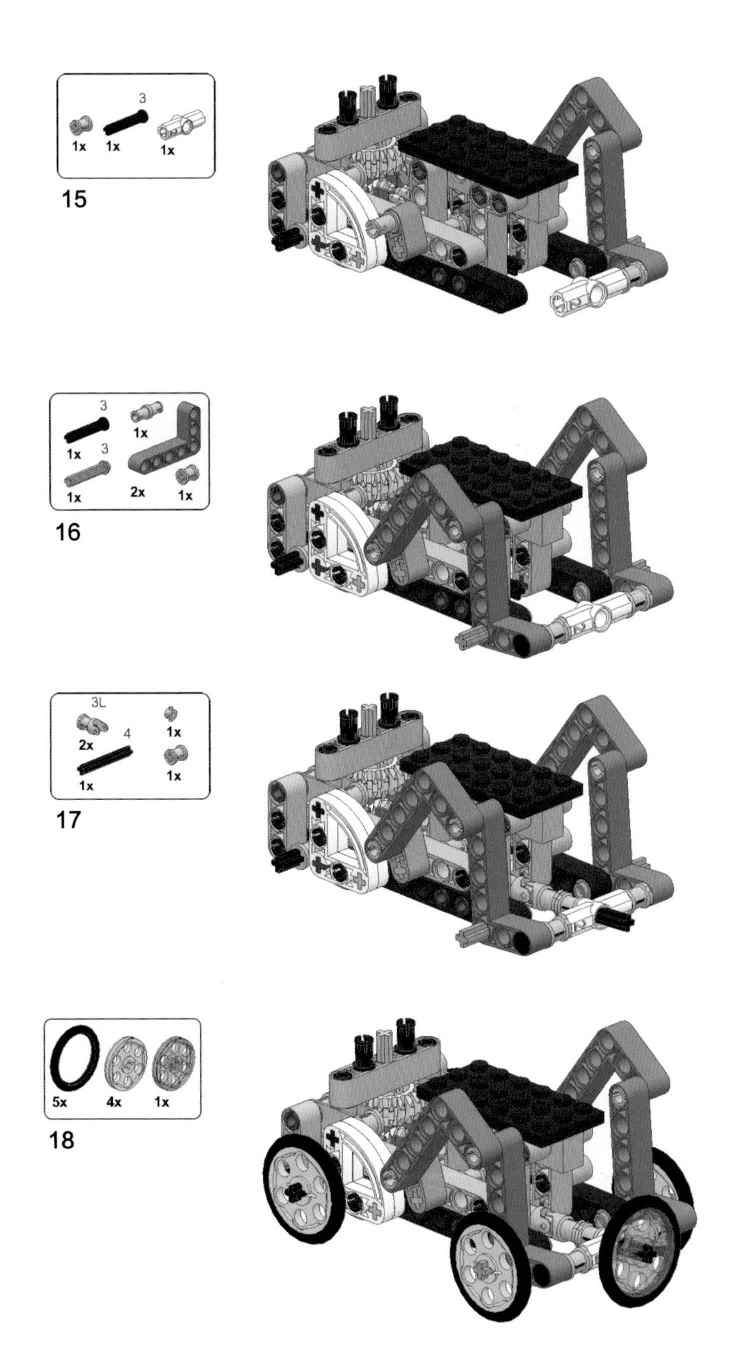
3
1x
1x
1x
15
3
1x
1x
3
1x
2x
1x
16
3L
2x
4
1x
1x
1x
17
5x
4x
1x
18

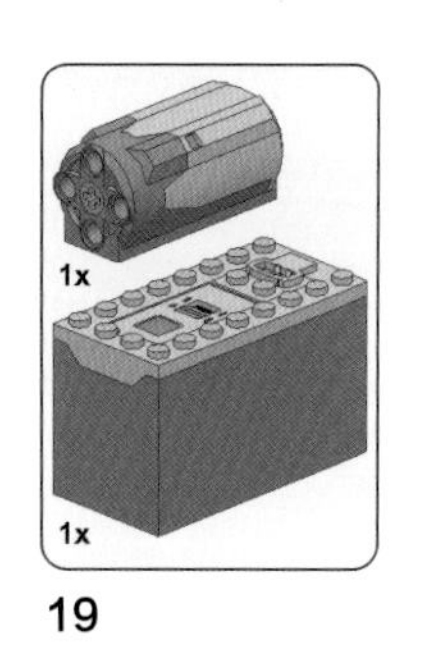

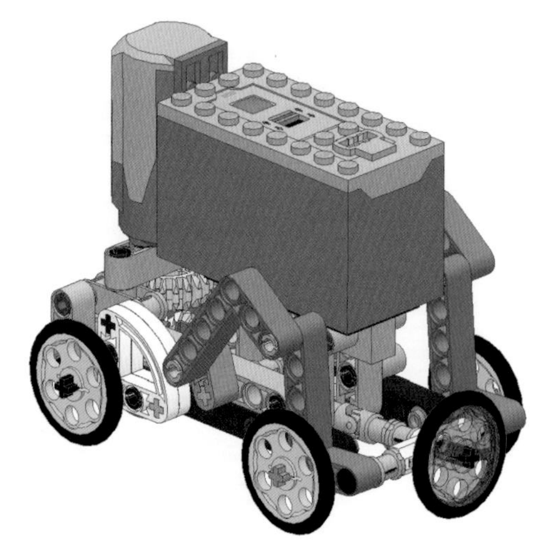

扫码观看漂移车视频演示：

6.1.5 结构解析

漂移车的车体框架采用了 11M、9M 梁作为纵向支撑元件。4 个 3×3 薄壁梁起到垂直方向的支撑作用，同时还能防止框架发生平行四边形变形，它是重要的结构件。

处于中间位置的 1×6 带孔砖，主要作用是固定电池箱，同时也起到横向连接加固的作用，如图 6-9 所示。

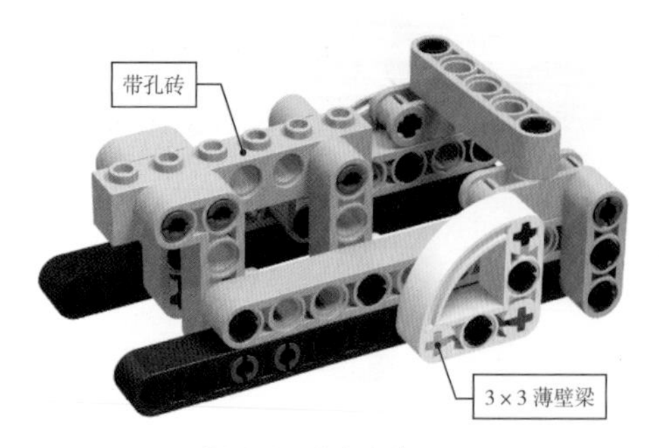

图 6-9 车架框架 1

位于底部的两个 2 号角块，既是重要的横向支撑零件，其中心位置的销孔也是传动轴的轴承，如图 6-10 所示。

图 6-10 车体框架 2

与一般车辆构架最大的不同是，这款漂移车有五个轮子。两个前轮是主动轮，带有动力，两个后轮是从动轮，没有动力。这四个轮子只能直行，没有转向功能。车尾有一个横向安装的漂移轮，这个轮子与主动轮保持同步旋转，这就是漂移的秘密所在，如图 6-11 所示。

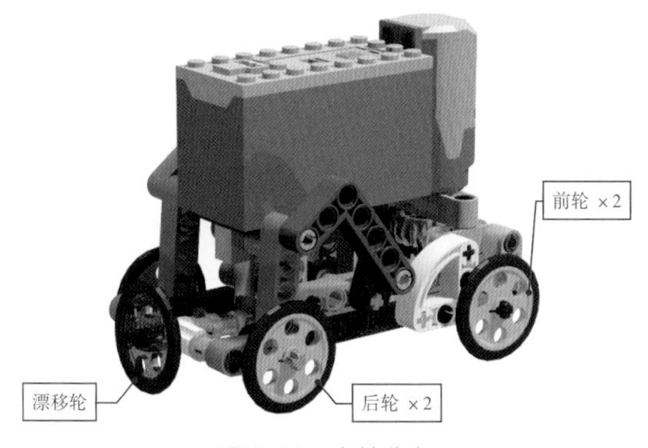

图 6-11　车轮分布

6.1.6　工作原理

漂移轮的动力来源于主动轮，主动齿轮（20T 双面齿轮）逆时针旋转，将动力传递给差速器，差速器顺时针旋转带动车轮向前运动。另有一个分动齿轮（20T 双面齿轮）在后方与差速器啮合。将动力进行 90° 转向，并向后传递。然后再通过轴和万向节，将动力传递给漂移轮，漂移轮顺时针转动，如图 6-12 所示。

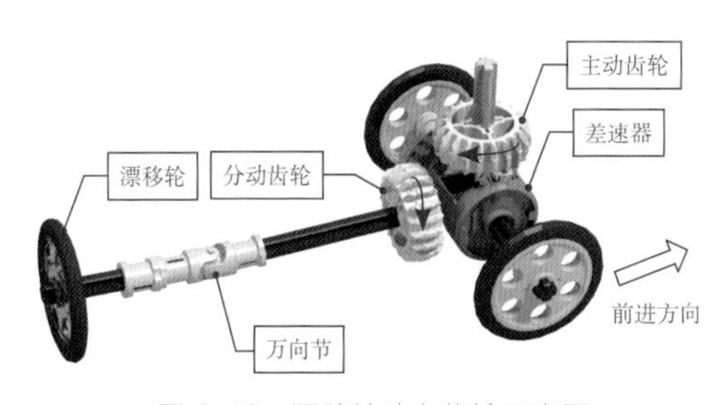

图 6-12　漂移轮动力传输示意图

仅有漂移轮的转动只是第一步，还需要漂移轮才能够上下摆动，间歇性地接触地面，最终实现漂移效果。这个作品采用涡轮蜗杆 + 曲柄连杆机构来实现间歇性摆动效果。

这里的涡轮采用 8T 齿轮，曲柄为带十字孔的 2M 梁（编号 60483），连杆和摆臂均采用 3×5 角梁，如图 6-13 所示。

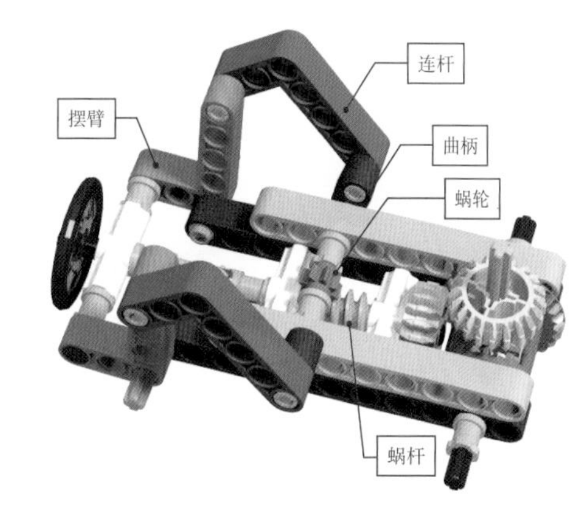

图 6-13　曲柄连杆 + 涡轮蜗杆机构

当曲柄在第二象限范围内转动的时候，漂移轮将会摆动到低于后轮的位置，将后轮架空。由于漂移轮一直处于转动状态，因此小车将会横向转动，形成漂移。

当曲柄旋转到与摆臂上方销孔呈一条直线的时候，漂移轮达到最低点，如图 6-14 所示。

漂移着地时，小车以漂移轮为外轮廓，以前轮为中心横向转动，形成漂移，如图 6-15 所示。

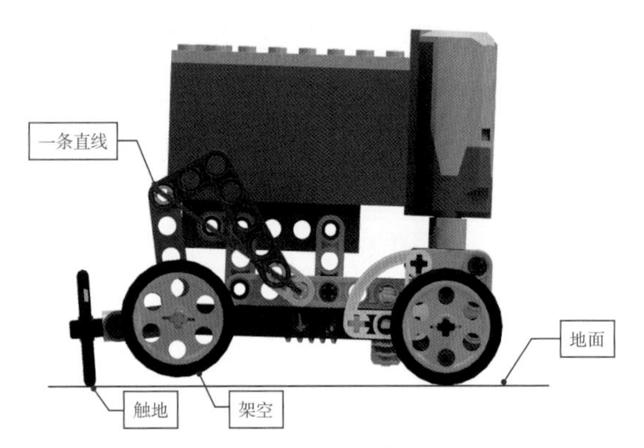

图 6-14 漂移形成原理

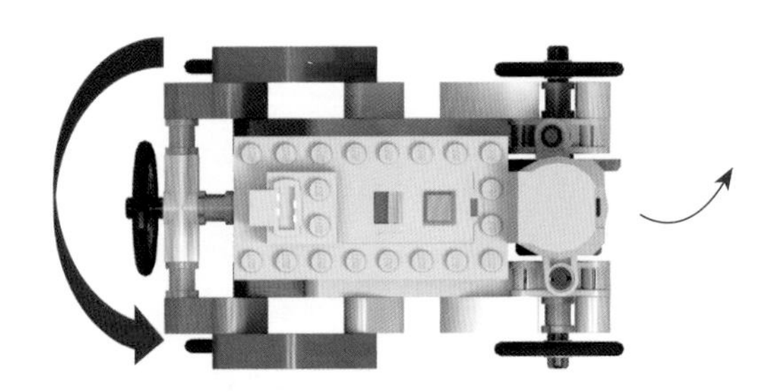
图 6-15 漂移的形成

当曲柄在第二象限范围内转动时，漂移轮都将触地漂移。也就是说，小车有 1/4 的时间处于漂移状态，3/4 的时间处于直行状态，如图 6-16 所示。

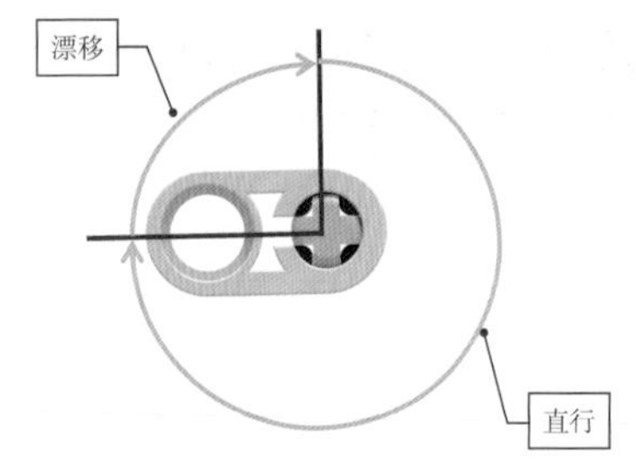

图 6-16 漂移和直行分布

6.2 扭扭车

6.2.1 作品概况

扭扭车由 68 个乐高科技零件搭建而成，采用平行四边形机构、曲柄连杆和棘轮等常用机构，动态效果非常独特，如图 6-17 所示。

图 6-17 扭扭车

作品概况

零件数量：68 个
长度：15 单位
宽度：15 单位
高度：14 单位
动力：中马达
电源：7 号电池箱

6.2.2 动态效果

扭扭车的外形是一个梯形结构的四轮车，其动态效果是：两组轮子在车身四边形机构的带动下交替摆动，车身不断扭摆向前运动。

图 6-18 所示为右侧轮向前摆动达到极限位置的瞬间，此时左前轮是锁止状态的效果。

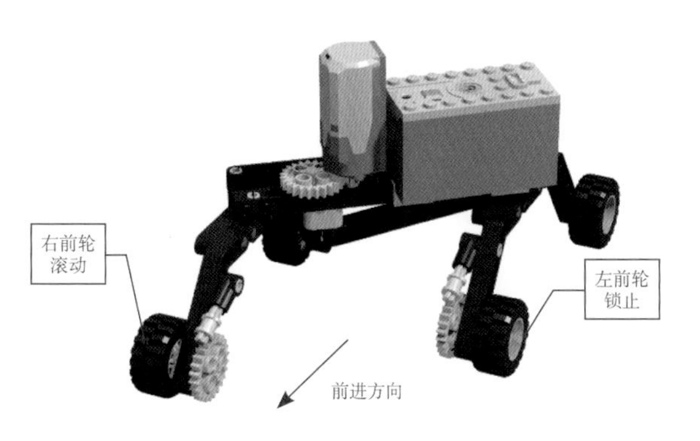

图 6-18 扭扭车摆动前进

6.2.3 零件指南

棘轮机构是乐高机械结构中很常用的一种装置，其特点是只允许转动类零件单向旋转，不可反向旋转。

本案例中的棘轮装置由 24T 齿轮、灰色光滑销、1 号角块、3 号轴和全轴套等零件组成，如图 6-19 所示。

轴套和轴受到重力的作用，向下压住 24T 齿轮。轴套凸起的边缘恰好落在两个齿之间。由于角块只能逆时针转动，因此当 24T 齿轮逆时针转动时，其轮齿会被轴套边缘卡住，无法转动。顺时针转动时，轴套会向上被推开，不受影响。由此形成 24T 齿轮的单向转动，如图 6-20 所示。

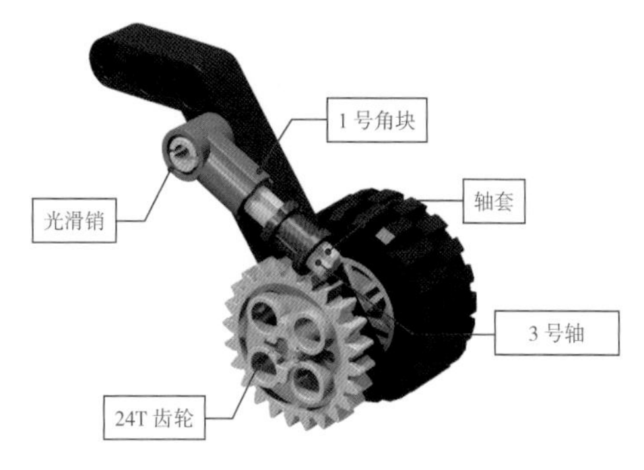

图 6-19 棘轮装置构成

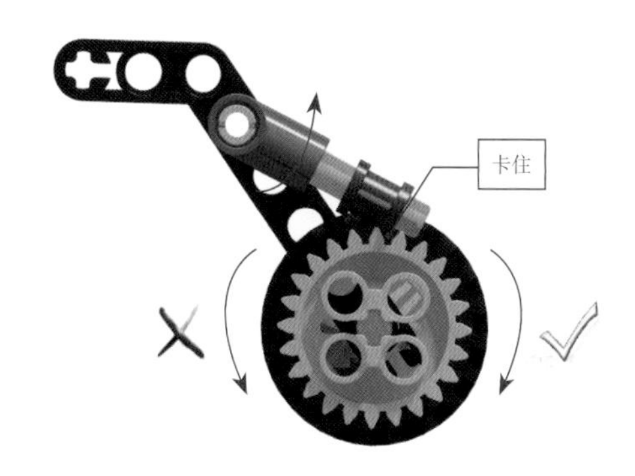

图 6-20 棘轮工作原理

乐高中的棘轮装置一般都大同小异，基本都会用到齿轮（棘轮）、轴套（单向锁止）、角块（单向摆动）等零件。

6.2.4 搭建指南

扭扭车的零件表，如图 6-21 所示。

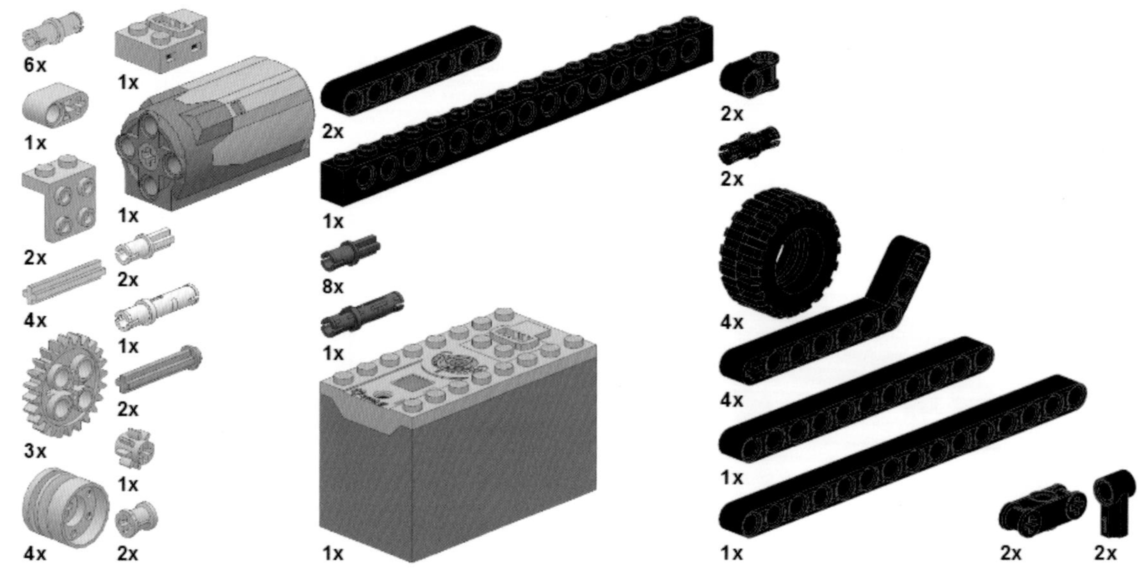

图 6-21　扭扭车零件表

扭扭车中使用较为少见的零件是 44278 直角托架。另有一款 99207 的外形与 44278 比较接近，但是两者的凸点方形有所不同，请注意区分，如图 6−22 所示。

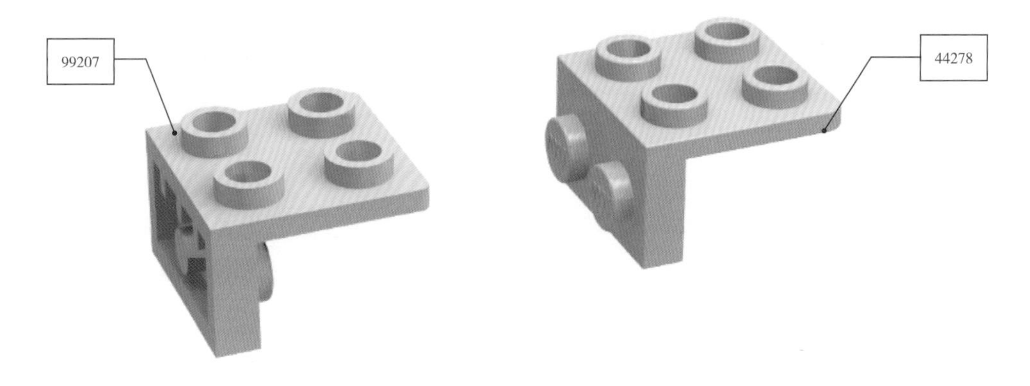

图 6-22　两款不同的直角托架

扭扭车简要搭建步骤图：

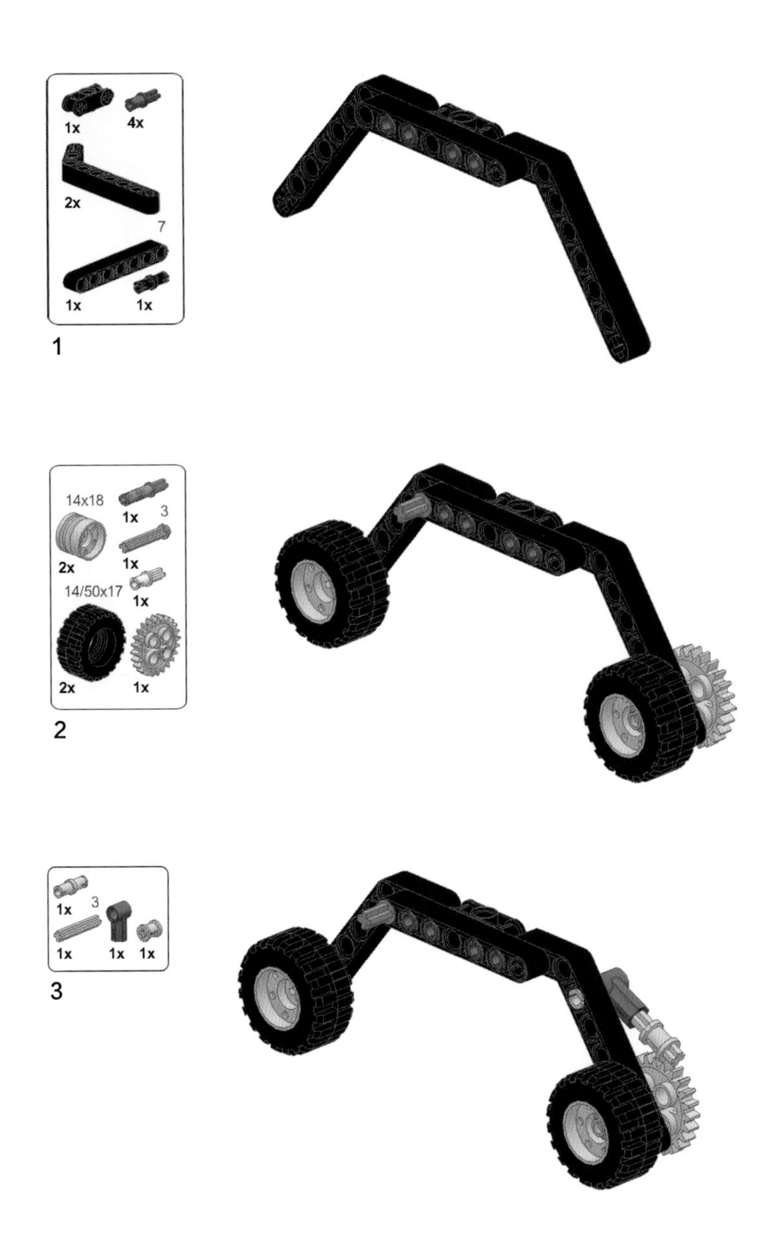
1x
4x
2x
7
1x
1x
1
14x18
1x
3
1x
2x
1x
14/50x17
1x
2x
1x
2
1x
3
1x
1x
1x
3

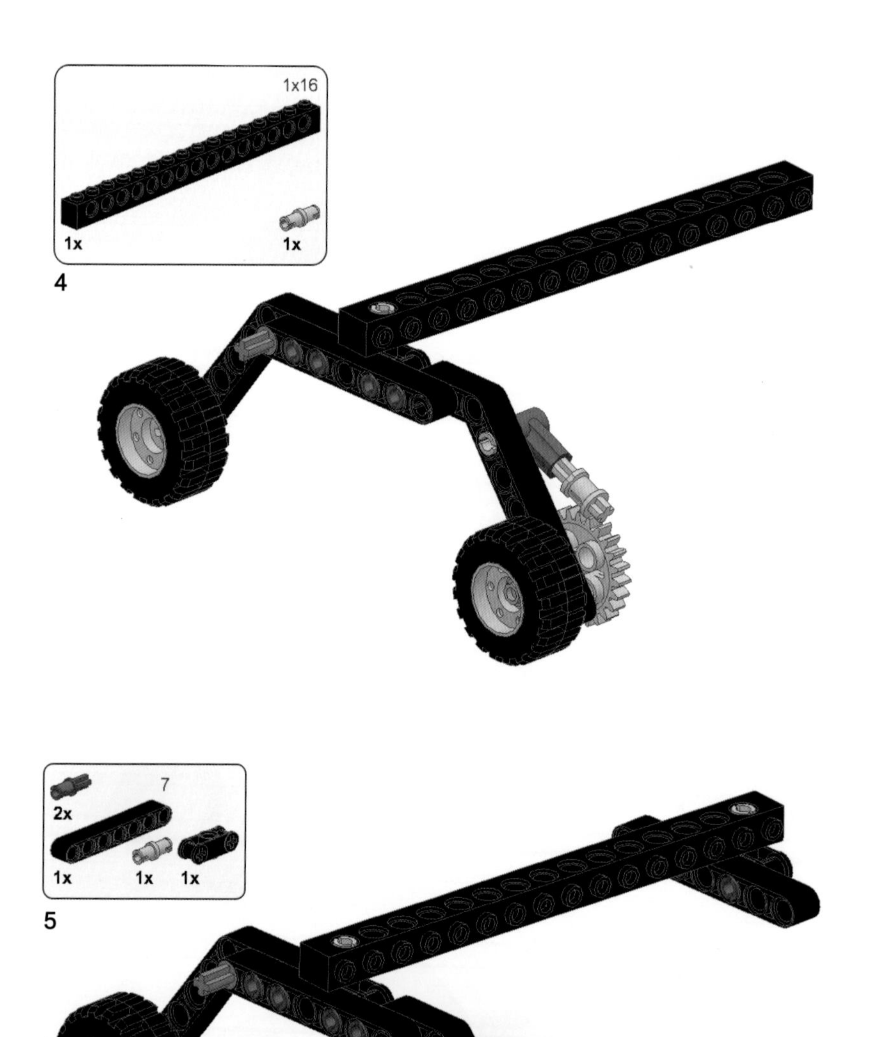

1x16
1x
1x
4
7
2x
1x
1x
1x
5

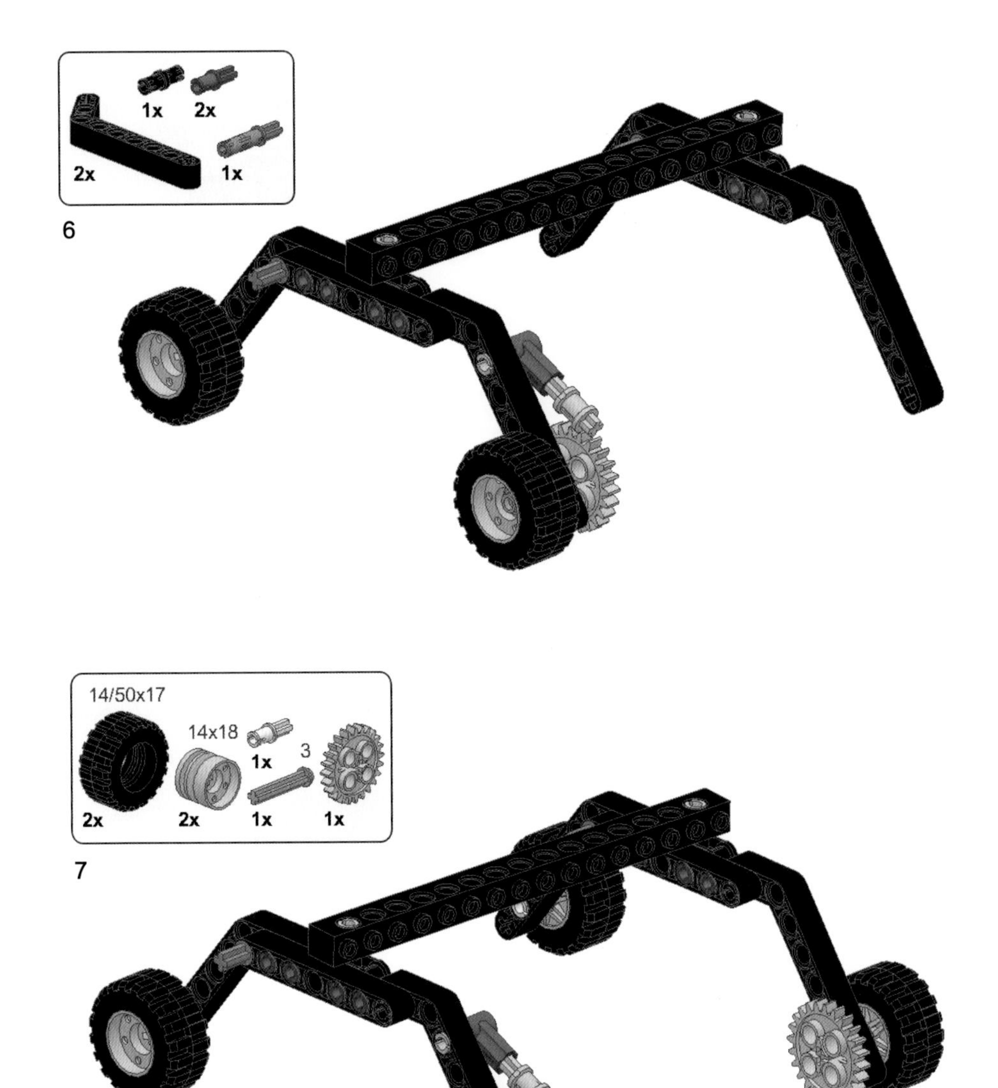
1x
2x
2x
1x
6
14/50x17
14x18
1x
3
2x
2x
1x
1x
7

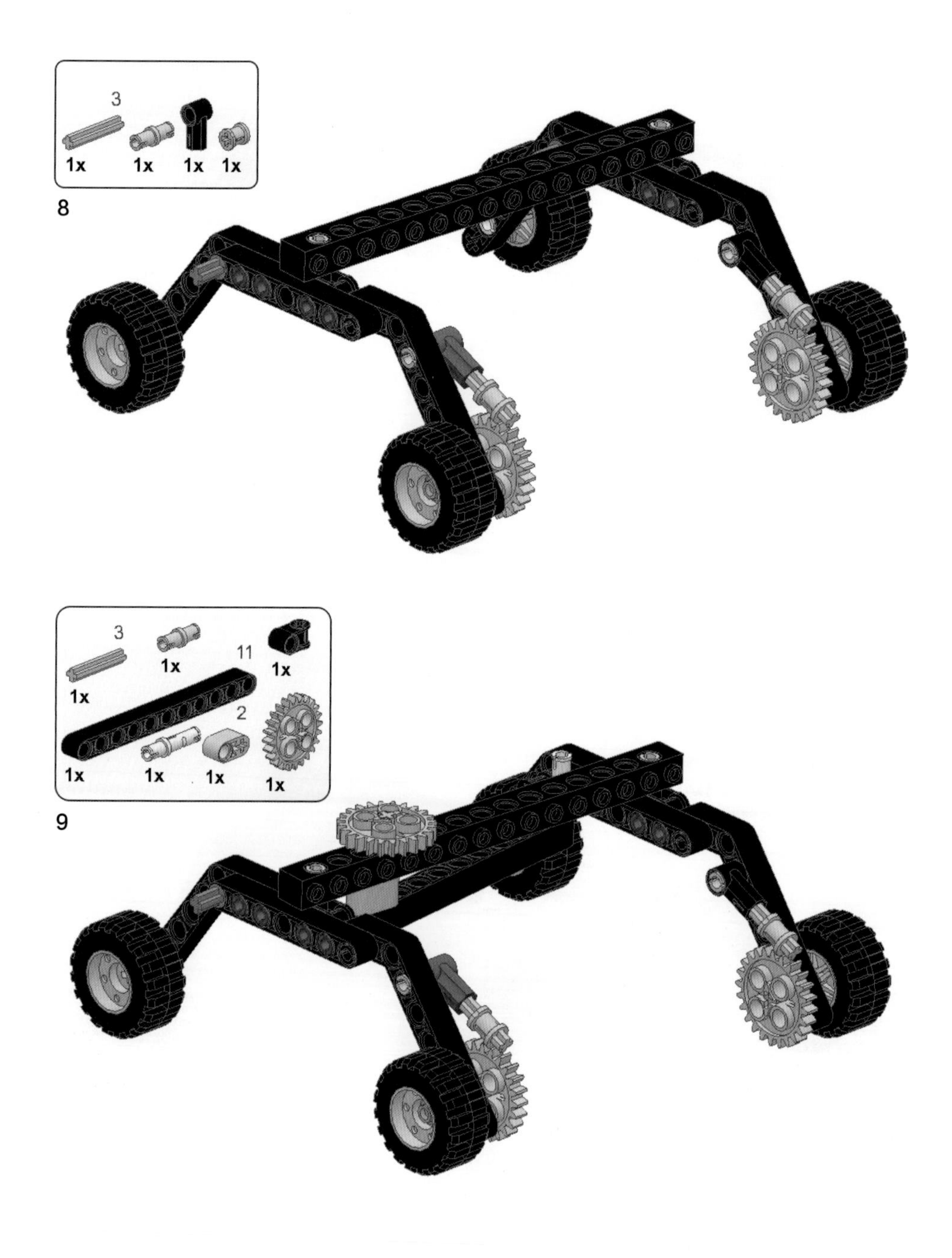
3
1x
1x
1x
1x
8
3
1x
1x
11
1x
2
1x
1x
1x
1x
9

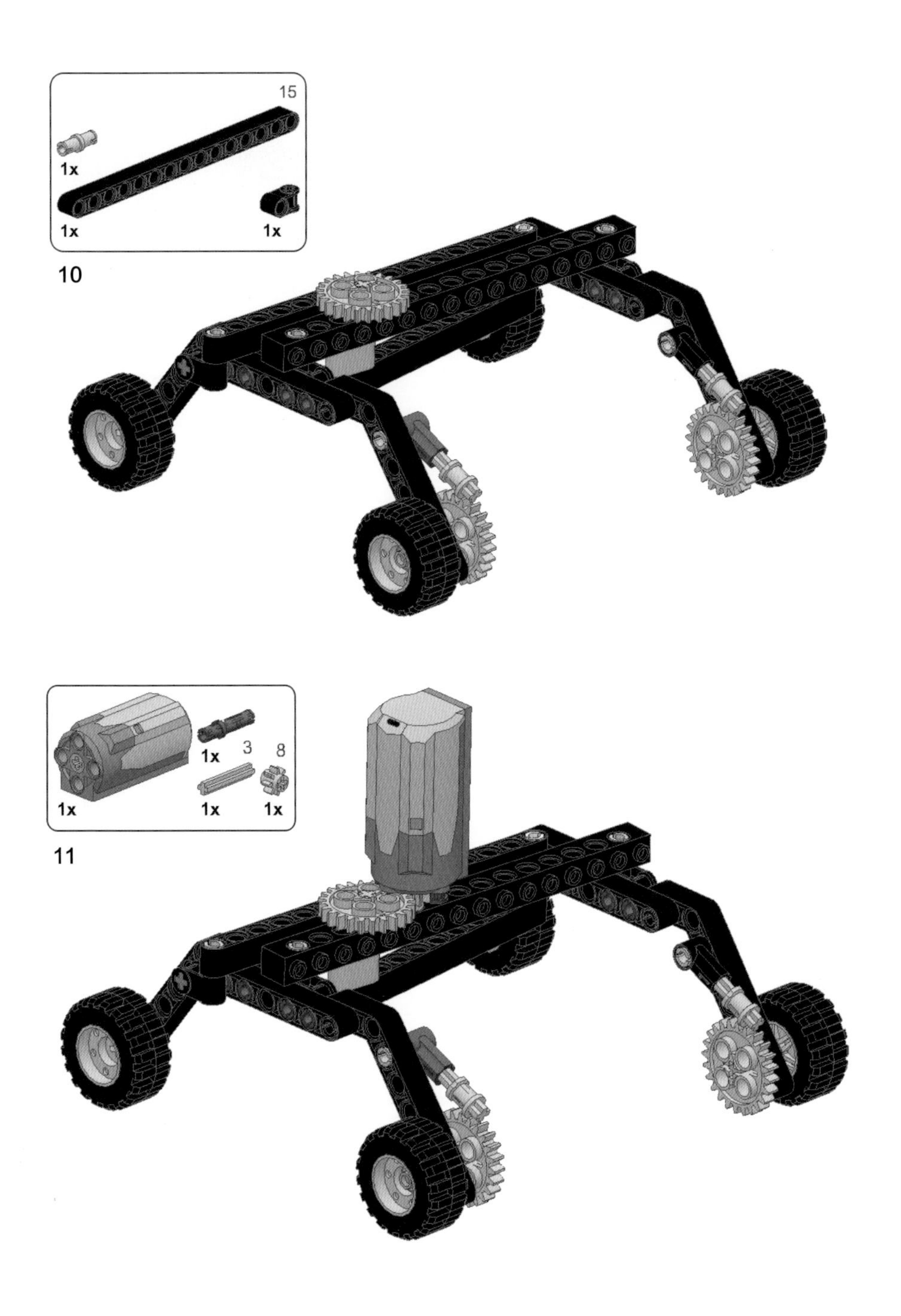
15
1x
1x
1x
10
1x
3
8
1x
1x
1x
11

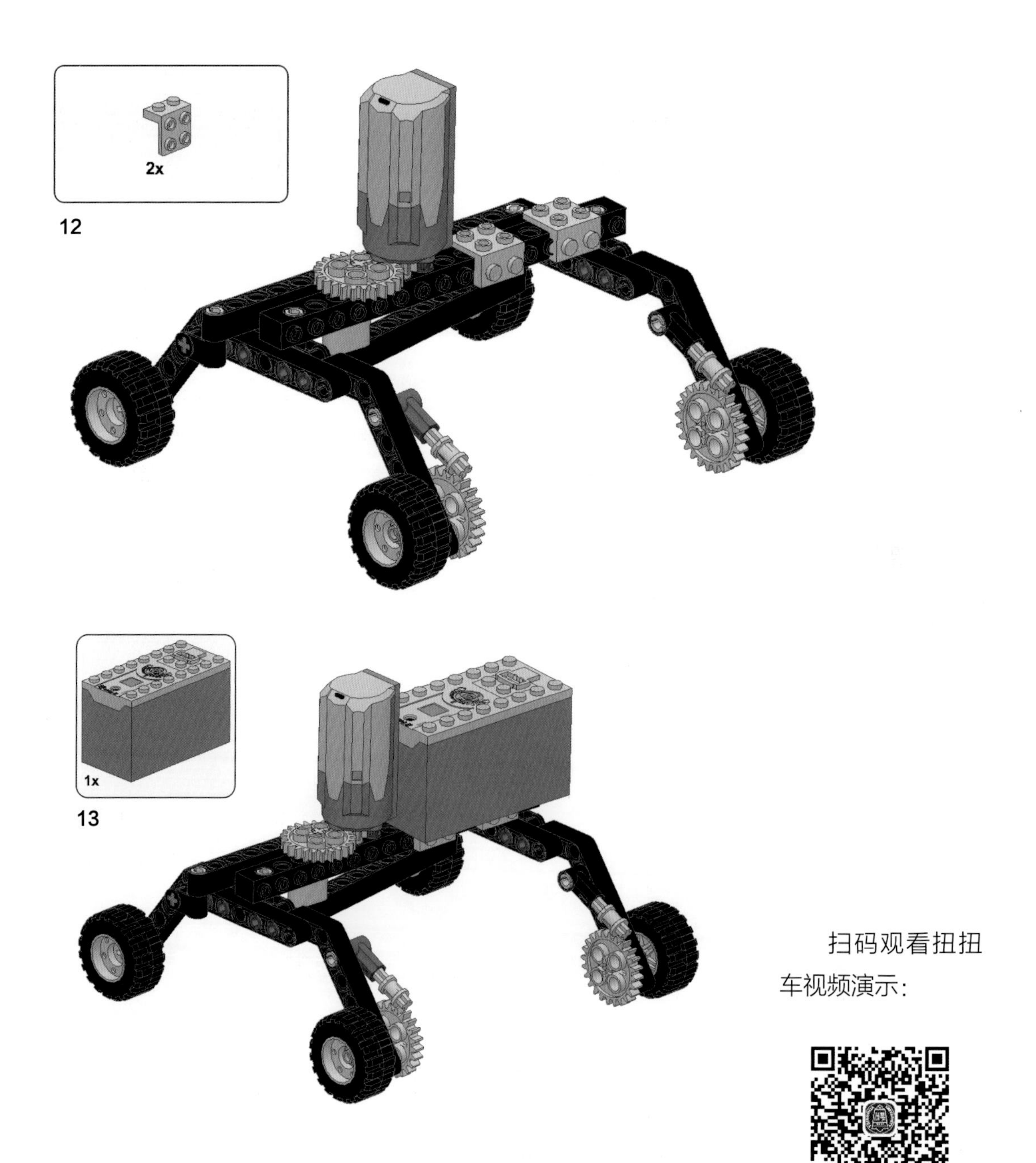

扫码观看扭扭车视频演示：

6.2.5 结构解析

这款扭扭车的结构设计简单而巧妙。车架的顶部有一个齿轮减速机构，由 8T 齿轮带动 24T 齿轮，减速比为 3 ： 1，如图 6-23 所示。

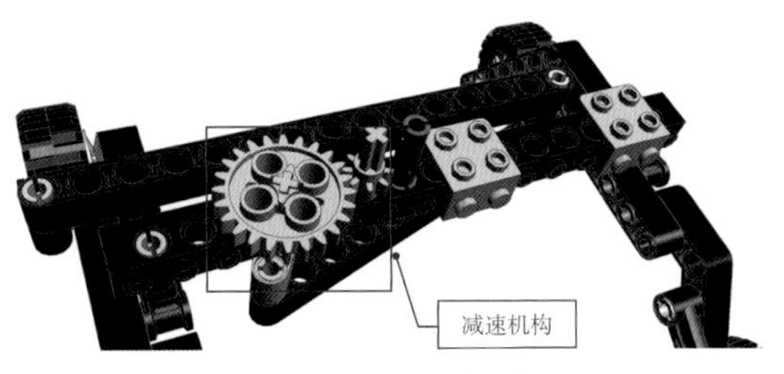

图 6-23 减速机构

车架的底部是一个曲柄连杆机构，曲柄是与 24T 齿轮共轴的两孔交叉块，带动一根 11 孔梁作为连杆。连杆的另一端与左侧梯形轮架相连接，如图 6-24 所示。

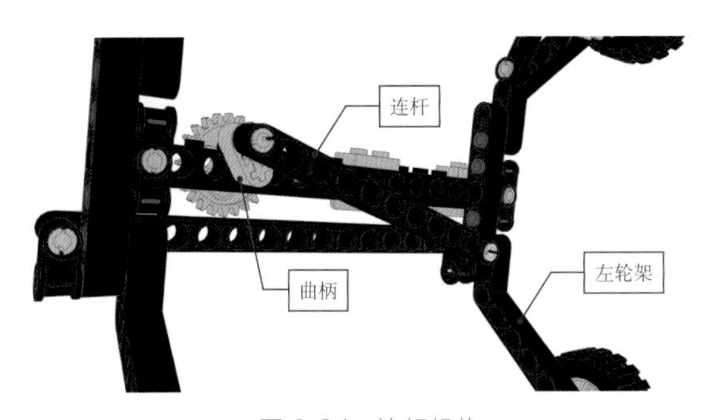

图 6-24 连杆机构

左右两侧的轮架之间用一根 15 孔梁连接。这样在 15 孔梁与主车架之间形成一个平行四边形结构，两侧的轮架可以同步摆动，如图 6-25 所示。

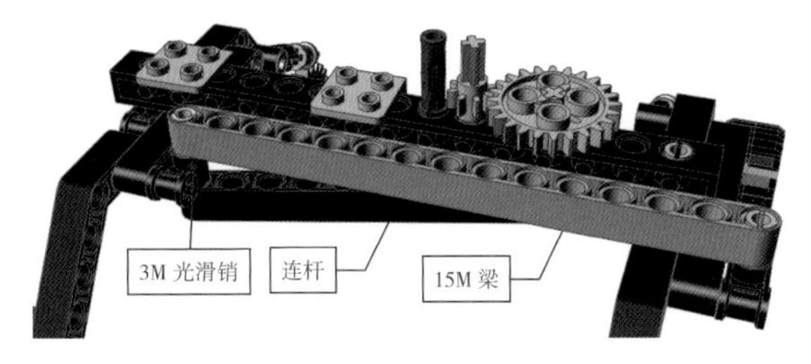

图 6-25 连接两侧轮架的连杆

车架在 15M 梁的带动下，两侧轮架交替平行摆动。由于前端的轮子带有棘轮装置，具有单向锁止功能，使前轮只能向前转动，不能反转。由此形成一种十分独特的扭动步进动态效果，如图 6-26 所示。

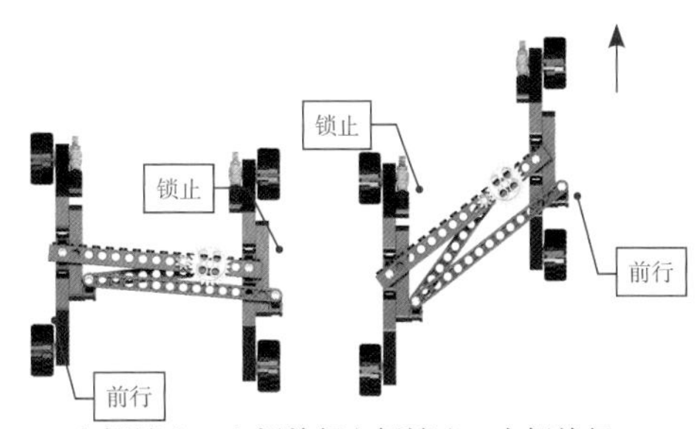

右侧锁止，左侧前行左侧锁止，右侧前行

图 6-26 扭扭车行走原理

6.3 绘图车

6.3.1 作品概况

绘图车是一款自动绘制规律图案的机器人作品。绘图车的外形是一个长方形四轮车，包括车轮（主动轮、从动轮）、车架、涡轮蜗杆驱动系统、曲柄连杆、摆动绘图臂、笔架等部件，如图 6-27 所示。

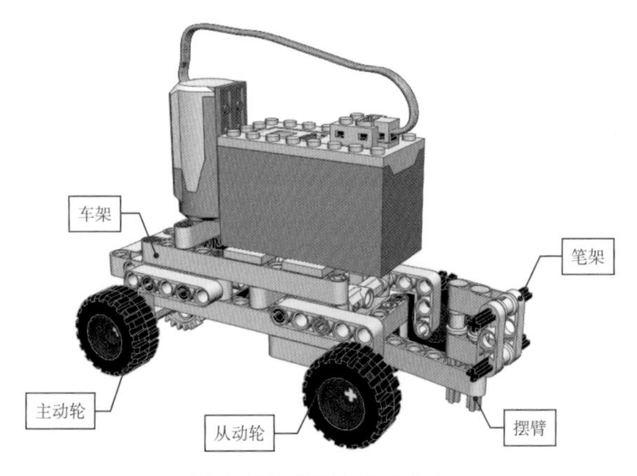

图 6-27 绘图车基本结构

作品概况

零件数量：110 个

长度：20 单位

宽度：11 单位

高度：13 单位

动力：中马达

电源：7 号电池箱

6.3.2 动态效果

绘图车的动态效果由以下两个同时运行的动作构成：

第一个动作，小车在主动轮带动下沿直线运动；

第二个动作，车尾部的摆臂带动笔架做连续的椭圆形摆动，如图 6-28 所示。

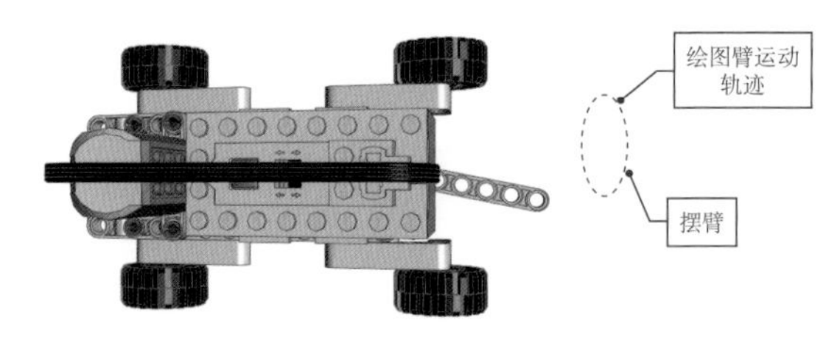

图 6-28 绘图臂的摆动轨迹

绘图臂末端的笔架上固定了一只绘图笔，绘图笔将车的直线运动和摆臂的椭圆形运动的合成轨迹记录下来，形成一种类螺旋弹簧的图案，如图 6-29 所示。

图 6-29 绘图车绘制的螺旋状图案

6.3.3 零件指南

这个案例中的悬浮式笔架是一个关键的部件。这个笔架既要牢固地固定绘图笔，还要适应各种直径和长度的笔，以确保使用任何一种笔都能绘制出满意的图案。

由于玩家的绘图笔各不相同，因此笔的固定采用了橡筋缠绕方式，利用橡筋的弹性，可以适应各种不同类型的笔。不论是铅笔、签字笔、荧光笔还是钢笔，都可以用一根橡筋轻松固定，如图 6-30 所示。

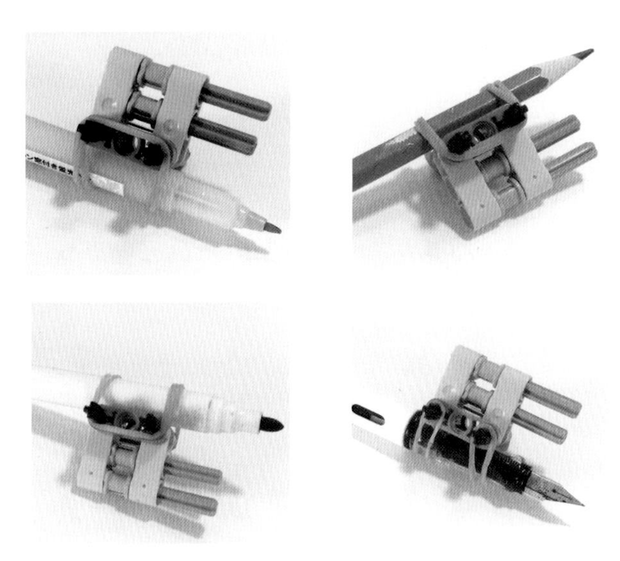

图 6-30 固定各种类型的笔

这个笔架由 10 个零件组成，横向的两个 4 号轴用于橡筋的缠绕捆绑。纵向的两根 5 号轴用于将笔架固定在绘图摆臂的最外侧两个销孔里。由于轴和销孔是间歇配合，所以笔架可以在摆臂上任意上下滑动，保证了绘图笔和纸的良好接触，如图 6-31 所示。

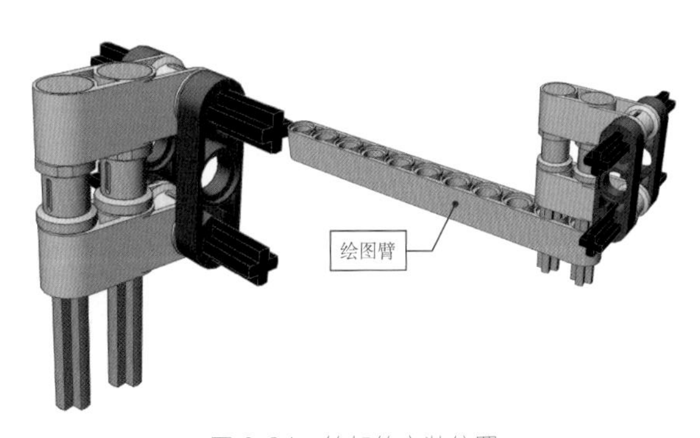

图 6-31 笔架的安装位置

在安装绘图笔和笔架的时候，要注意笔尖的位置。当笔尖与纸面接触时，笔架要稍稍高于绘图臂，保证笔尖对纸面的压力，如图 6-32 所示。

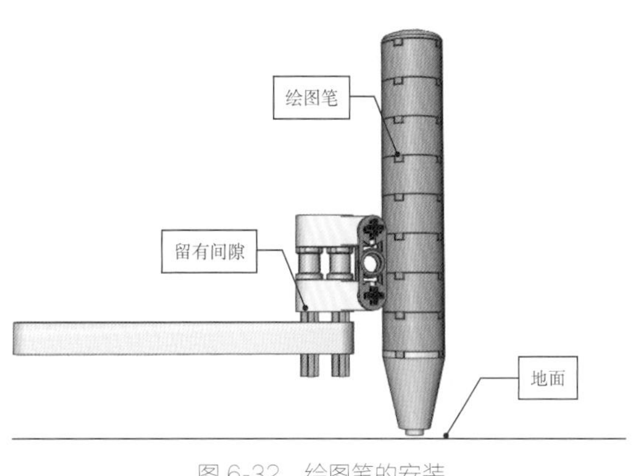

图 6-32 绘图笔的安装

6.3.4 搭建指南

该款绘图车共使用了 103 个零件，零件表如图 6-33 所示。

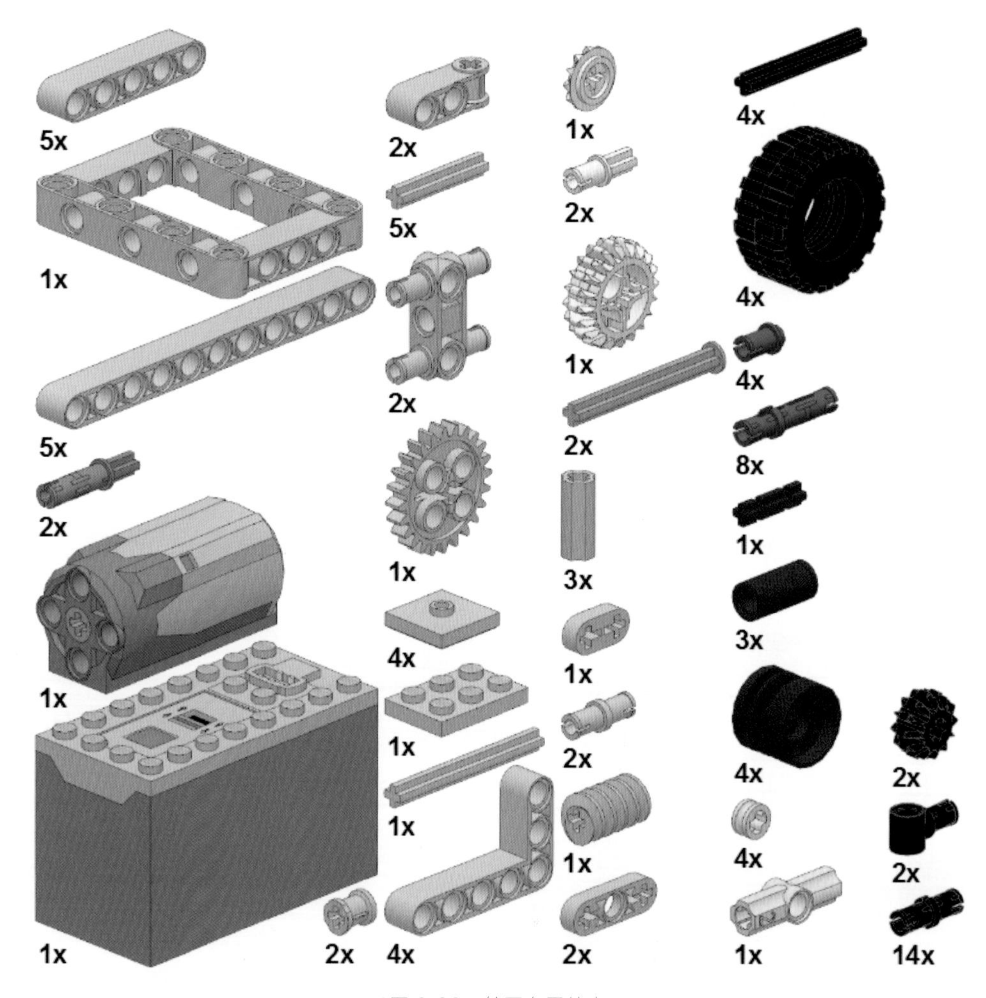

图 6-33 绘图车零件表

绘图车简要搭建步骤图：

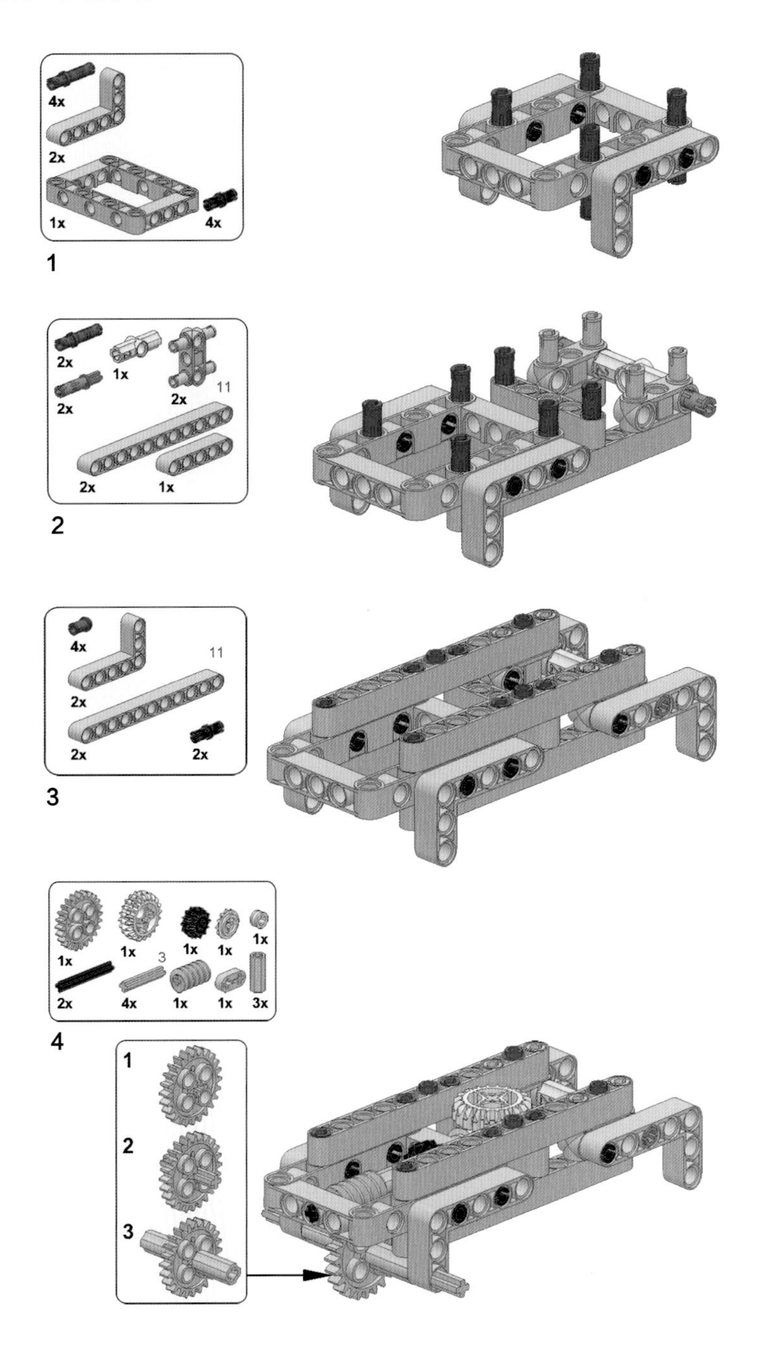
4x
2x
1x
4x
1
2x
1x
2x
11
2x
2x
1x
2
4x
11
2x
2x
2x
3
1x
1x
1x
1x
1x
3
2x
4x
1x
1x
3x
4
1
2
3

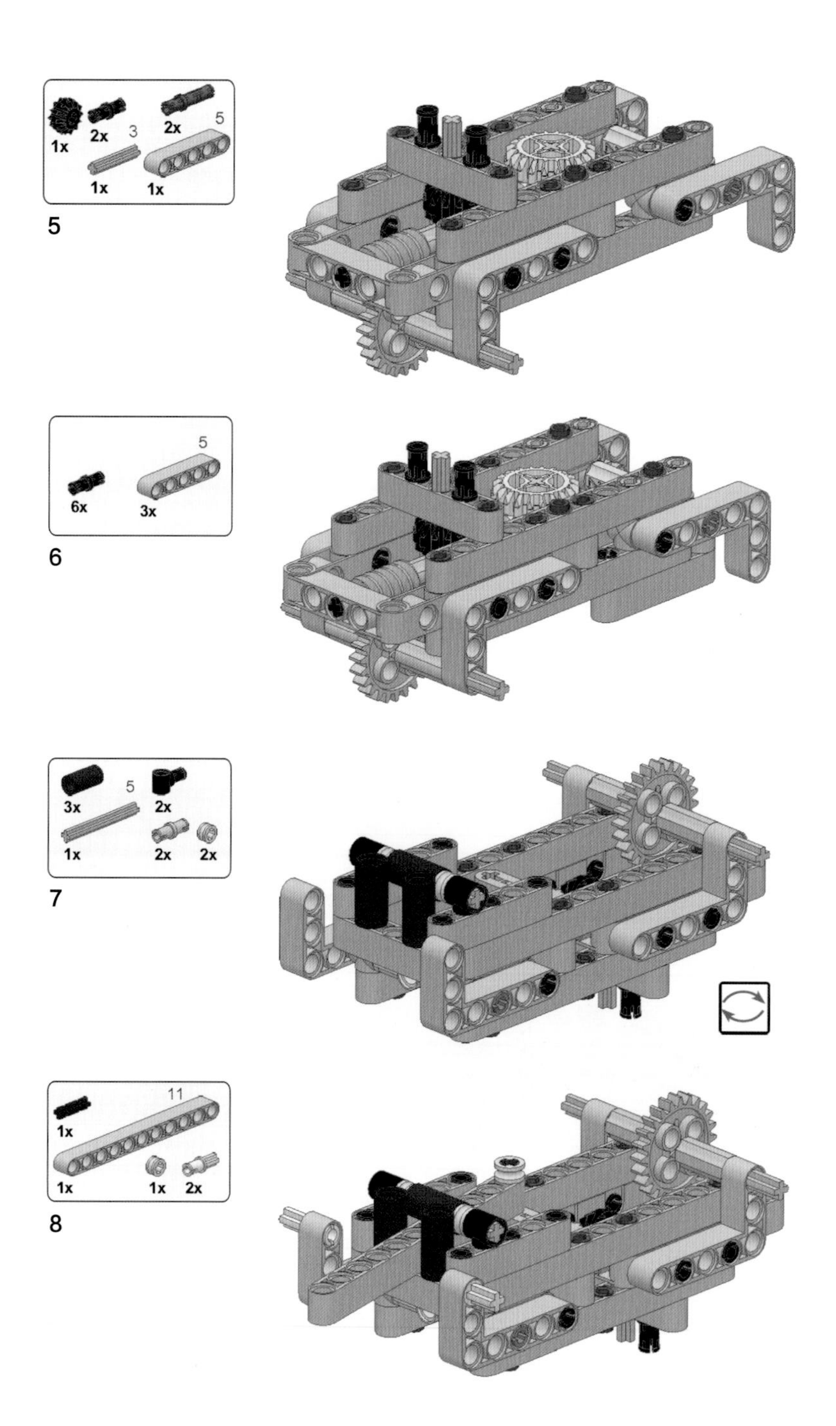
1x
2x
3
2x
5
1x
1x
5
5
6x
3x
6
3x
5
2x
1x
2x
2x
7
11
1x
1x
1x
2x
8

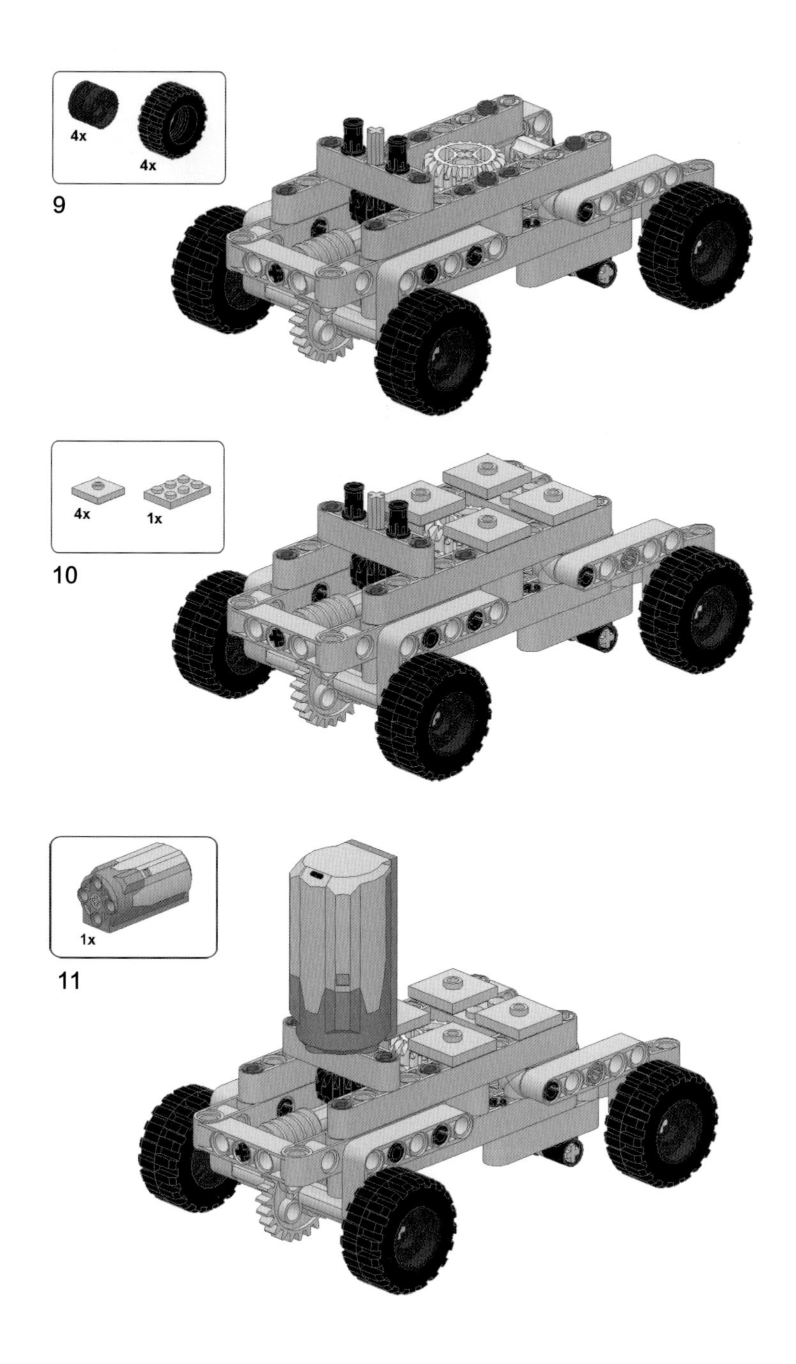
4x
4x
9
4x
1x
10
1x
11

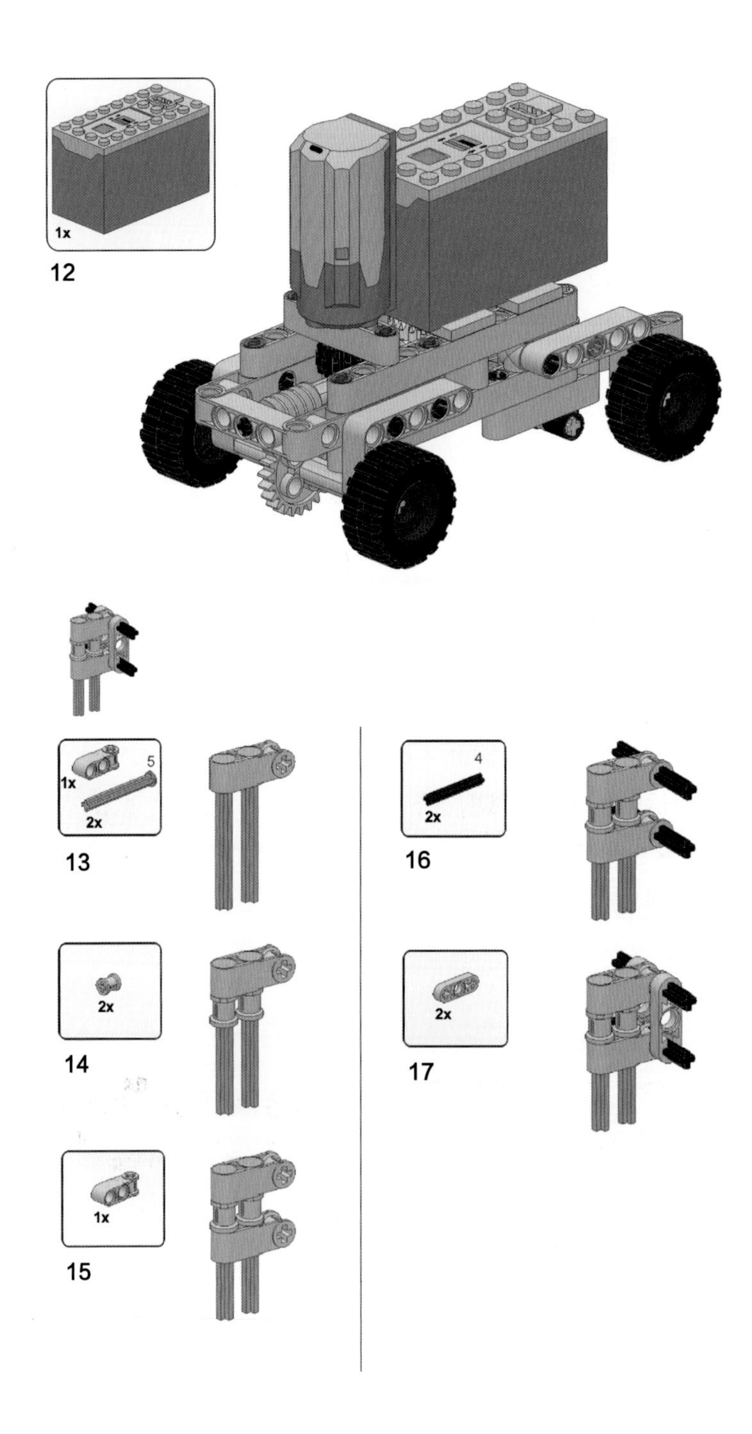
1x
12
1x
5
2x
13
2x
14
1x
15
4
2x
16
2x
17

18

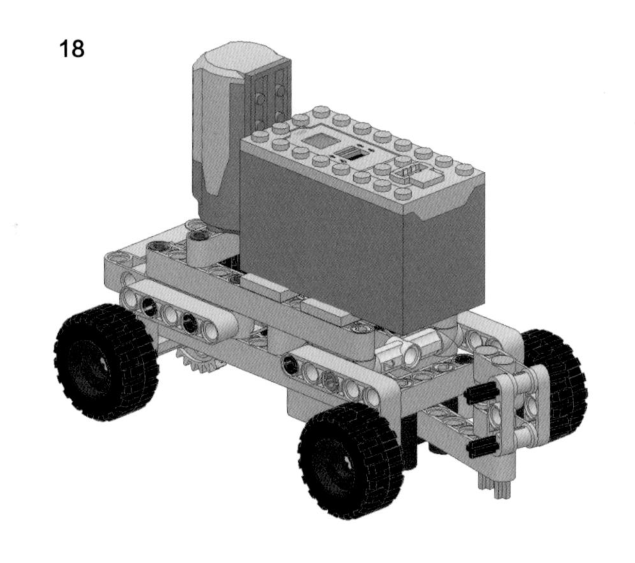

扫描观看绘图车视频演示：

6.3.5 结构解析

绘图车的目的是绘制各种图案，因此不需要行走过快。假定电机的转速不可调，所以一定要设计大比例的减速机构。

为了获得大比例减速，一般会采用多级齿轮减速或涡轮蜗杆装置。

多级齿轮减速所占空间较大。国外乐高大师 jason 的作品繁花绘图机，其中设计了一个经典的大比例减速装置，采用了一个三级 1 ：27 的减速机构，每一级减速都用到了 8T 和 24T 齿轮传动，每级减速比例为 1 ：3，三级共计减速 27 倍，如图 6-34 所示。

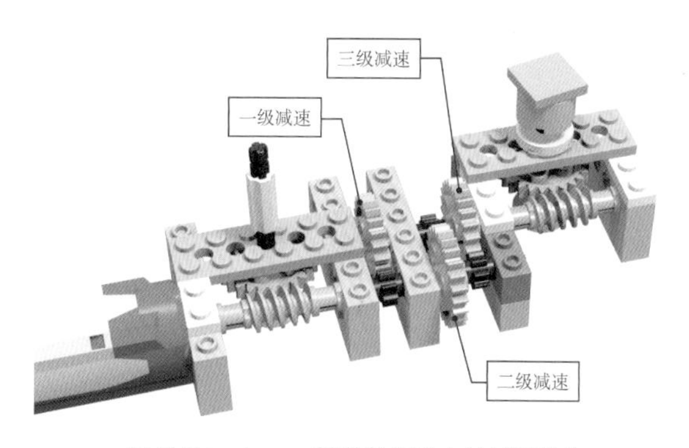

图 6-34　jason 繁花绘图机上的减速机构

考虑到绘图车的体积比较小巧，因此这个作品选择了涡轮蜗杆机构进行减速。将外围零件移除，绘图车的传动结构如图 6-35 所示。

马达输入的动力被分解为两路，一路传递给蜗杆，蜗杆带动涡轮产生前轮转动。另一路传递给一套双面齿轮机构，带动曲柄连杆，形成绘图摆臂的规律性摆动。

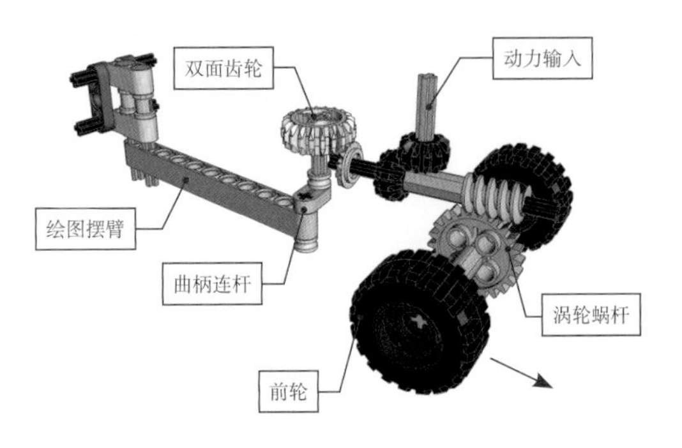

图 6-35　绘图车传动系统

绘图摆臂的约束装置也是本作品的特色之一。绘图摆臂的一端在曲柄的带动下做圆周运动。在绘图车的尾部，设计了一个滚柱约束机构，限制绘图臂的左右摆动。在绘图臂的底部设计了横向的滚柱，防止其向下倾斜，如图 6-36 所示。

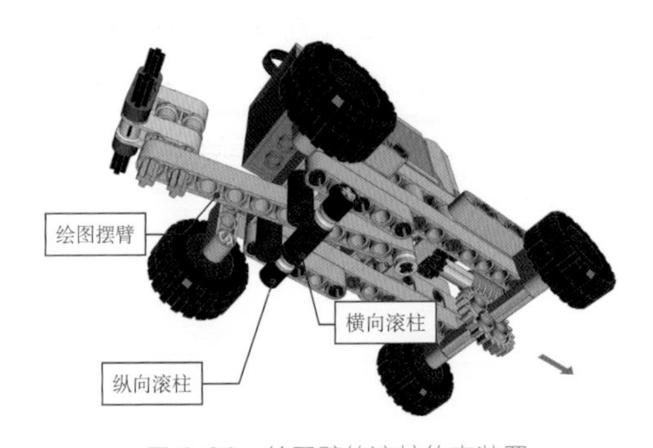

图 6-36　绘图臂的滚柱约束装置

在这套滚柱机构的约束之下，绘图臂的另一端只能做椭圆形的摆动。

滚柱采用 75535 圆管，连接件都采用光滑销或轴，尽量降低其转动时的阻力，减小对摆臂造成的摩擦，如图 6-37 所示。

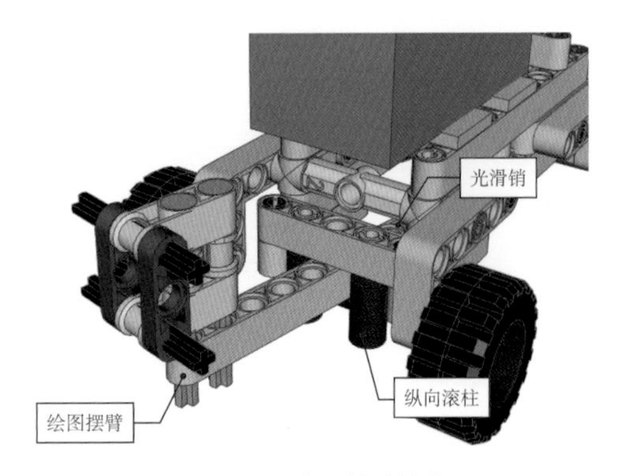

图 6-37　光滑销连接件

6.4　尺蠖车

尺蠖又名“弓背虫”，是一种柔软的无脊椎爬行动物，它的爬行方式非常独特，靠身体的弓背前伸爬行。模仿尺蠖运动而设计的各种机械装置被称为尺蠖结构。

6.4.1　作品概况

尺蠖车的外形类似一个大写的字母 A，它的中马达位于顶部，电池箱位于右侧，两侧的底部有四个车轮，如图 6-38 所示。

作品概况

零件数量：63

长度：18 单位

宽度：8 单位

高度：17 单位

动力：中马达

电源：7 号电池箱

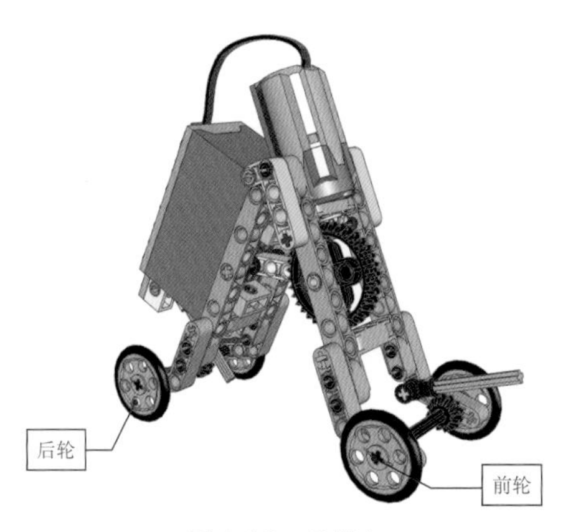

图 6-38 尺蠖车

6.4.2 动态效果

尺蠖车模拟弓背虫的运动特征，采用间歇性的开合蠕动方式前进。尺蠖车的两侧车架采用铰链方式连接，可以任意开合。尺蠖车的两组车轮在棘轮机构的约束下只能单向转动。

尺蠖车的动态效果有两个状态：收缩和扩张。当车架扩张时，后轮被棘轮机构锁止，无法转动，车架只能推动前轮向前滚动，如图 6-39 所示。

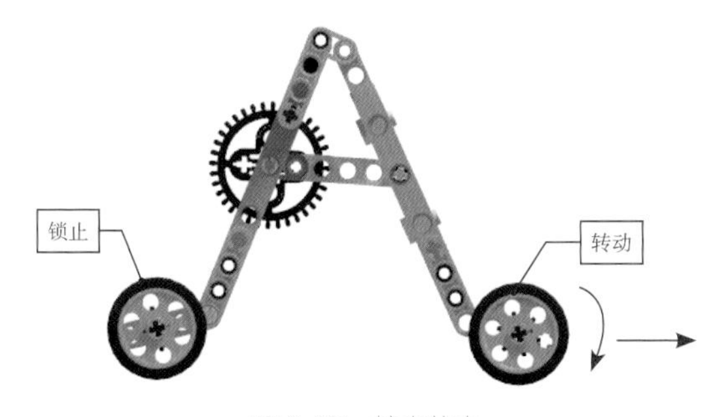

图 6-39 扩张状态

当车架收缩时，前轮被棘轮机构锁止，后轮将会向前滚动，如图 6-40 所示。

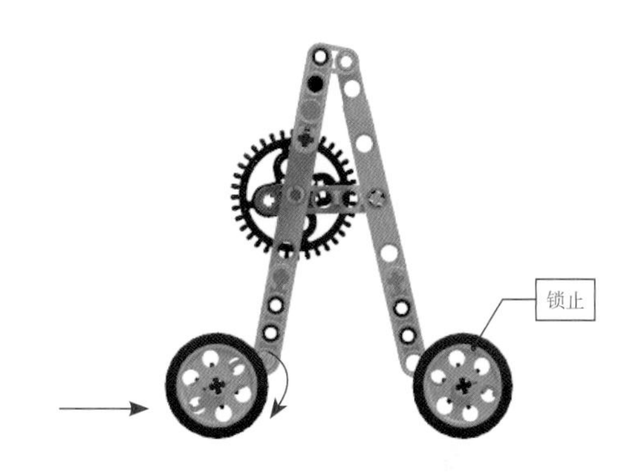

图 6-40 收缩状态

6.4.3 零件指南

这个作品中用到了乐高弯梁，弯梁的英文表述是 Angular Beam，意思是带有角度的梁。

乐高中常见的弯梁如图 6-41 所示，从左至右分别为 4×4、4×6、3×7 和 3×7 双弯梁（一般称为大弯梁）。

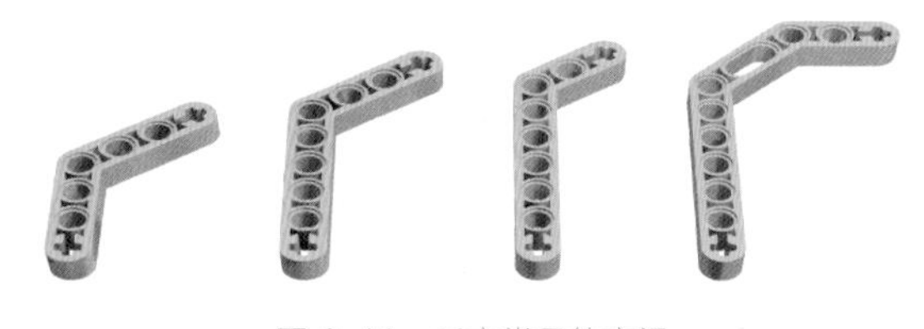
图 6-41 乐高常见的弯梁

所有弯梁的弯曲角度都是 127.5°，区别只是两侧梁的长度不同，弯梁对于带有不规则角度的结构搭建十分有用。

本例中采用了 4×4 弯梁（32348），目的是加大两侧轮子之间的跨度，增加车子的稳定性。

6.4.4 搭建指南

尺蠖车零件表，如图 6-42 所示。

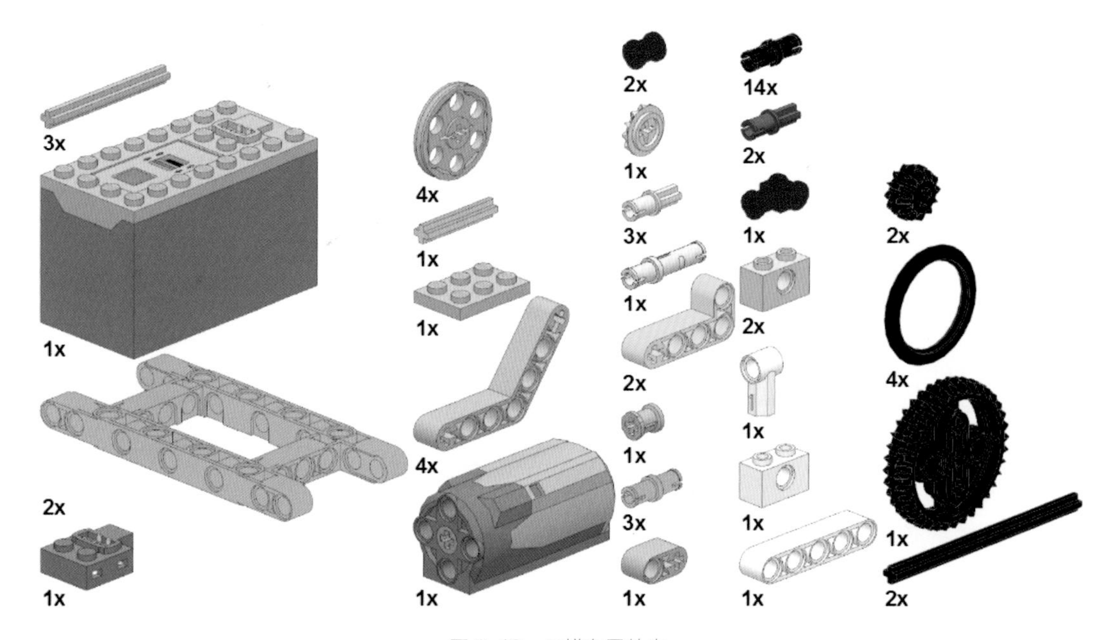

图 6-42　尺蠖车零件表

尺蠖车简要搭建步骤图：

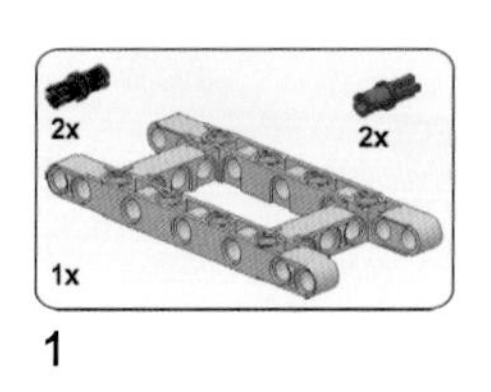

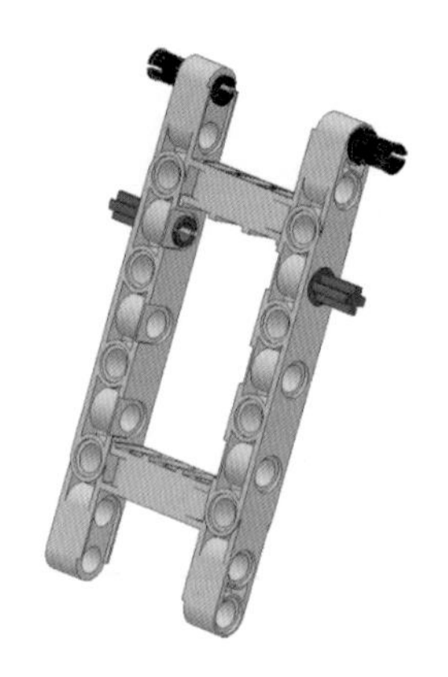

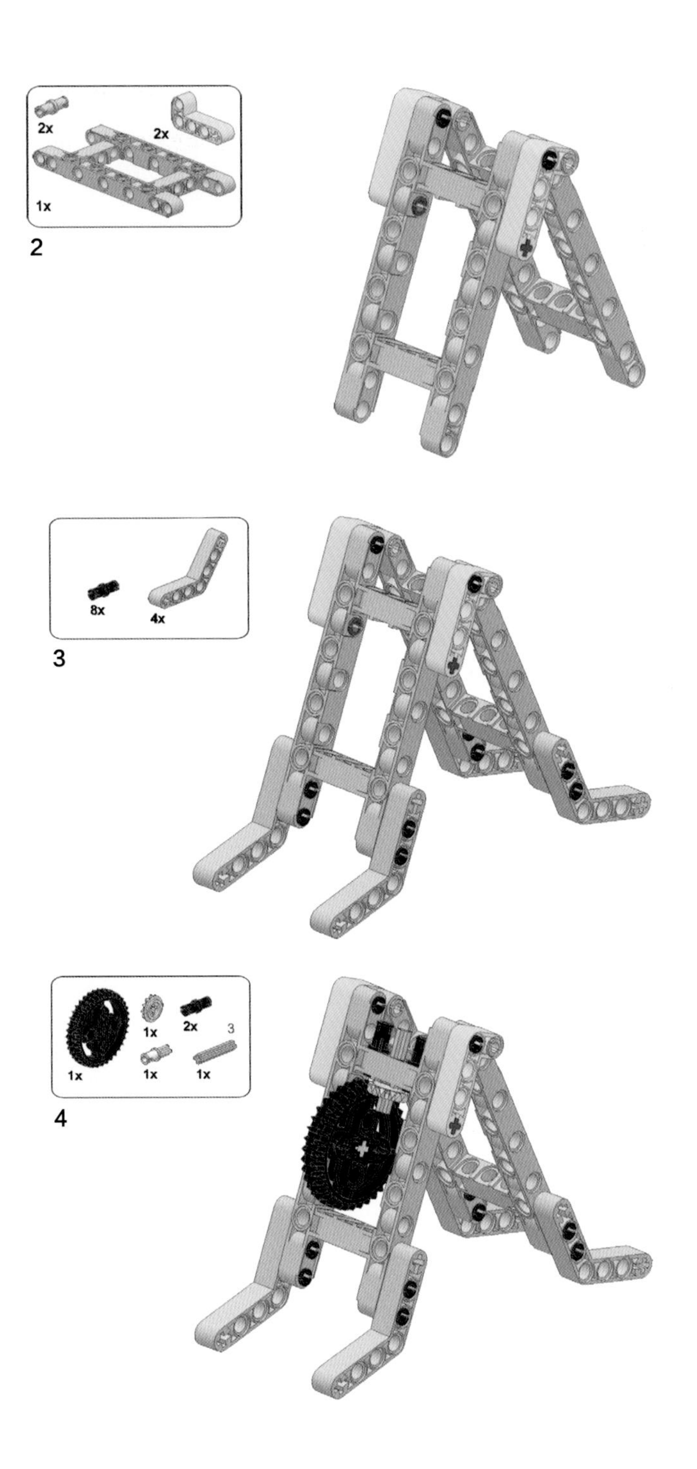
2x
2x
1x
2
8x
4x
3
1x
2x
3
1x
1x
1x
4

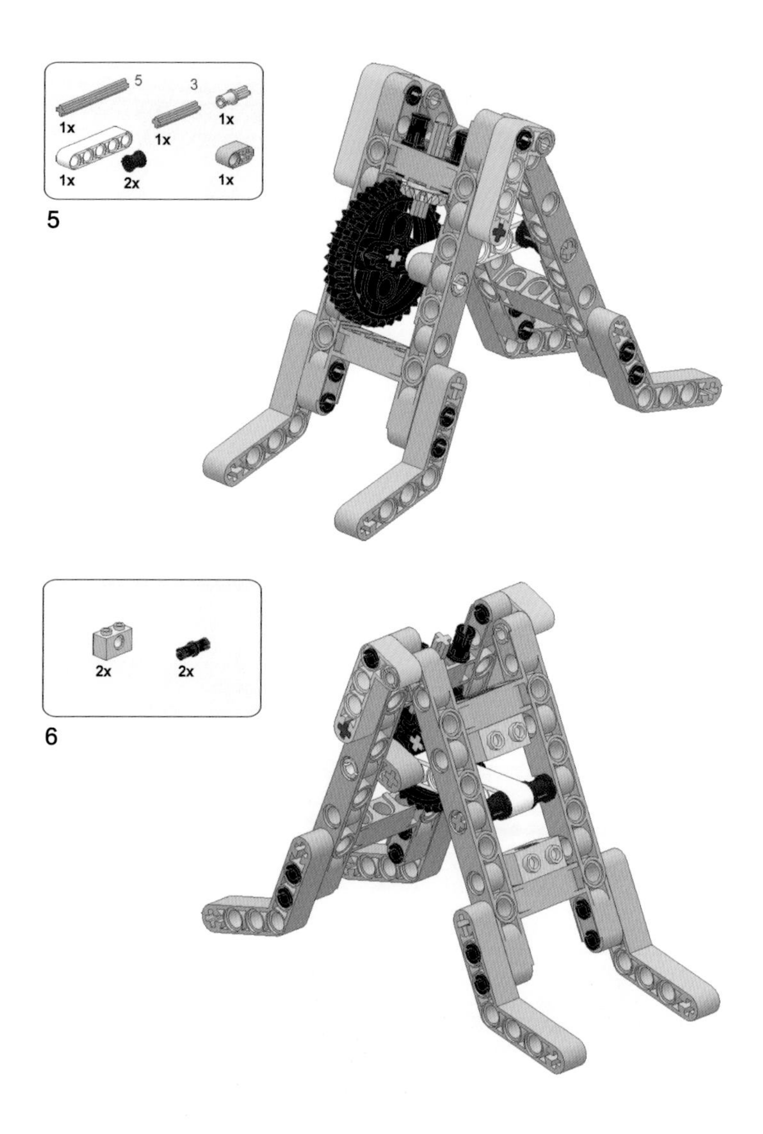

5
3
1x
1x
1x
1x
1x
2x
1x
5
2x
2x
6

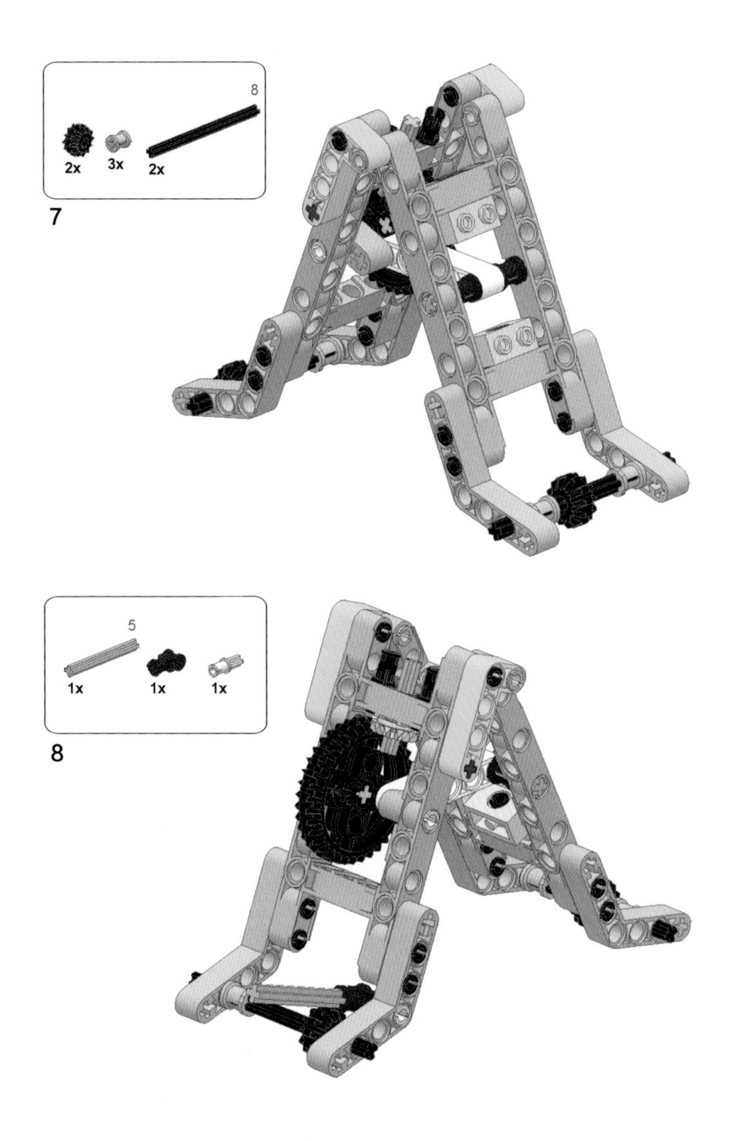
8
2x
3x
2x
7
5
1x
1x
1x
8

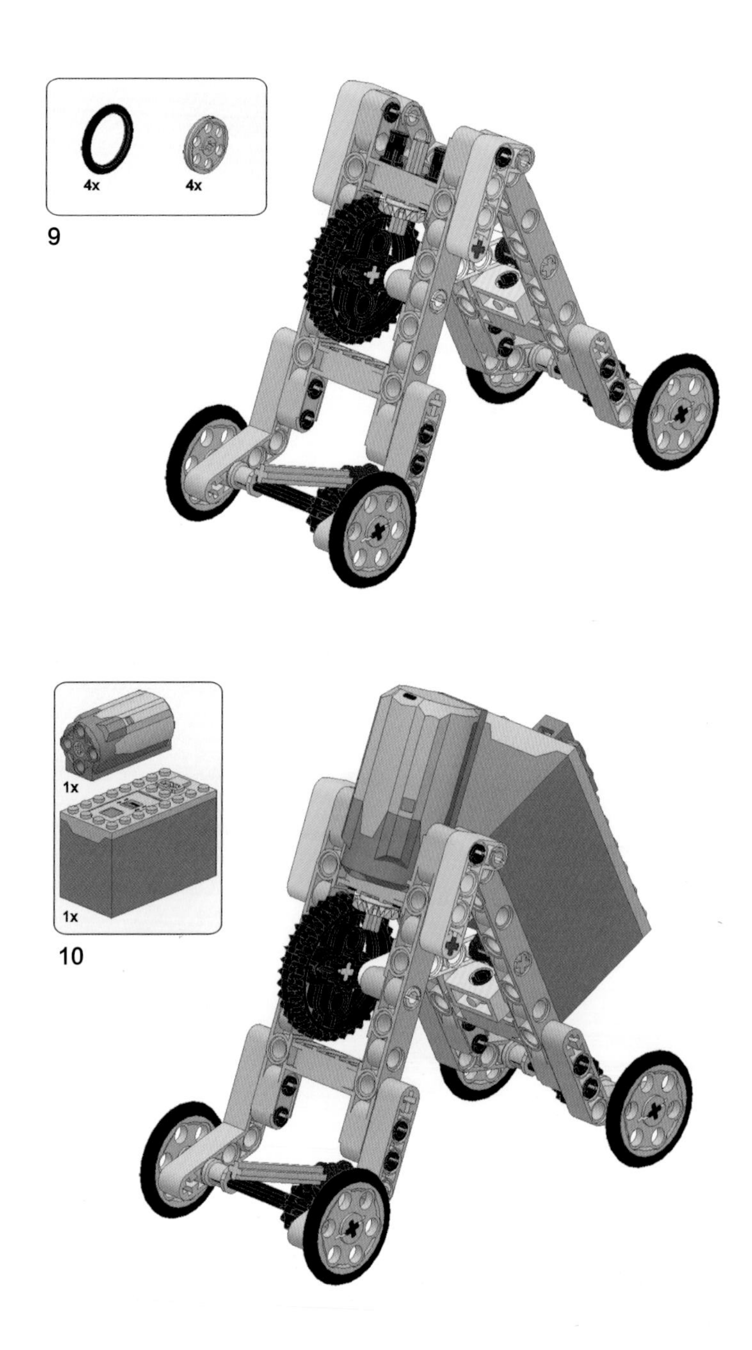
4x
4x
9
1x
1x
10

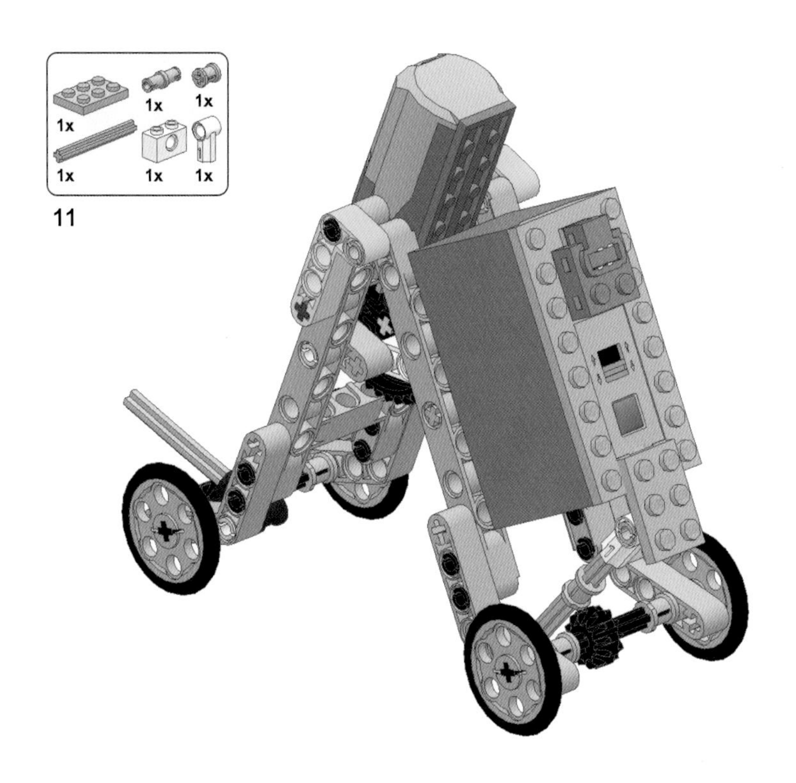

扫描观看尺蠖车视频演示：

6.4.5 原理解析

尺蠖车采用间歇性的开合来模拟弓背虫的爬行动作。间歇性开合动作来源于一套类连杆机构。

尺蠖车的传动部分如图 6-43 所示。马达的动力通过 12T 锥形齿轮传递给 36T 双面齿轮。同一般的曲柄连杆机构不同的是，这个装置里没有采用曲柄，而是利用 36T 双面齿轮上的销孔来替代曲柄。这样的设计可以省去曲柄，同时还可以节省空间，这是乐高曲柄类机构常用的一种搭建方法。

需要注意的是，图中的 2M 梁并非曲柄，而是为了使传动更稳定而增加的一个辅助零件。

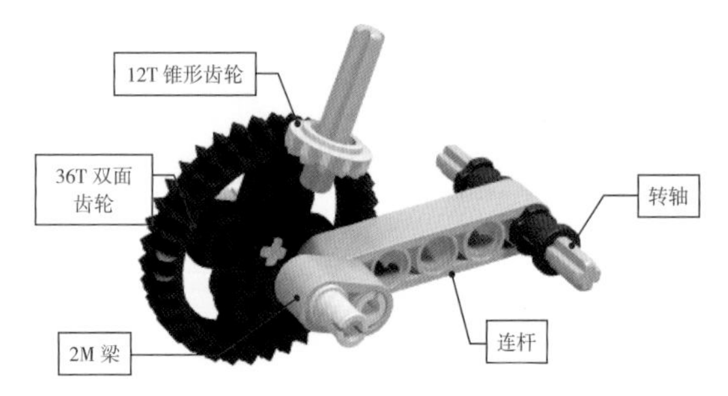

图 6-43　类连杆机构

乐高零件中具有类似功能的齿轮还有几款，如图 6-44 所示。常用的有 24T、36T 双面和 40T 等几个齿轮，这几个齿轮除了中心的轴孔之外，侧面还带有若干轴孔或销孔，可以作为曲柄的转轴使用。其中，40T 齿轮的销孔和轴孔多达 14 个。

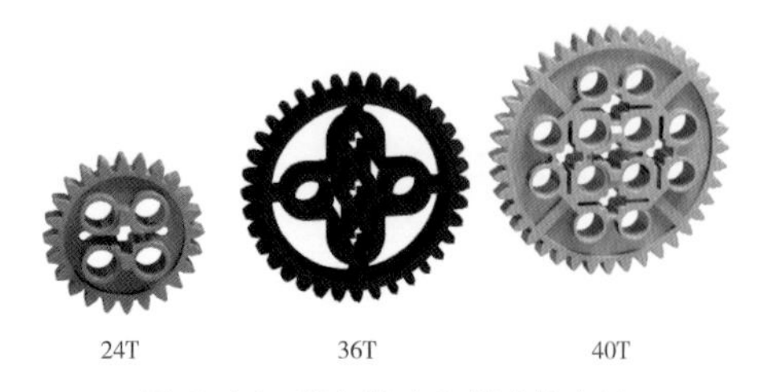

图 6-44　带有轴孔和销孔的齿轮

上图中的 36T 双面齿轮与一侧的车架相连，转轴与另一侧的车架相连，当类连杆机构工作时，两侧的车架将被其带动做开合动作，如图 6-45 所示。

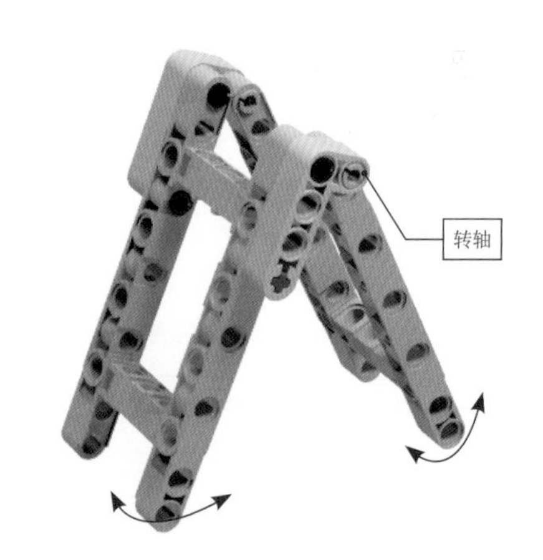

图 6-45　车架的运动方式

第7章

简单机器

7.1 花环绘图机

7.1.1 作品概况

这款绘图机采用自转＋摆臂的方式绘制环形图案，可以绘制出几十种不同的花环图案。

其外形是一个正方形的框架，基本结构由方形框架、齿轮传动机构、绘图摆臂、车轮（两个主动轮，两个从动轮），动力部件等组成，如图 7-1 所示。

作品概况

零件数量：97

长度：15 单位

宽度：15 单位

高度：10 单位

驱动方式：电动

电源：7 号电池箱

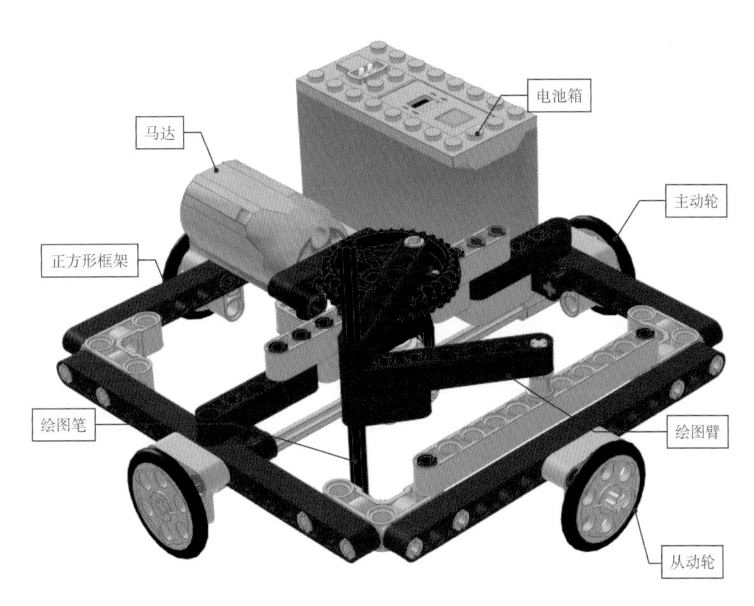

图 7-1　花环绘图机基本构成

7.1.2 动态效果

首先，在安装绘图笔的销孔中放置一支常见的签字笔笔芯，在绘图机下方放置一张用于绘图的纸，如图 7-2 所示。

图 7-2 绘图笔和纸的放置

打开电池箱的电源开关，花环绘图机开始做原地转动，如图 7-3 所示。

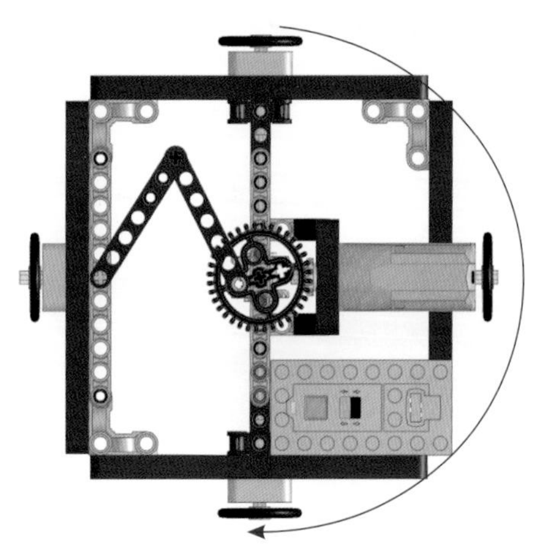

图 7-3 绘图机的自转

与此同时，齿轮传动系统中的 36T 双面齿轮带动绘图摆臂做偏心摆动，通过一套曲柄连杆机构，带动绘图笔做往复摆动，如图 7-4 所示。

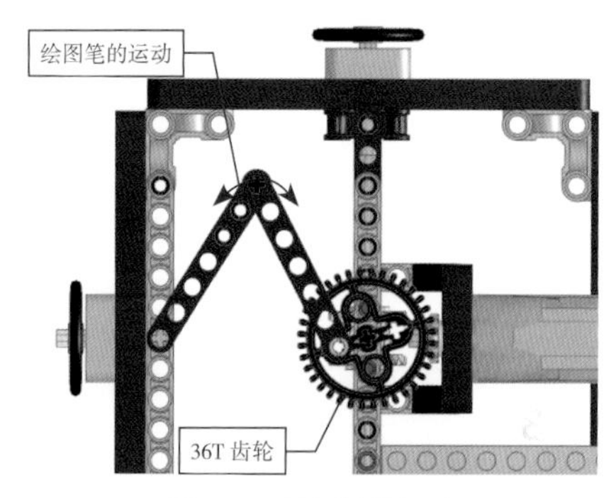

图 7-4 绘图笔的运动

当绘图机的整体转动和绘图笔的往复摆动结合起来的时候，绘图笔就记录下了两者运动结合的轨迹，这个轨迹就是一个花环的图案，如图 7-5 所示。

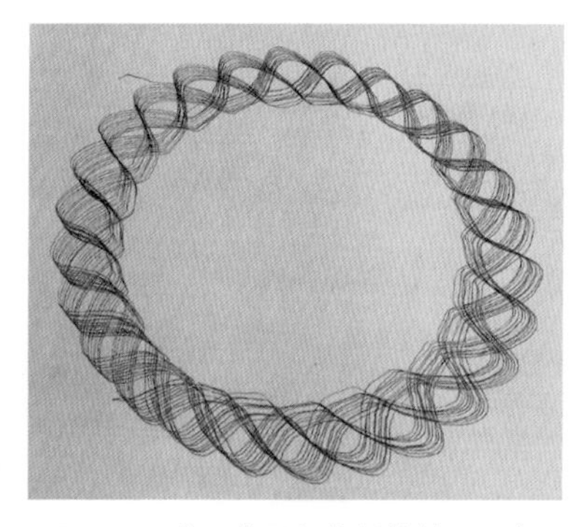

图 7-5 花环绘图机绘制的花环图案

改变绘图摆臂的转轴在 11 孔梁上的位置，就可以改变绘图笔摆动的半径和范围，因此可以得到几十种不同的花环图案，如图 7-6 所示。

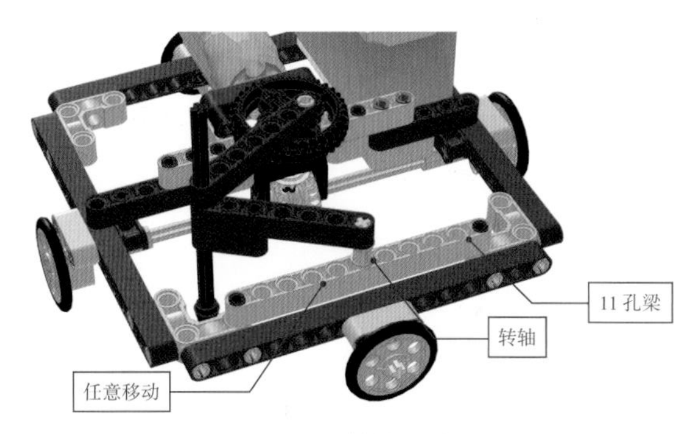

图 7-6　转轴的调节范围

7.1.3　搭建指南

花环绘图机零件表，如图 7-7 所示。

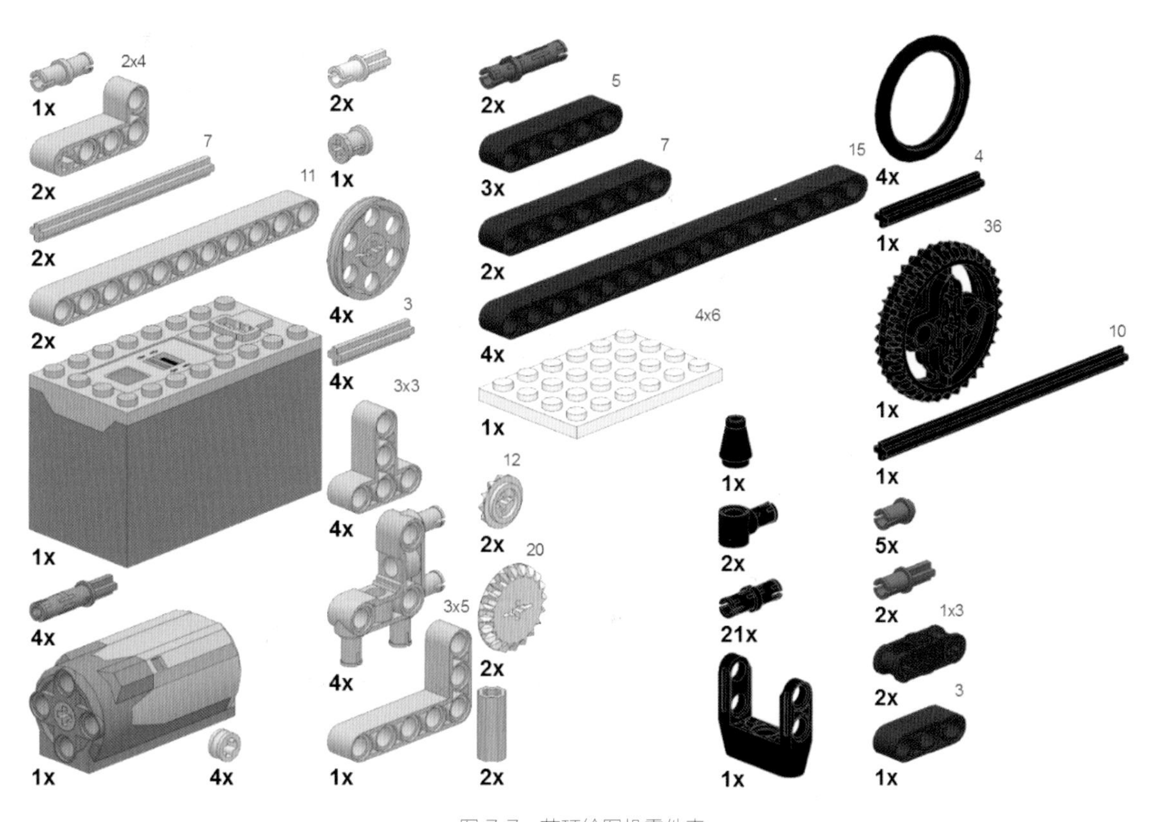

图 7-7　花环绘图机零件表

花环绘图机的简要搭建步骤图：

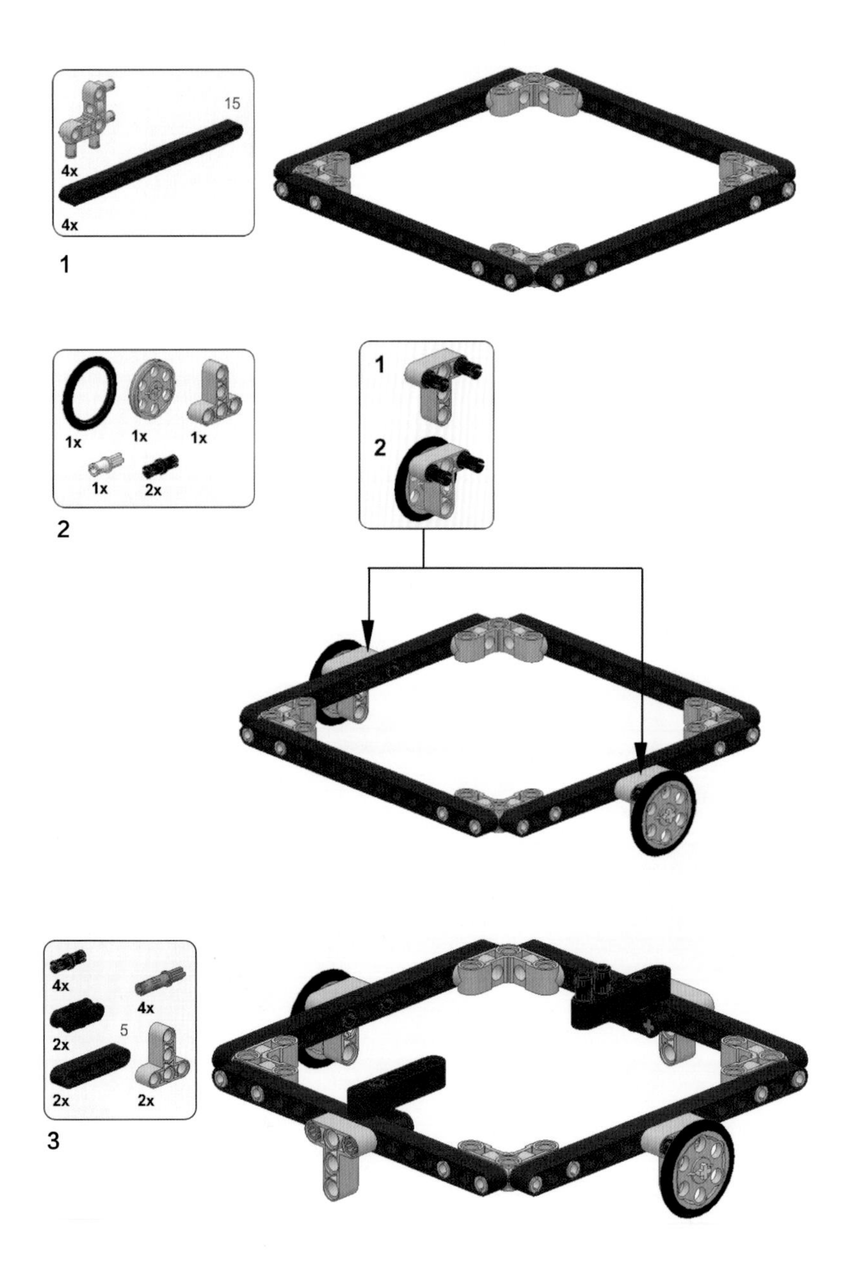

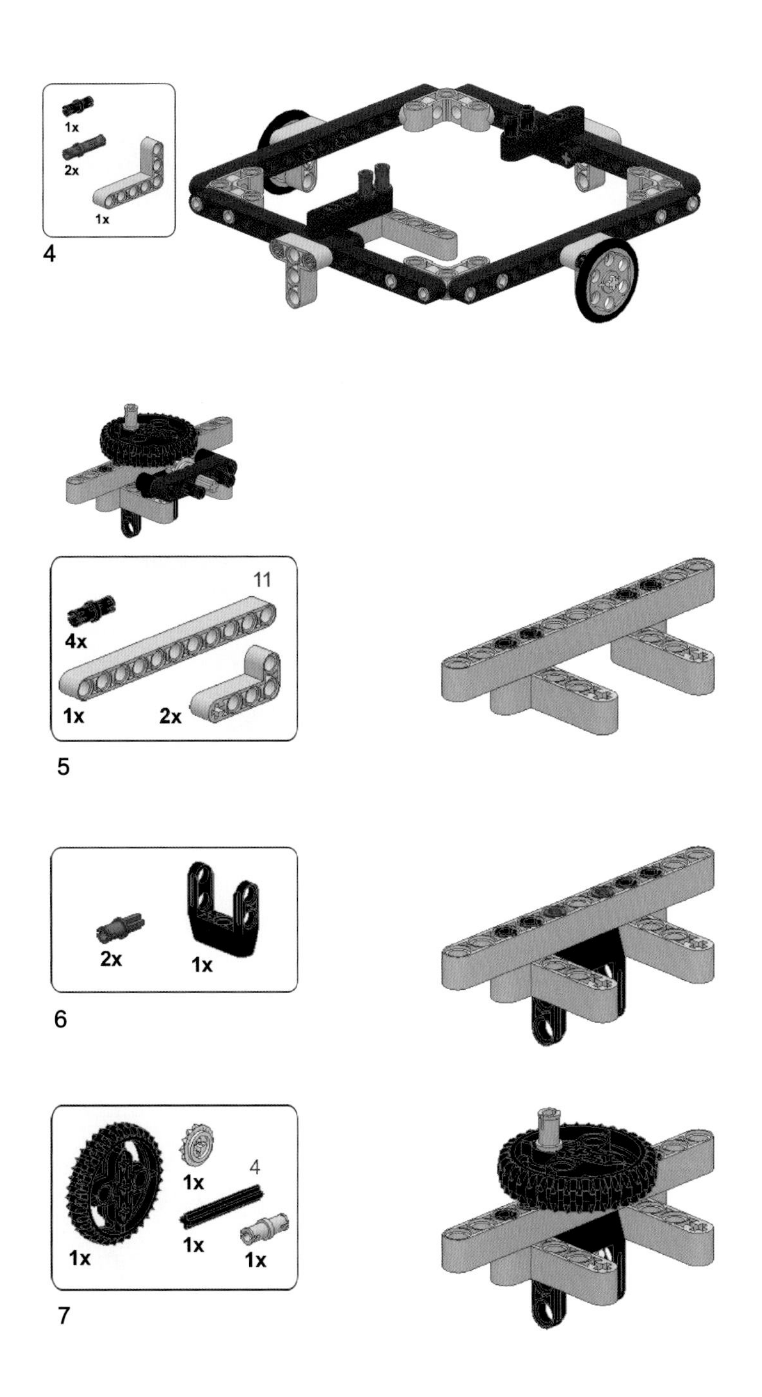
1x
2x
1x
4
11
4x
1x
2x
5
2x
1x
6
1x
4
1x
1x
1x
7

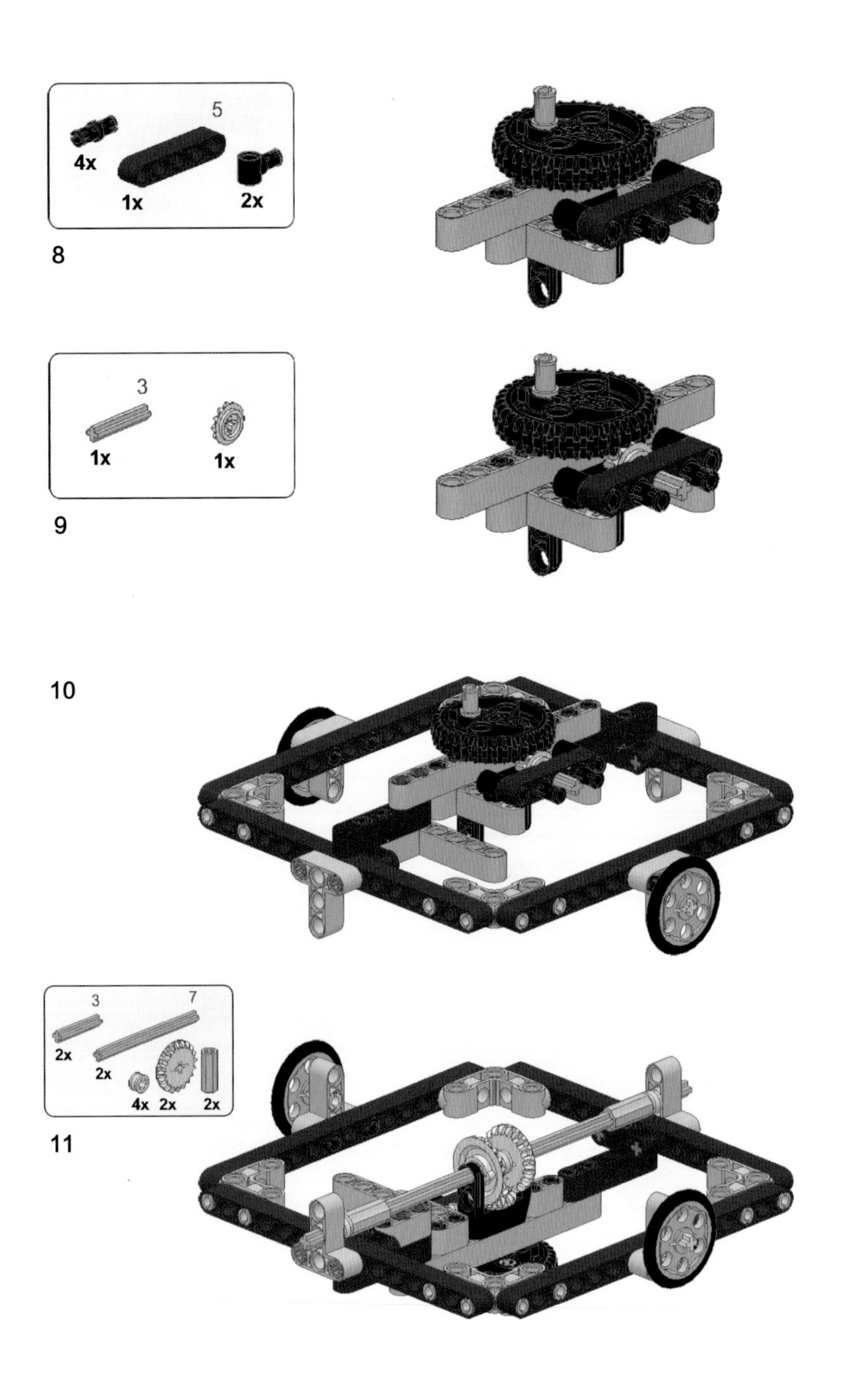
5
4x
1x
2x
8
3
1x
1x
9
10
3
7
2x
2x
4x
2x
2x
11

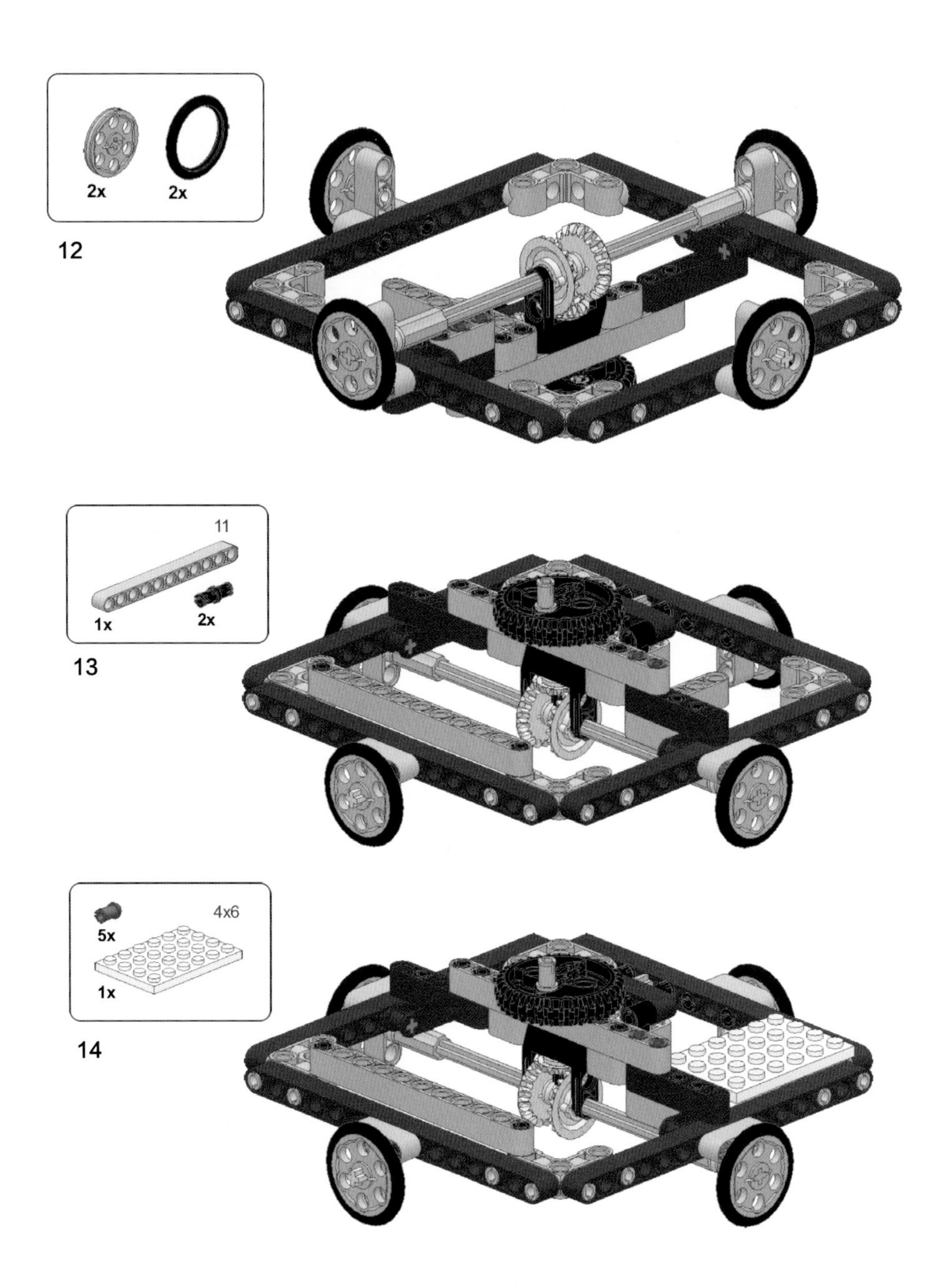
2x
2x
12
11
1x
2x
13
5x
4x6
1x
14

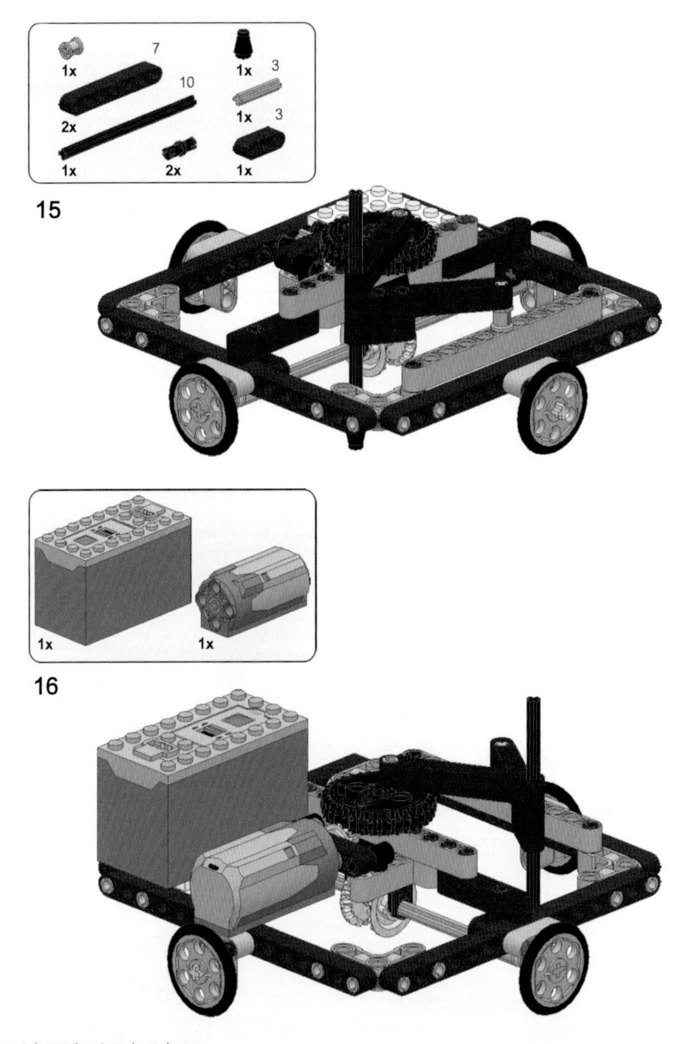

扫码观看花环绘图机视频演示：

7.1.4 零件指南

这个作品用到了一个非常有用的零件变速箱（87408）。其外形是一个正方形的三面框，尺寸为 3×3×1 单位，带有 5 个销孔和 2 个轴孔。上方的两个轴孔主要用于固定马达，如图 7-8 所示。

图 7-8 变速箱

变速箱的主要功能有两个，第一是改变传动角度，可以使两个传动轴之间做 90° 传动。在上方中心位置的轴孔和下方水平位置的两个轴孔中穿入轴，两根轴之间的夹角呈 90° ，如图 7-9 所示。

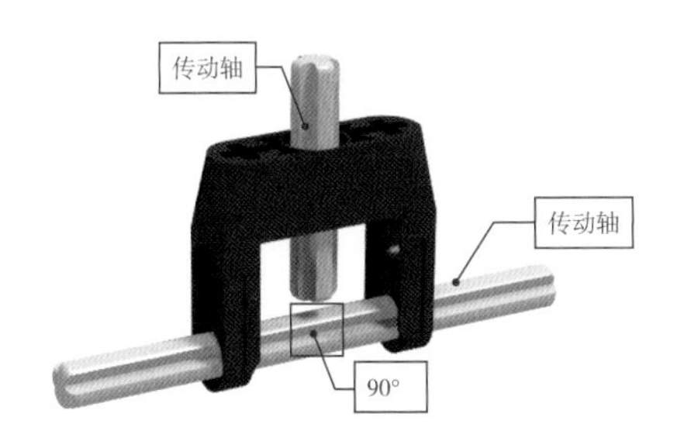

图 7-9 变速箱改变传动角度

变速箱的第二个主要功能是可以改变传动速度。变速箱可以使用的齿轮有三种，分别是 12T 锥形齿轮、20T 锥形齿轮和 12T 双面齿轮。如果使用两枚 12T 锥形齿轮或 12T 锥形齿轮 +12T 双面齿轮的组合，传动的转速不变。如果使用 12T 锥形齿轮 +20T 锥形齿轮啮合，就可以形成变速传动。通常使用 12T 锥形齿轮作为主动齿轮，如图 7-10 所示。

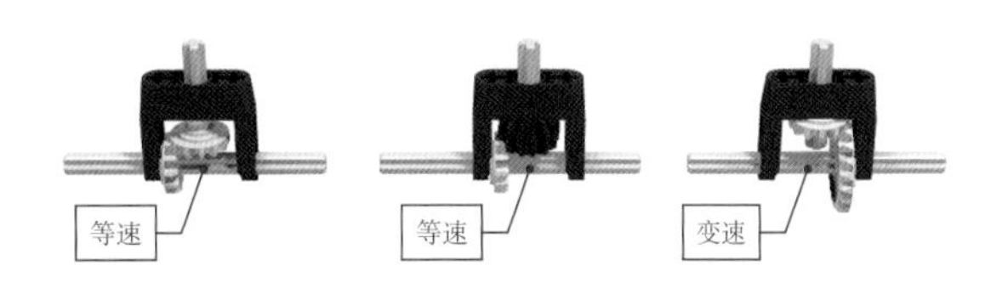

图 7-10 变速箱的三种齿轮组合

装配方面，变速箱与马达的安装只需要在上方的轴孔中安装两个轴销（通常为蓝色，编号为 3749），即可与各种规格的马达进行装配。

7.1.5 结构解析

这个作品的核心部分是位于中心位置的一套复合齿轮传动机构。

这套复合齿轮传动机构有两个功用，第一是产生两侧轮子的反向转动，使绘图机原地转动；第二是利用 36T 齿轮侧面的销孔形成一个曲柄运动，用于驱动绘图臂的摆动。

两侧轮子的反向转动是通过变速箱实现的，这款变速箱采用减速设计，由 12T 锥形齿轮带动两个 20T 锥形齿轮，形成两侧轴的反向转动，如图 7-11 所示。

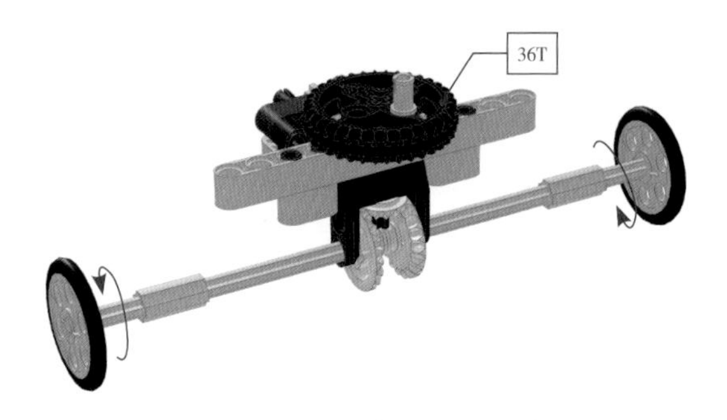

图 7-11　通过变速箱产生两侧车轮反转

36T 双面齿轮的动力来自于侧面与之相啮合的 12T 锥齿轮，12T 锥齿轮通过 3 号轴与马达连接，如图 7-12 所示。

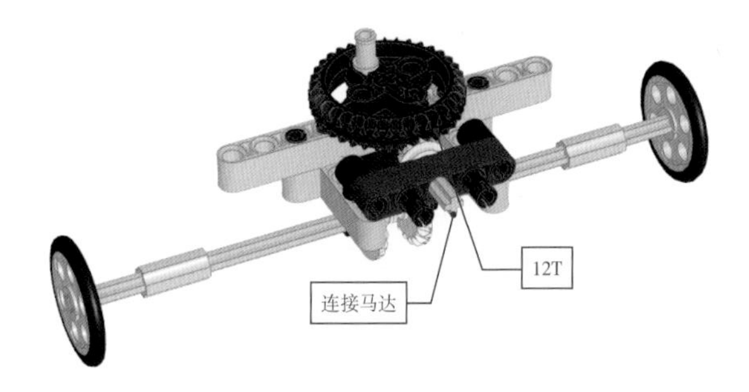

图 7-12　动力传输方式

7.2 两足机器人

7.2.1 作品概况

教育机器人中的两足机器人有一种类型是较为简单的不可变换重心的两足。机器人的脚掌通常设计成面积很大的 U 字形，两个脚掌交替摆动，机器人的重心始终投影在两个脚掌范围内。

图 7-13 是五十川先生设计的一款两足机器人，就属于此类。这类机器人“走路”的姿态并不自然，严格地说是在地面上扭动前进。

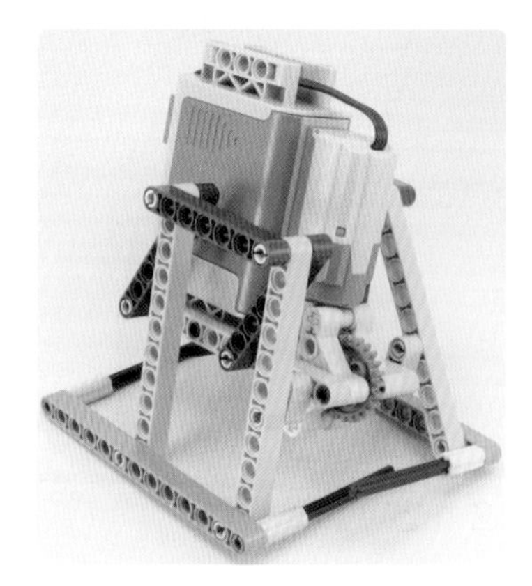

图 7-13　简单两足机器人（五十川芳人作品）

与 7.1 小节的作品不同，这个作品是一款可变换重心的两足机器人，可以单独行走。

乐高的多足机器人中，以仿人类行走方式的两足机器人设计难度最大。两足机器人的设计难点在于重心的变换和稳定性之间的矛盾。

两足机器人由框架、行走机构、传动机构、电池箱和马达等部分组成，如图 7-14 所示。

作品概况

零件数量：106

长度：11 单位

宽度：13 单位

高度：16 单位

动力：中马达

电源：7 号电池箱

图 7-14 可变换重心的两足机器人

7.2.2 动态效果

两足机器人有两个基本步态。当右脚掌踏在地面上的时候，机器人向右侧倾斜，其重心落在右脚掌上。此时，左脚掌是离开地面腾空的，同时向前进方向迈步，如图 7-15 所示。

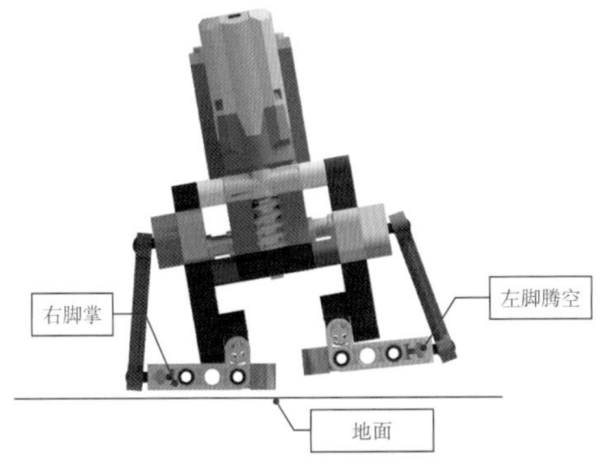

图 7-15 右脚落地状态

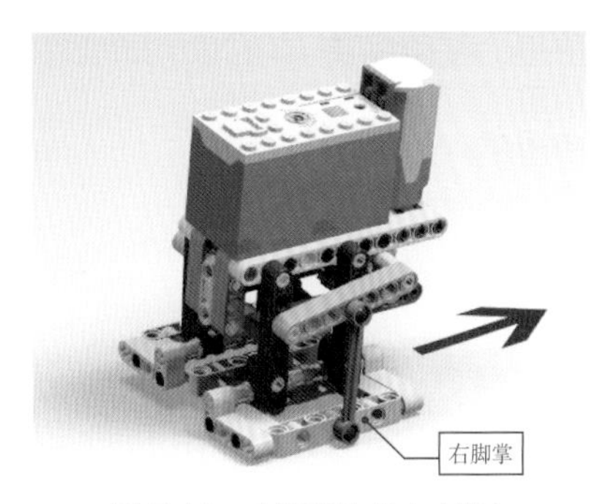

图 7-15 右脚落地状态（续）

当左脚落地时，机器人的重心落到左脚上，右脚腾空向前迈步。两个动作交替执行，机器人即可不断摇摆（改变重心）向前行走，如图 7-16 所示。

图 7-16 两足机器人摇摆前进

两足机器人的这种行走方式和人类的行走方式是完全一致的，只不过人类在行走的时候左右摇摆很不明显而已。

7.2.3 搭建指南

两足机器人零件表，如图 7-17 所示。

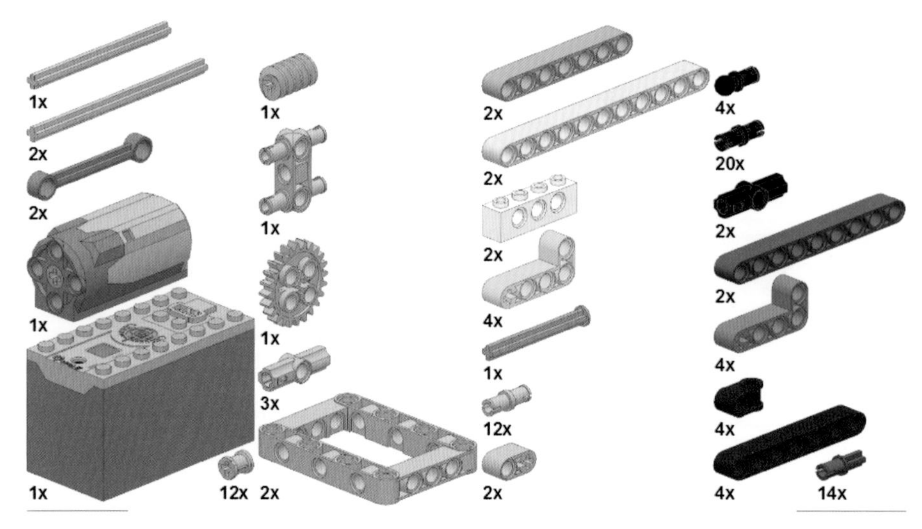

图 7-17 两足机器人零件表

两足机器人简要搭建步骤图：

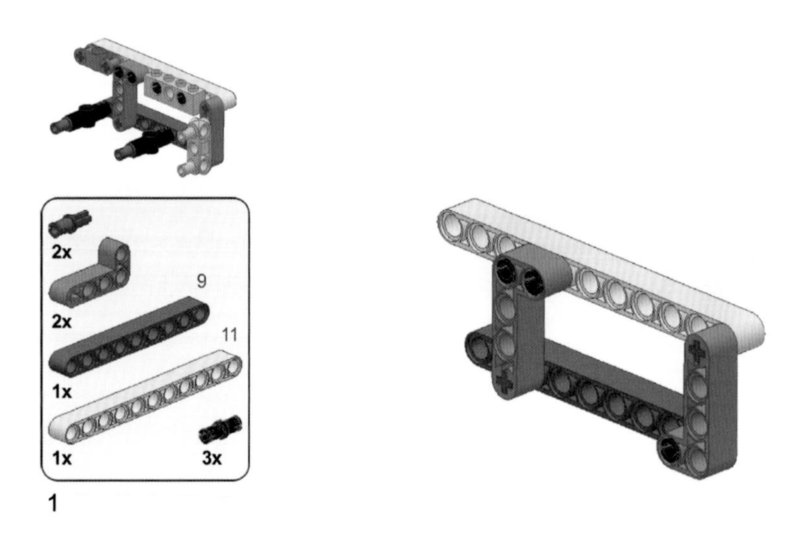

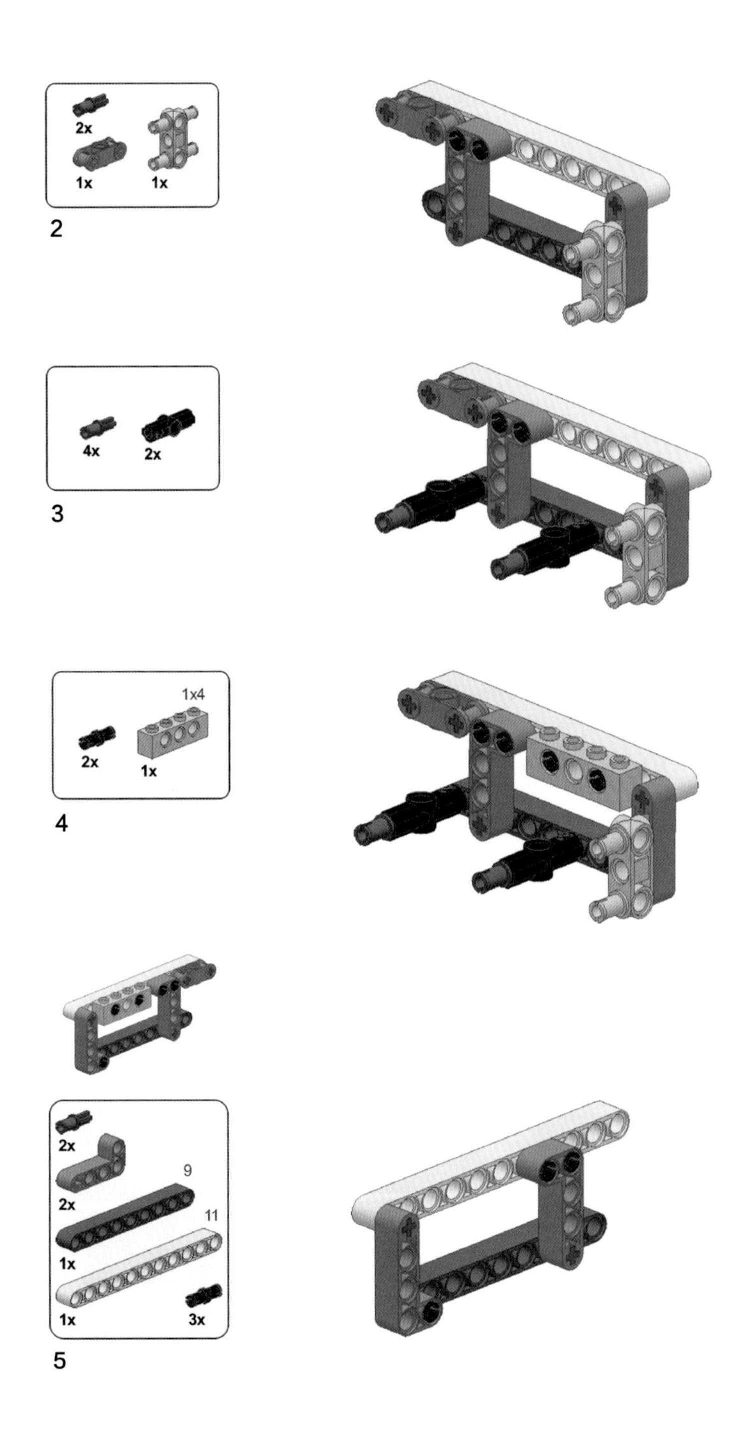
2x
1x
1x
2
4x
2x
3
1x4
2x
1x
4
2x
2x
9
1x
11
1x
3x
5

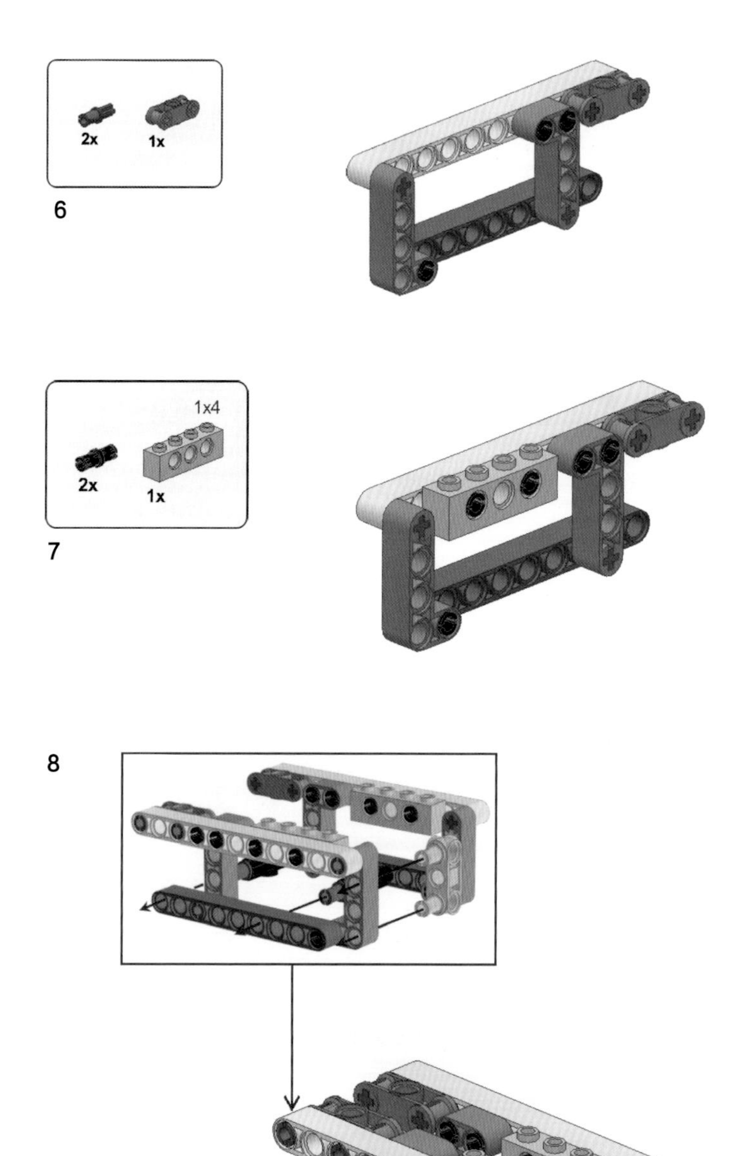
2x
1x
6
1x4
2x
1x
7
8

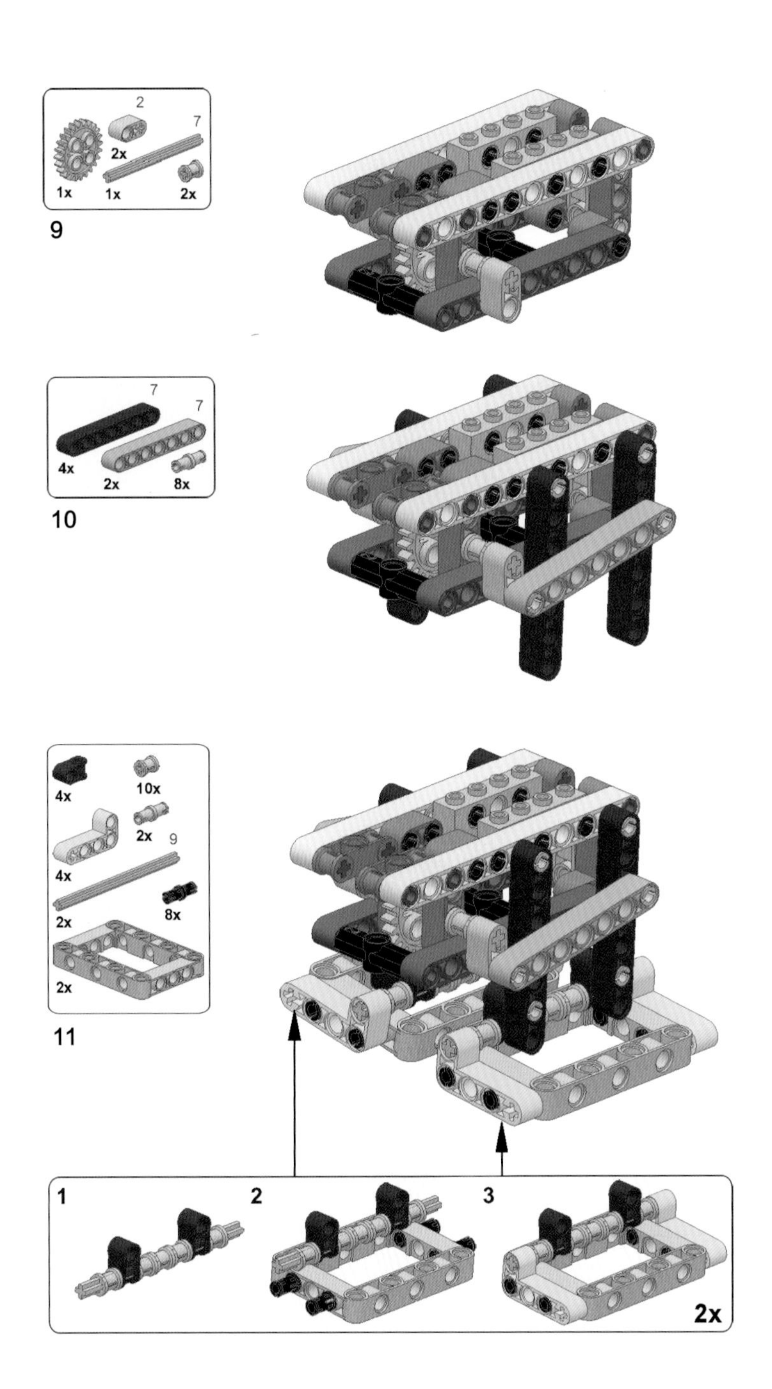
2
7
2x
1x
1x
2x
9
7
7
4x
2x
8x
10
4x
10x
2x
9
4x
8x
2x
2x
11
1
2
3
2x

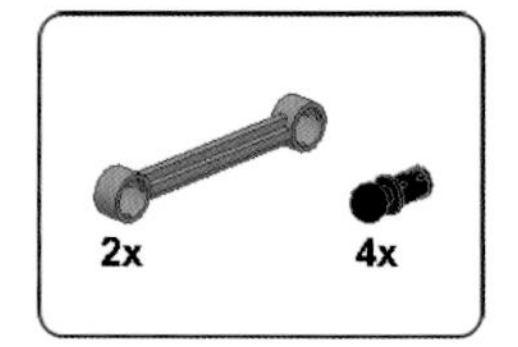

12

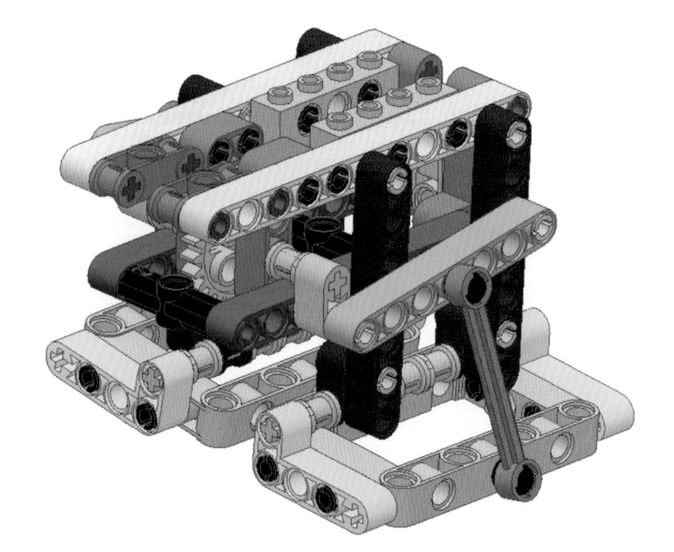

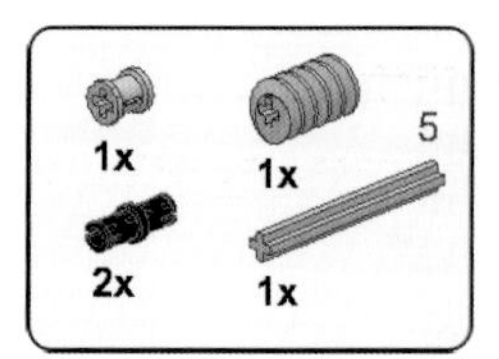

13

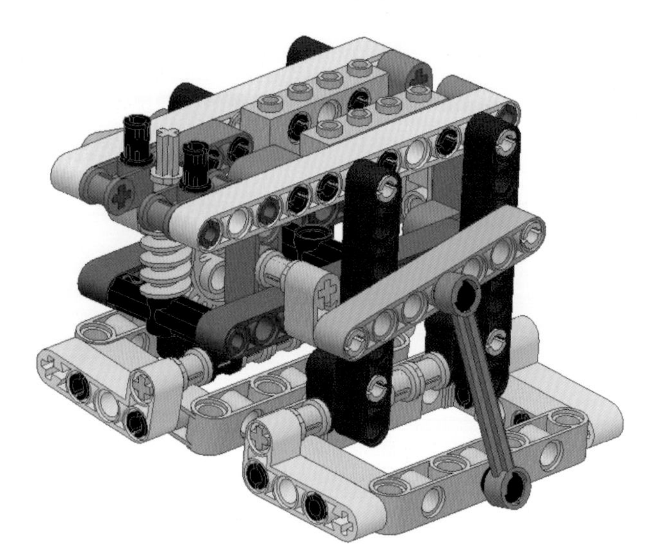

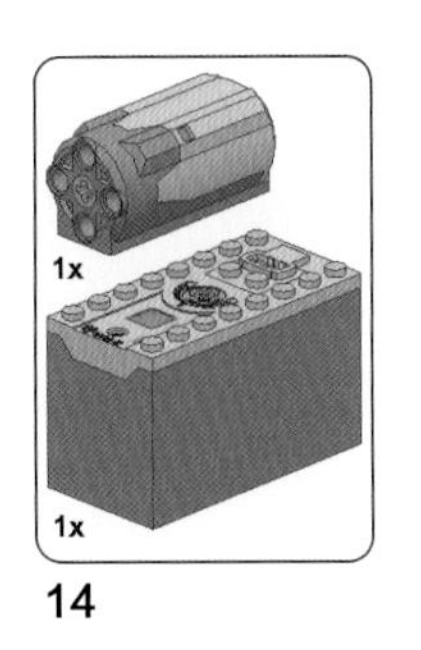

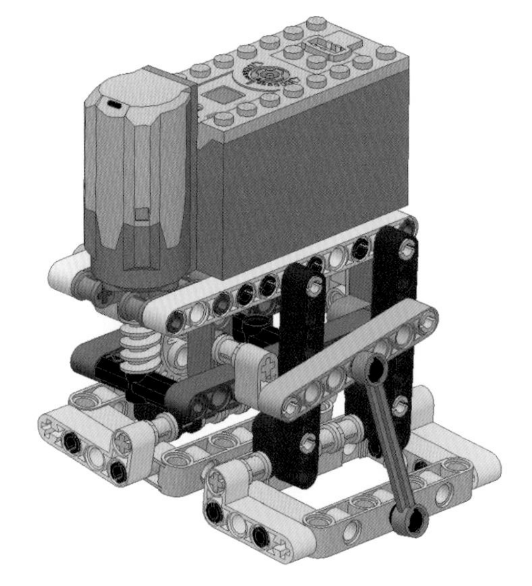

扫码观看两足机器人视频演示：

7.2.4 零件指南

两足机器人结构设计中，用于控制脚掌翻转的零件用到了连杆和球头，如图 7-18 所示。

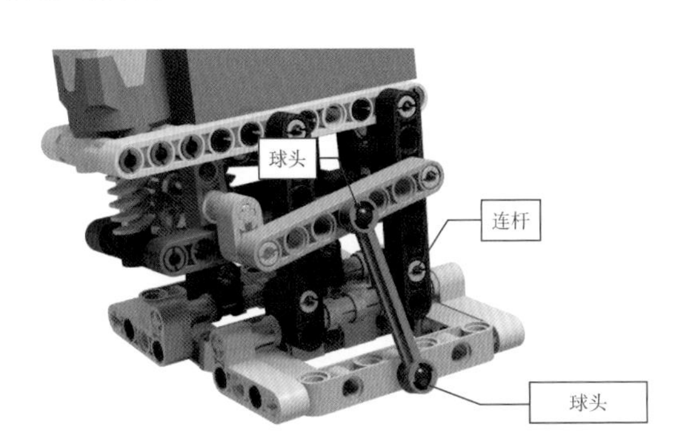

图 7-18 连杆和球头

连杆与球头配合，可以获得十分灵活的旋转自由度。如图 7-19 所示为 LDD 软件中的连杆旋转操纵器，可以看到 X/Y/Z 三个轴向都可以进行旋转，这种旋转的自由度在所有乐高零件中是最为灵活的。连杆和球头的组合往往用于需要灵活转动的结构上。

图 7-19 LDD 旋转操纵器

如图 7-20 所示的一款沙滩越野车，前后车架之间使用了多根连杆相连，使车身具有极强的灵活性和适应路面的能力。

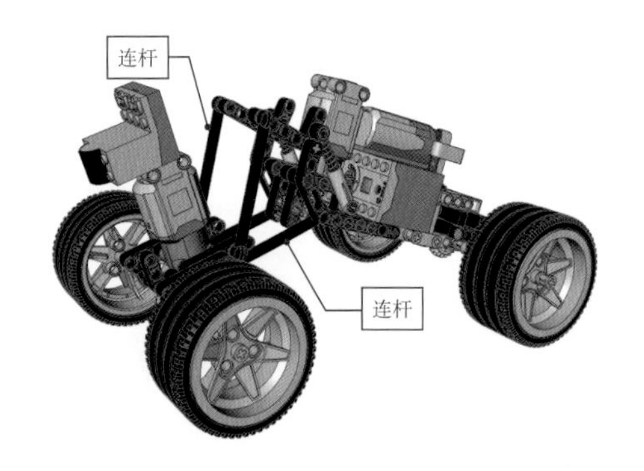

图 7-20　沙滩车上大量使用连杆

乐高零件中的连杆常用的有两款，分别是 6 单位长的 32005 和 9 单位长的 32293。球头也有带销（6628）和带十字轴（2736）两种版本，如图 7-21 所示。

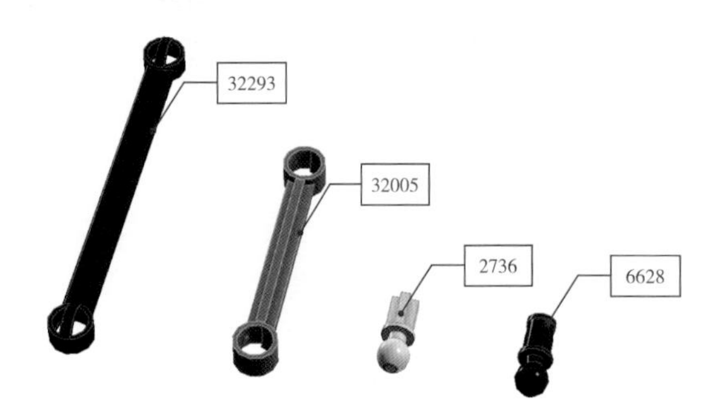

图 7-21　常用连杆和球头

7.2.5　结构解析

首先，两足机器人的腿部摆动是一个曲柄连杆 + 平行四边形机构形成的。平行四边形由 11 孔梁、7 孔梁等零件合围而成。

曲柄带动作为连杆的绿色 7 孔梁，再通过连杆与平行四边形机构相连，将曲柄的连续旋转转换为腿部的摆动，如图 7-22 所示。

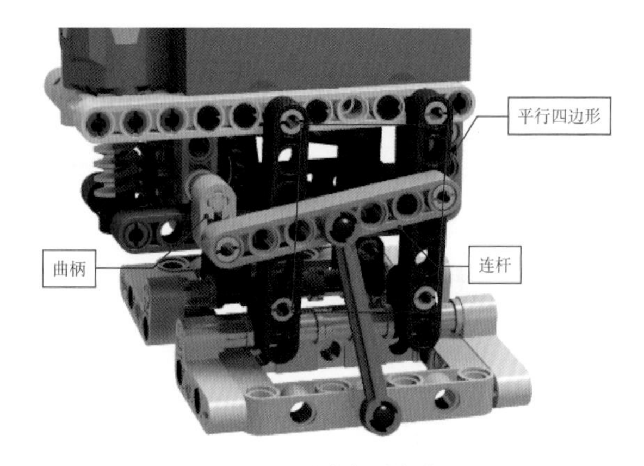

图 7-22　腿部摆动机构

脚掌的翻转机构，它是变换重心的关键所在。当图 7-23 中的绿色连杆随着曲柄运动时，其中心孔的位置也在做周期性的椭圆形摆动。

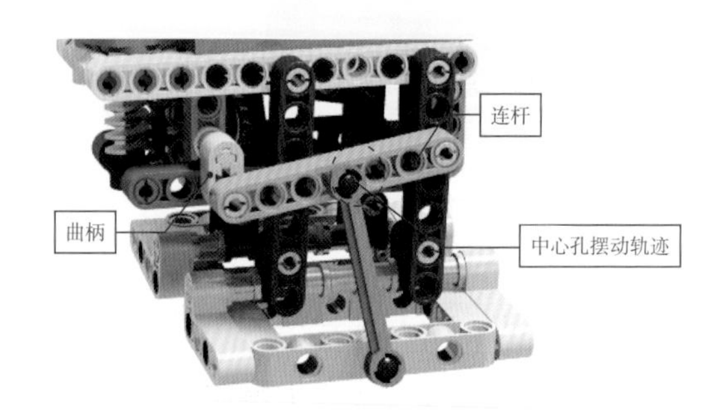

图 7-23　连杆中心孔摆动轨迹

利用中心孔的这个摆动高度变化，采用连杆和球头，将摆动转换为脚掌的角度翻转。两侧的脚掌相位恰好相反，如图 7-24 所示。图中左侧连杆中心孔位于最高点，机器人向左侧倾斜，重心落在左脚掌上，左脚掌此时踏在地面上。

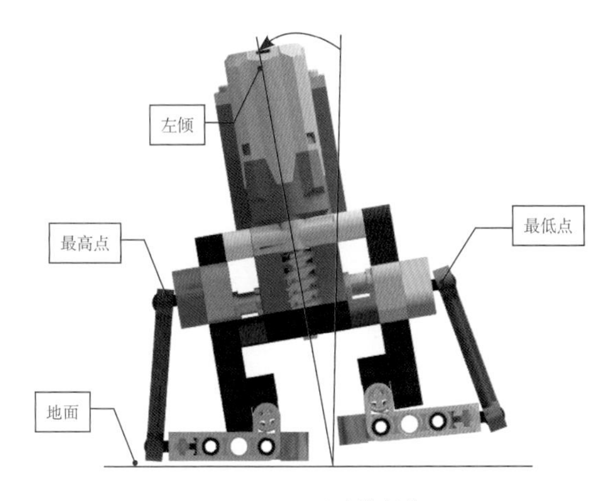

图 7-24 重心变换结构

机器人的两脚交替摆动，同时配合重心变换，即可形成不断变换重心前进的动态效果。

7.3 机器人推车

7.3.1 作品概况

一个两足机器人推着一个手推车艰难前行。这款两足机器人的腿部采用双连杆平行四边形机构更为形象，动态效果也更好。机器人推车的静态效果如图 7-25 所示。

图 7-25 机器人推车

这款作品有两个主要的组成部分——直立行走的两足机器人和手推车。手推车上安装的是电池箱，马达则直接安装在机器人身体上。为了获得大比例的减速，这款作品的减速采用涡轮蜗杆机构，如图 7-26 所示。

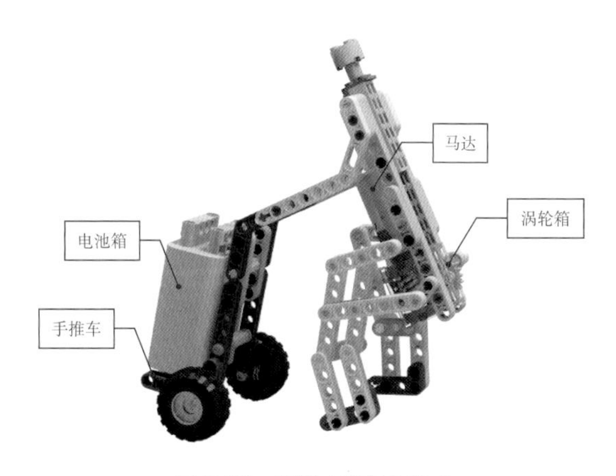

图 7-26 机器人推车的构成

作品概况

零件数量：126 个

长度：20 单位

宽度：14 单位

高度：25 单位

动力：中马达

电源：5 号电池箱

7.3.2 动态效果

这款作品的动态效果是机器人两腿交替摆动，向前行走，推车前进。

机器人的两条腿在两个基本步态之间循环一侧抬起、另一侧放下，如图 7-27 所示。

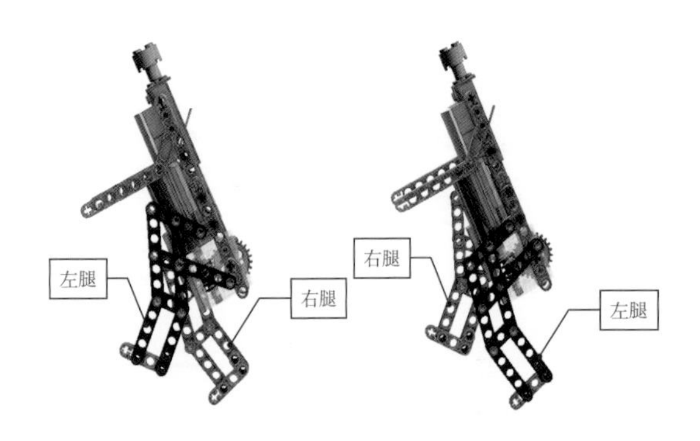

图 7-27 基本步态

手推车与机器人的连接是固定方式的，不可转动。这样可以保证手推车和机器人之间形成一个稳定的三角形结构。手推车只能在机器人推动下前进，自身是没有动力的，如图 7-28 所示。

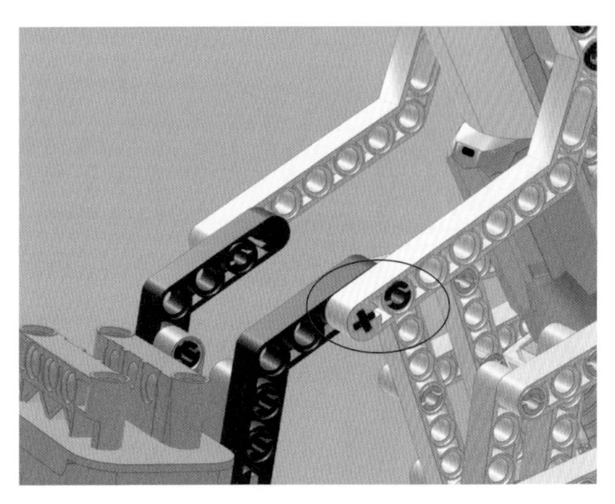

图 7-28 手推车与手臂的连接

7.3.3 搭建指南

机器人推车零件表，如图 7-29 所示。

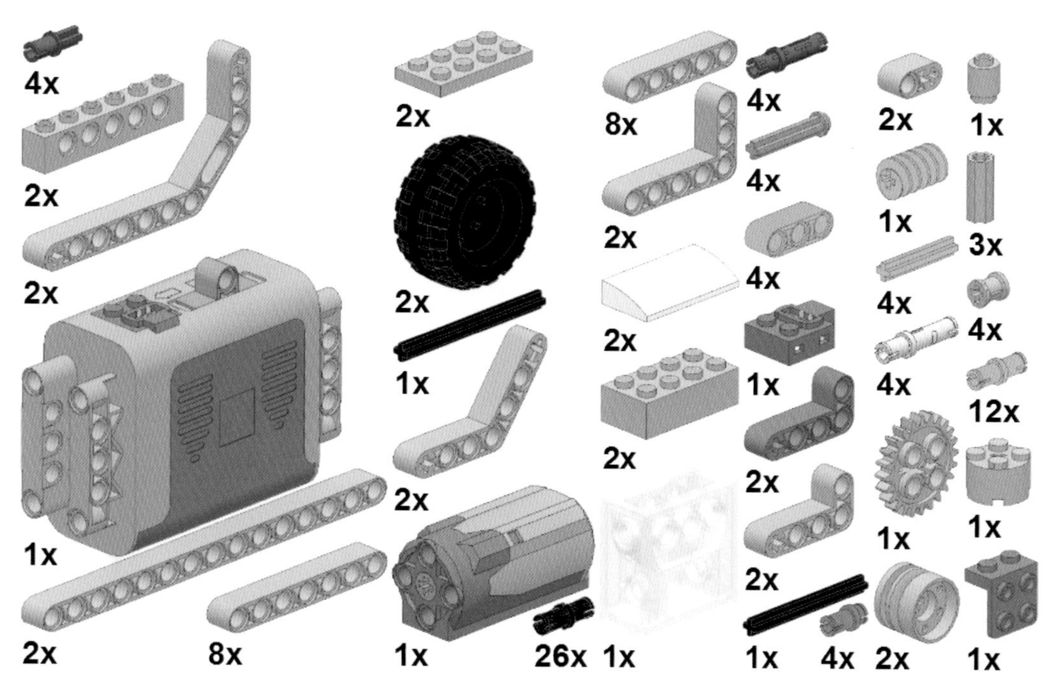

图 7-29　机器人推车零件表

这个作品的电池箱采用的是 58119 五号电池箱。这个电池箱是作为“货物”安装到手推车上的，如图 7-30 所示。

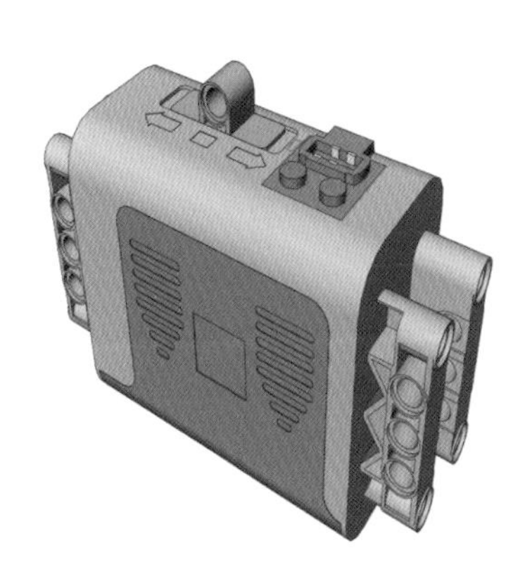

图 7-30　5 号电池箱

5 号电池箱在这个作品中既起到替代货物的作用，同时还有配重的作用。因为这款电池箱需要安装 6 节 AA 电池，质量较大（使用 6 枚碱性电池质量达到 210g 左右），可以压住手推车，防止机器人推动车子的时候发生倾斜。因此，这里采用这款电池箱是不二之选。

机器人推车简要搭建步骤图：

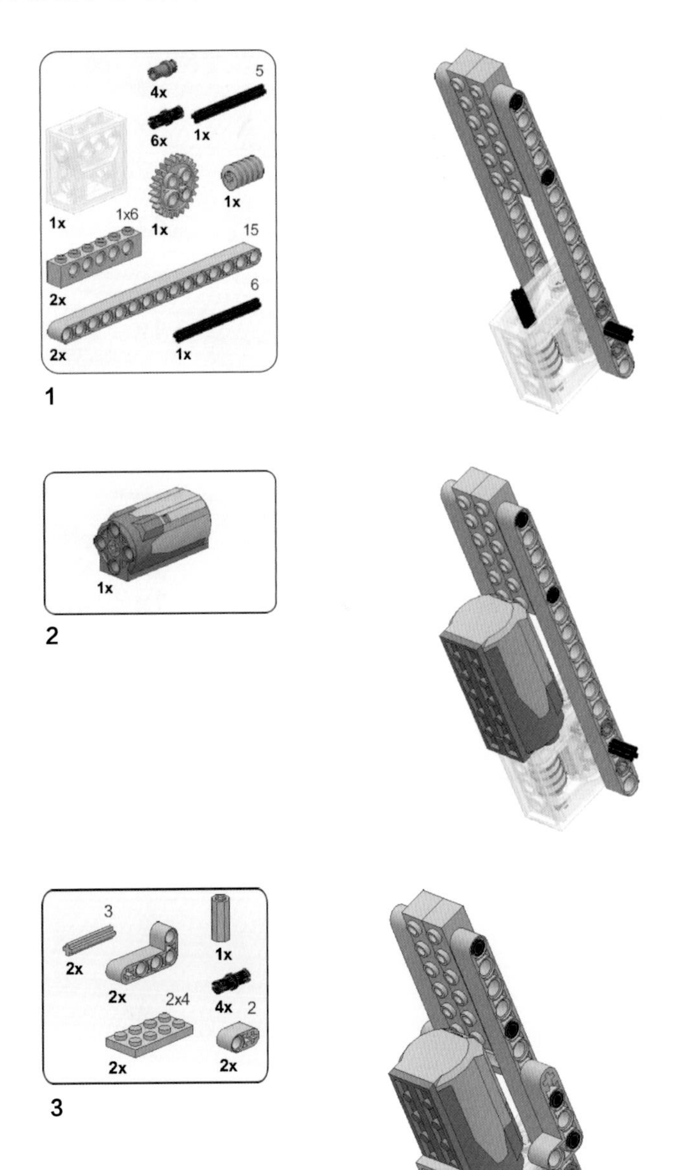

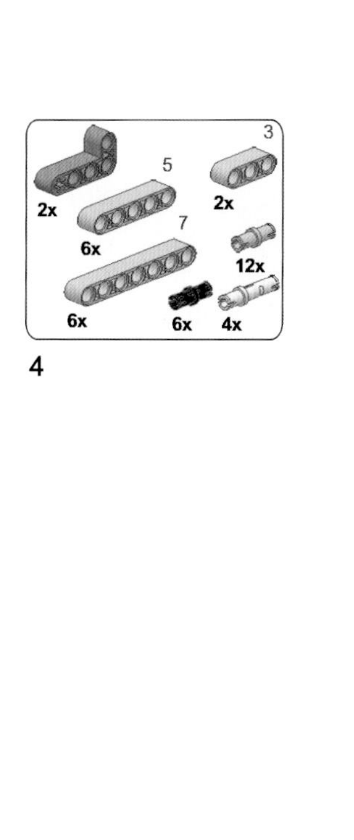

4

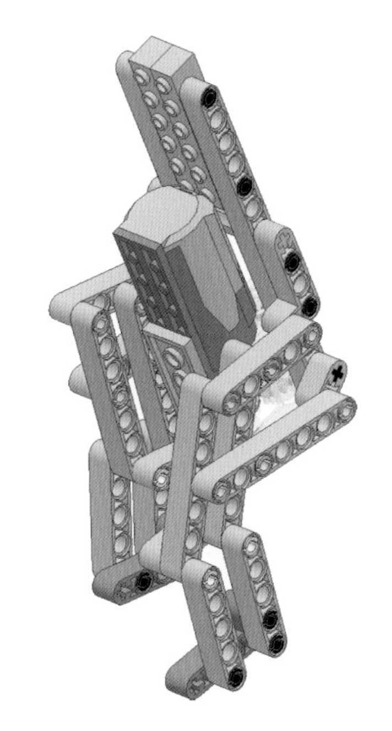

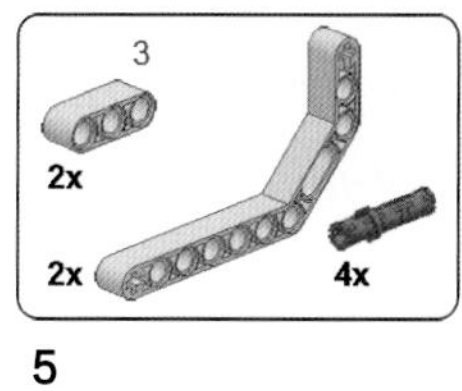

5

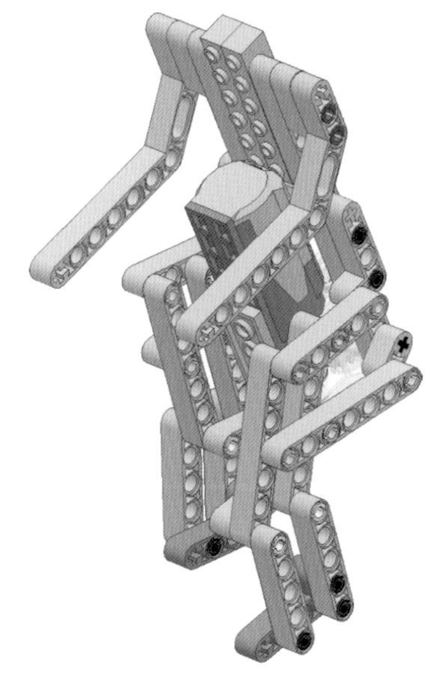

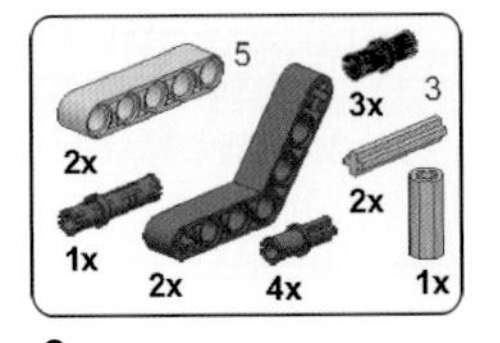

6

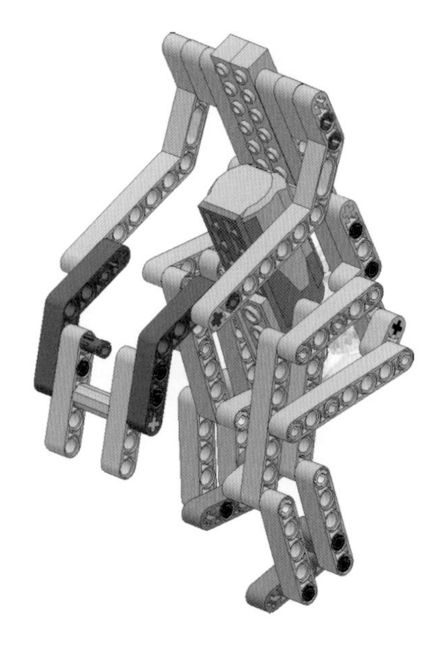

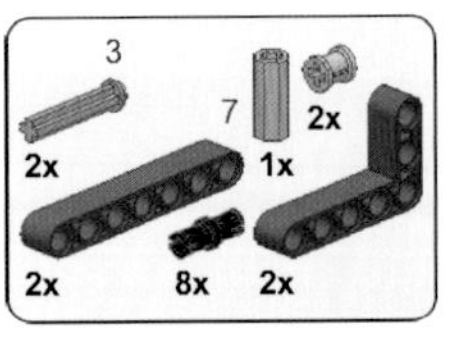

7

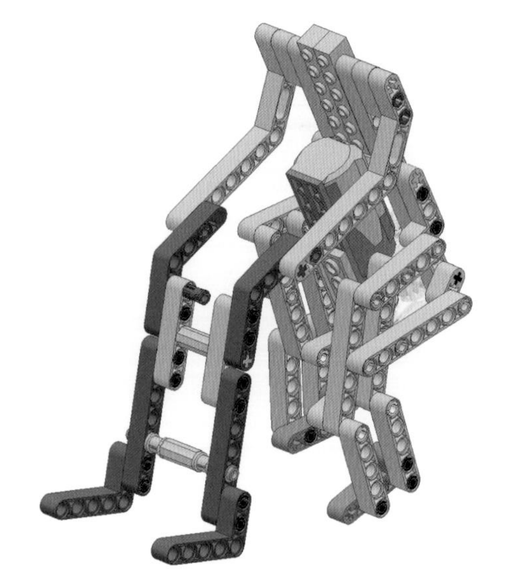

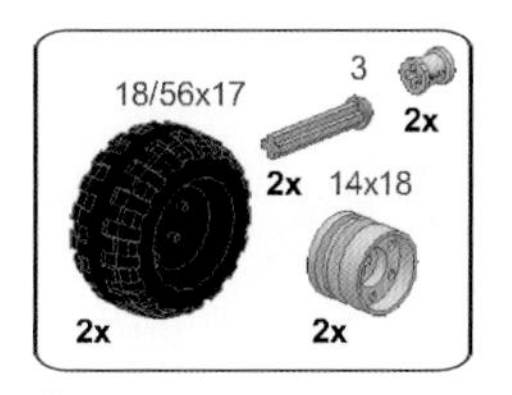

8

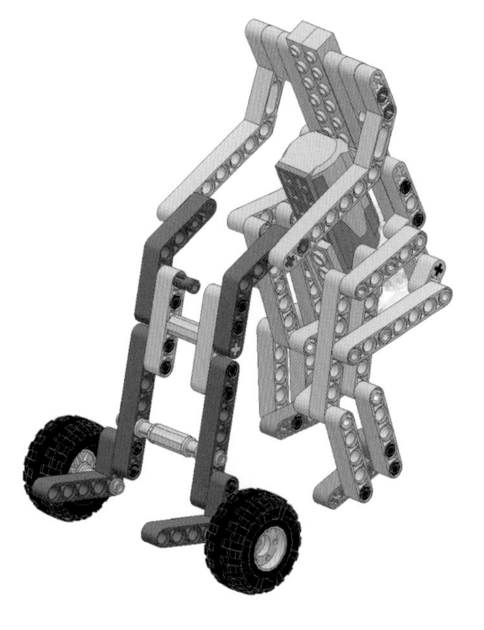

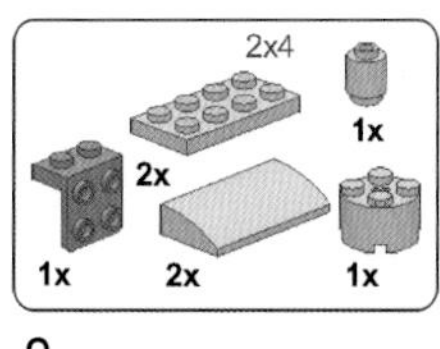

9

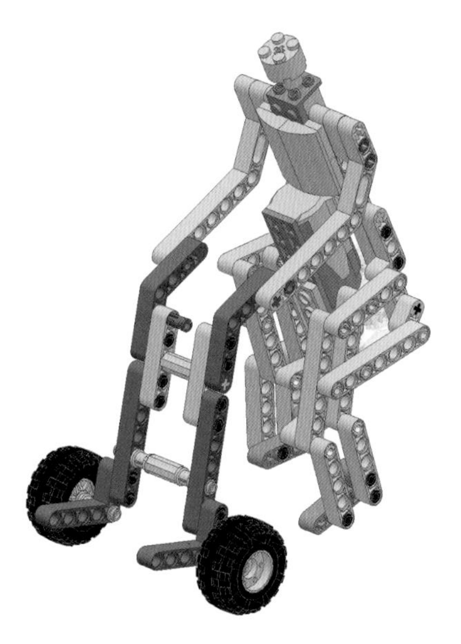

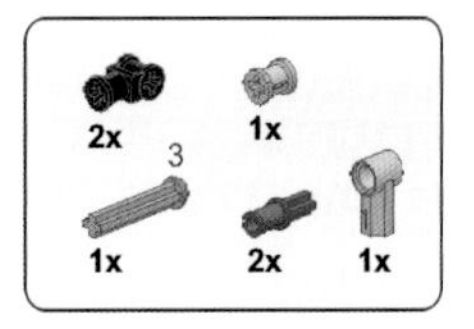

10

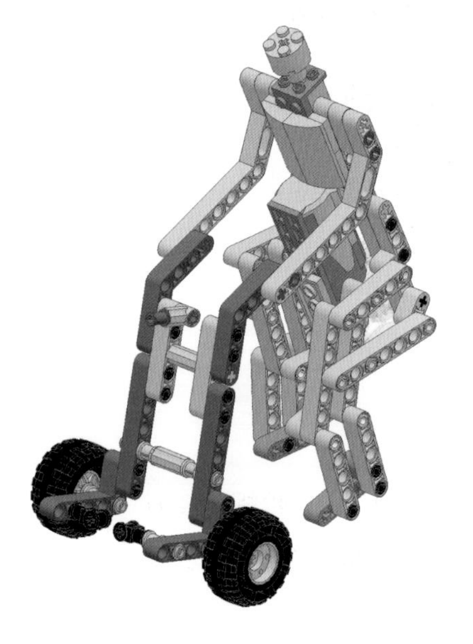

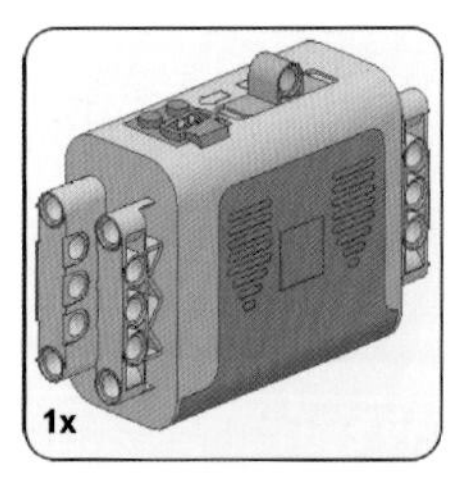

11

扫码观看机器人推车视频演示:

7.3.4 零件指南

涡轮箱

这款机器人的减速采用了涡轮蜗杆传动机构。涡轮蜗杆传动具有减速比例大、自锁等特点，在机械传动中应用广泛。

比较常见的蜗杆可以与 8T、12T、24T 和 40T 齿轮形成涡轮蜗杆系统。蜗杆是主动元件，齿轮从动，如图 7-31 所示。

图 7-31 三种常见的涡轮蜗杆组合

涡轮蜗杆系统比较常见的装配方式是采用三角梁（编号 2905）、2 号轴和两孔交叉块（编号 6536）的组合，如图 7-32 所示。

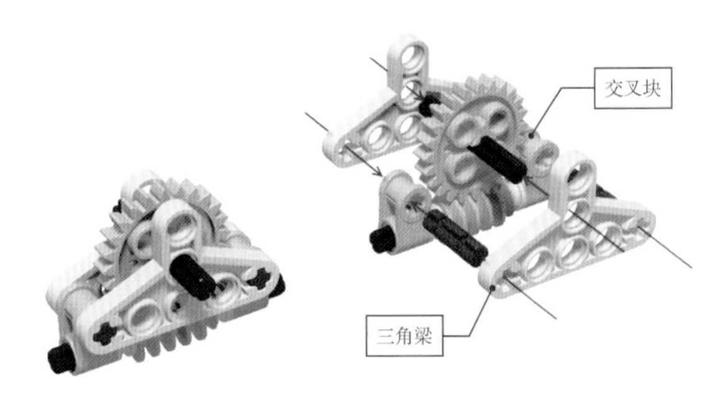

图 7-32 涡轮蜗杆系统常用搭建方法

但是上图中的搭建方法体积较大，而且不够坚固。涡轮箱（乐高编号 6588）在这里也是个很不错的选择。

乐高中的涡轮箱通常为无色透明材质。涡轮箱的三维尺寸为 4×4×2 乐高单位，较为小巧，也十分坚固。只能容纳 24T 齿轮与蜗杆相啮合，如图 7-33 所示。

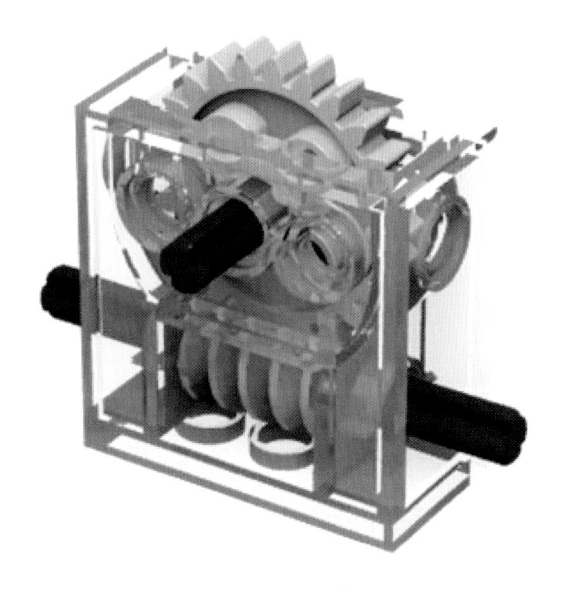

图 7-33 涡轮箱

涡轮箱通常用中马达提供动力，涡轮箱的安装需要使用薄板，与中马达底部的凸点相结合，安装方法如图 7-34 所示。

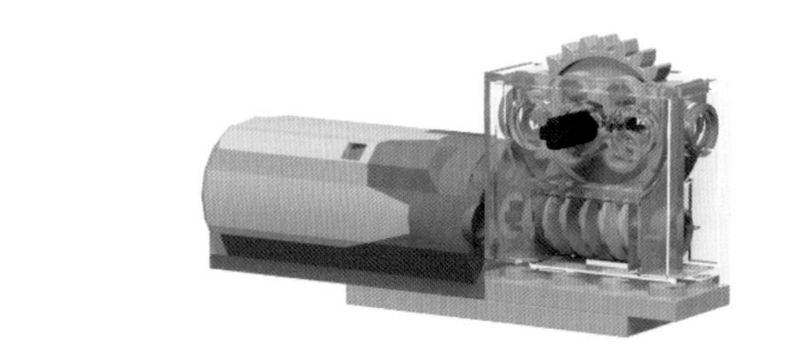

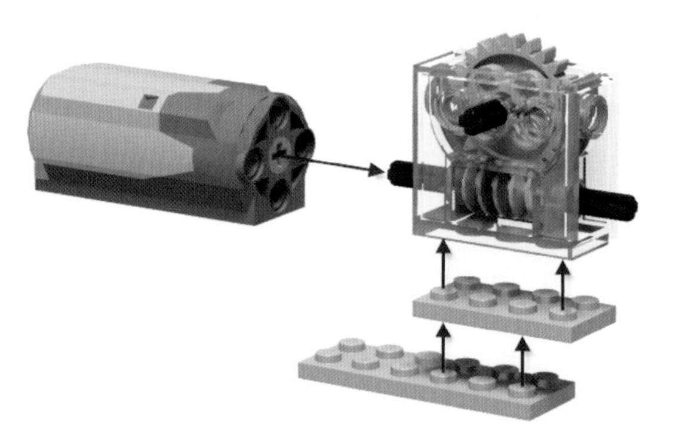

图 7-34　马达与涡轮箱的安装

7.3.5　结构解析

机器人推车，机器人腿部采用的是一套涡轮蜗杆机构驱动的增强版曲柄连杆机构。

机器人的腿部包括曲柄、连杆（7 孔梁）、副连杆（5 孔梁）、大腿（7 孔梁 ×2）、小腿（5 孔梁 ×2）等部件组成，如图 7-35 所示。

图 7-35　机器人腿部结构

运行时，曲柄顺时针转动，推动连杆系统运动，机器人的腿部就如同人类的腿一样进行蹬踏运动。两侧的腿运动相位相差 180°，由此形成不断推车向前的动态效果。如图 7-36 所示是机器人右腿运动的四个相位。

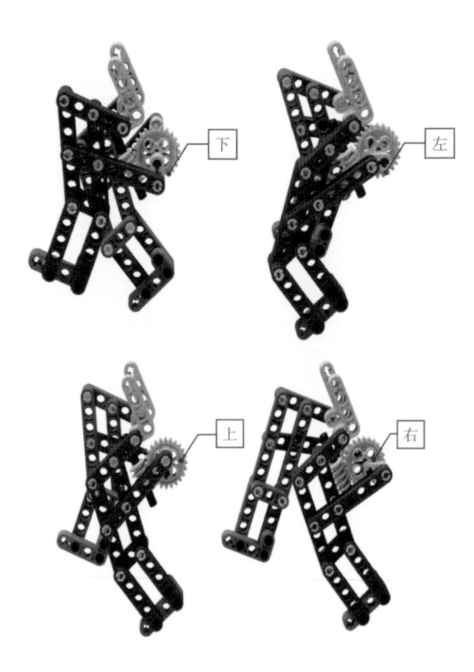

图 7-36　曲柄的四个位置

7.4 跑步机器人

7.4.1 作品概况

跑步机器人属于乐高分类中的“活动雕塑”类作品。活动雕塑处于静态的时候是一个好看的摆设，通过手摇或电动方式运动起来，往往具有炫酷的动态效果。它是乐高中一个独特的门类。

跑步机器人包括底座、支架和跑步者几个组成部分。

静态外观是一个运动员在绿色草地上的奔跑姿态。运动员穿着黑色短裤，白色T恤衫，白色袜子和黑色运动鞋，如图 7-37 所示。

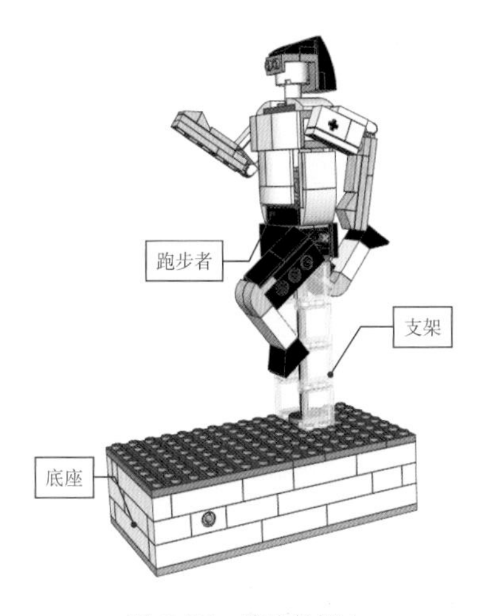

图 7-37 跑步机器人

作品概况

零件数量：222

长度：16 单位

宽度：8 单位

高度：27 单位

动力：马达或手摇

电源：5 号或 7 号电池箱

7.4.2 动态效果

这个作品采用手摇或马达驱动。动力输入位于跑步者右侧底座上，底座侧面有一个红色的手柄，如图 7-38 所示。

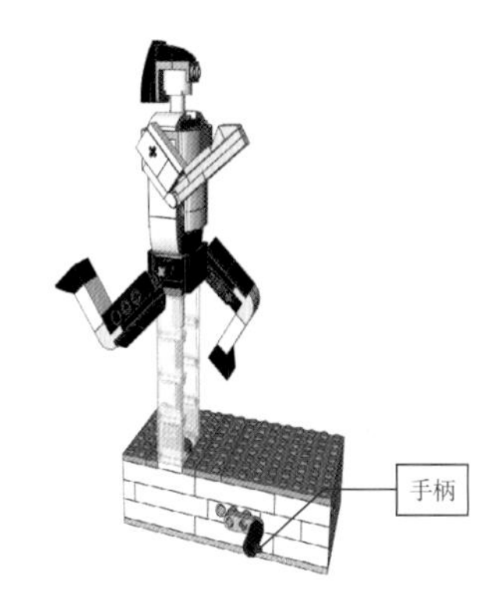

图 7-38 红色手柄

顺时针或逆时针摇动手柄，跑步者就会奔跑起来。跑步者奔跑的速度与手柄摇动的速度有关，摇动得越快，跑得越快。

跑步者的四肢在两种步态中循环，如图 7-39 所示。

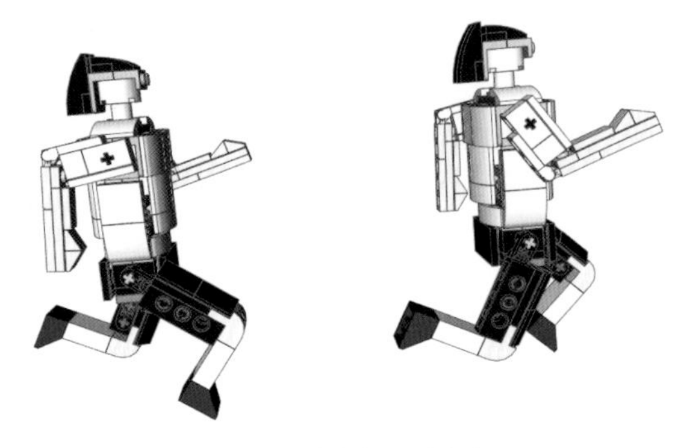

图 7-39　跑步者的两种步态

7.4.3　搭建指南

这款跑步机器人零件达到 222 个，较为复杂。因此，搭建可以分为两个部分——身体和底座。两个部分单独搭建，完成再组装到一起即可。

首先请看奔跑者的零件表，共使用 141 个零件，如图 7-40 所示。

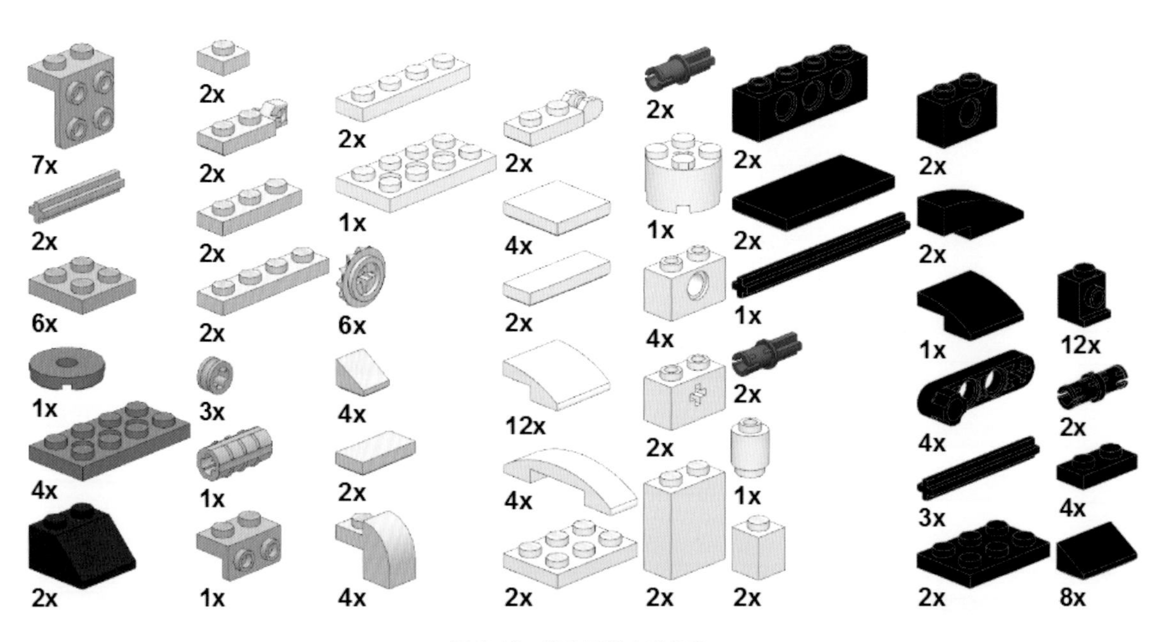

图 7-40　跑步机器人零件表

跑步机器人零件种类较多，除了科技类常用的齿轮、轴、带孔砖，还出现了带孔板、斜坡砖、弧面砖、直角托架、铰链类零件，而且颜色方面也有要求。

身体部分简要搭建图：

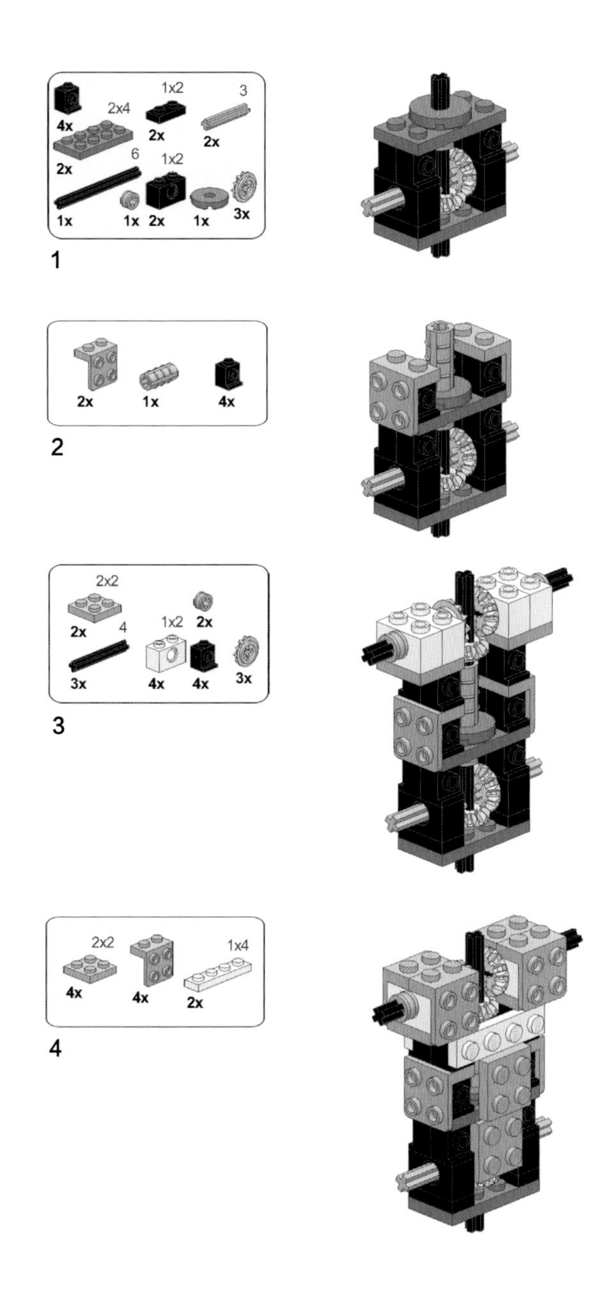
4x
2x4
1x2
3
2x
2x
2x
6
1x2
1x
1x
2x
1x
3x
1
2x
1x
4x
2
2x2
1x2
2x
2x
4
3x
4x
4x
3x
3
2x2
1x4
4x
4x
2x
4

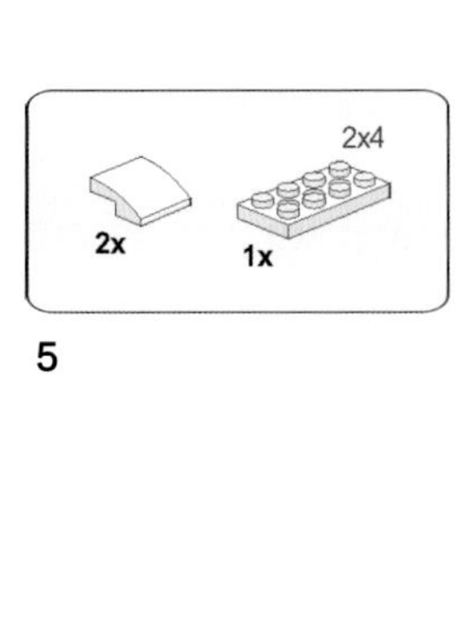

5

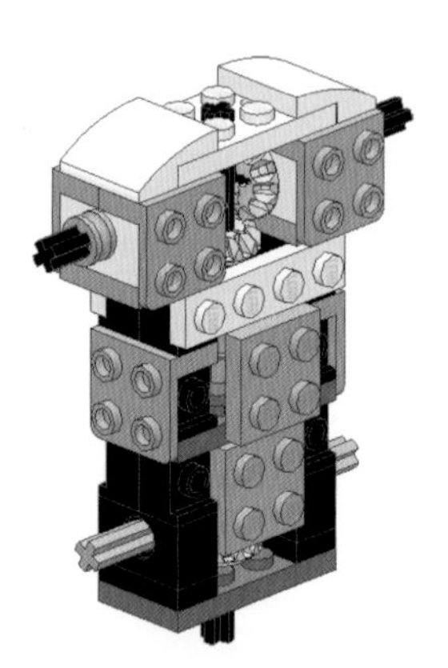

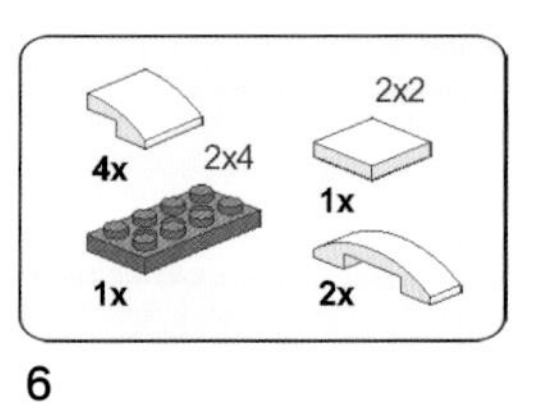

6

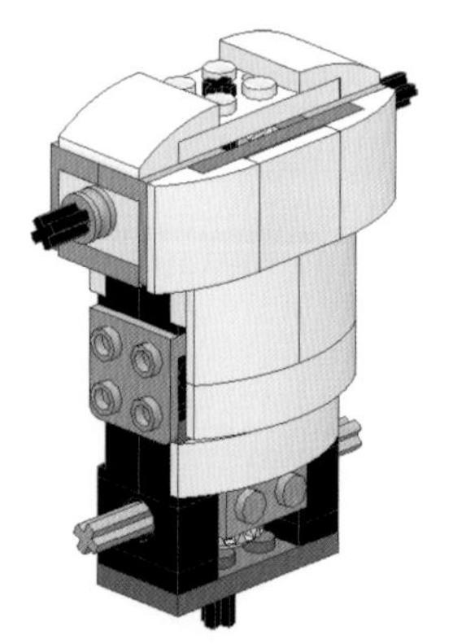

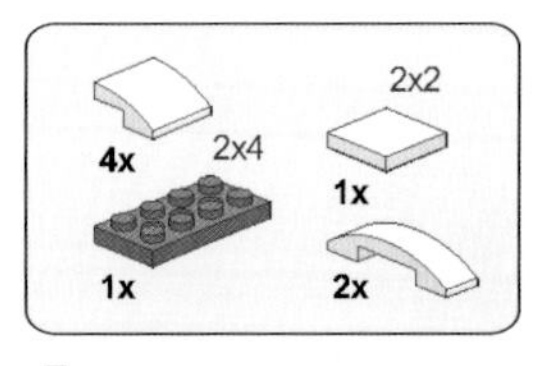

7

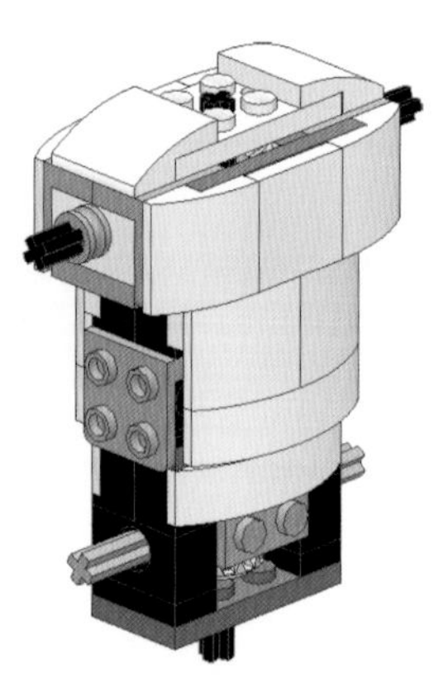

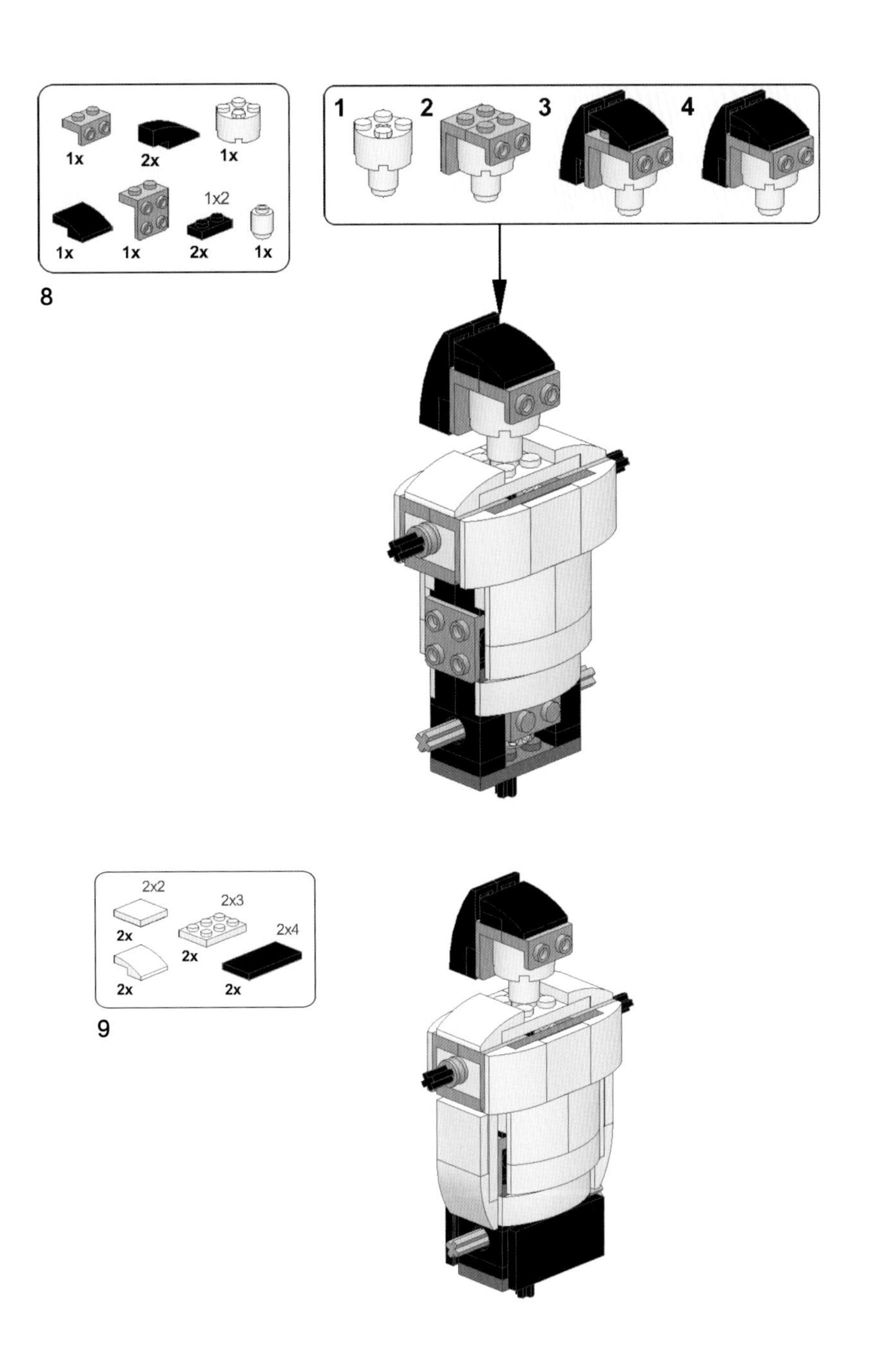
1x
2x
1x
1x
1x
1x2
2x
1x
8
1
2
3
4
2x2
2x
2x3
2x
2x4
2x
2x
9

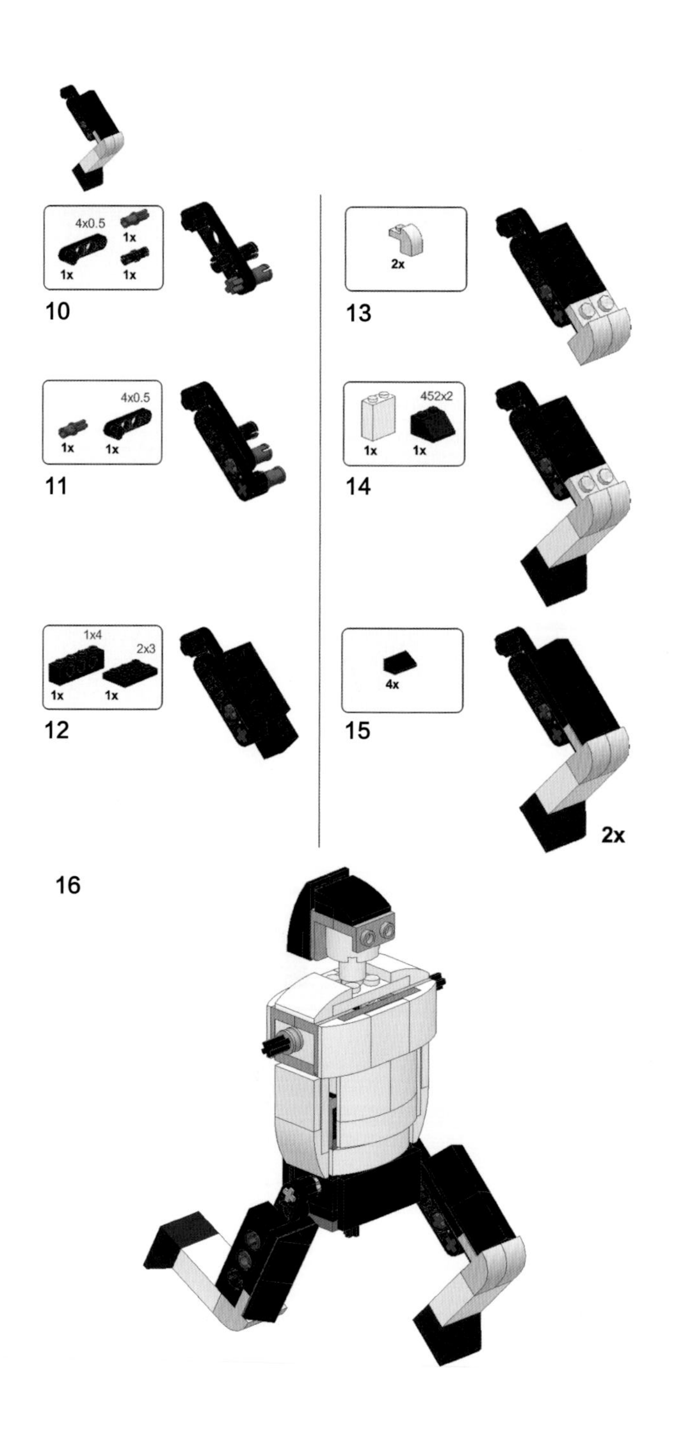
4x0.5
1x
1x
1x
10
1x
4x0.5
1x
1x
11
1x4
2x3
1x
1x
12
2x
13
452x2
1x
1x
14
4x
15
2x
16

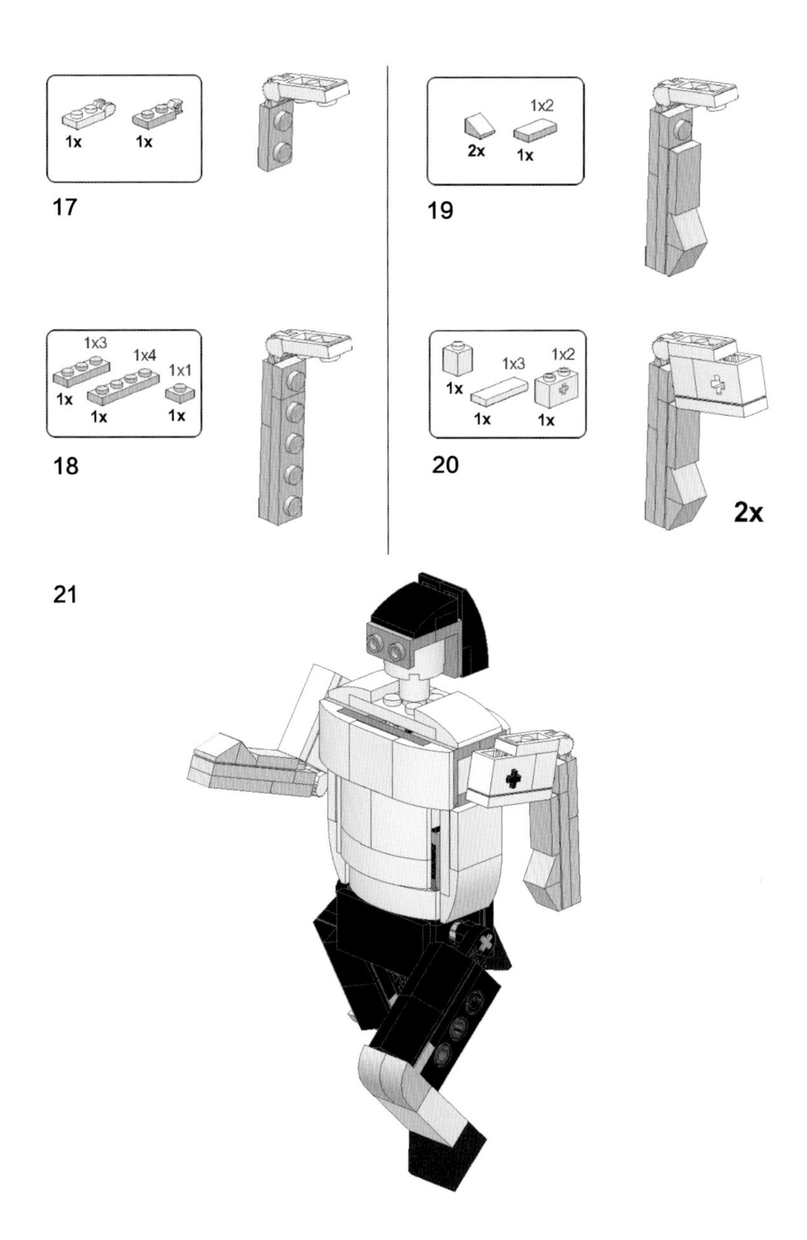

底座部分共有 84 个零件，零件表如图 7-41 所示。

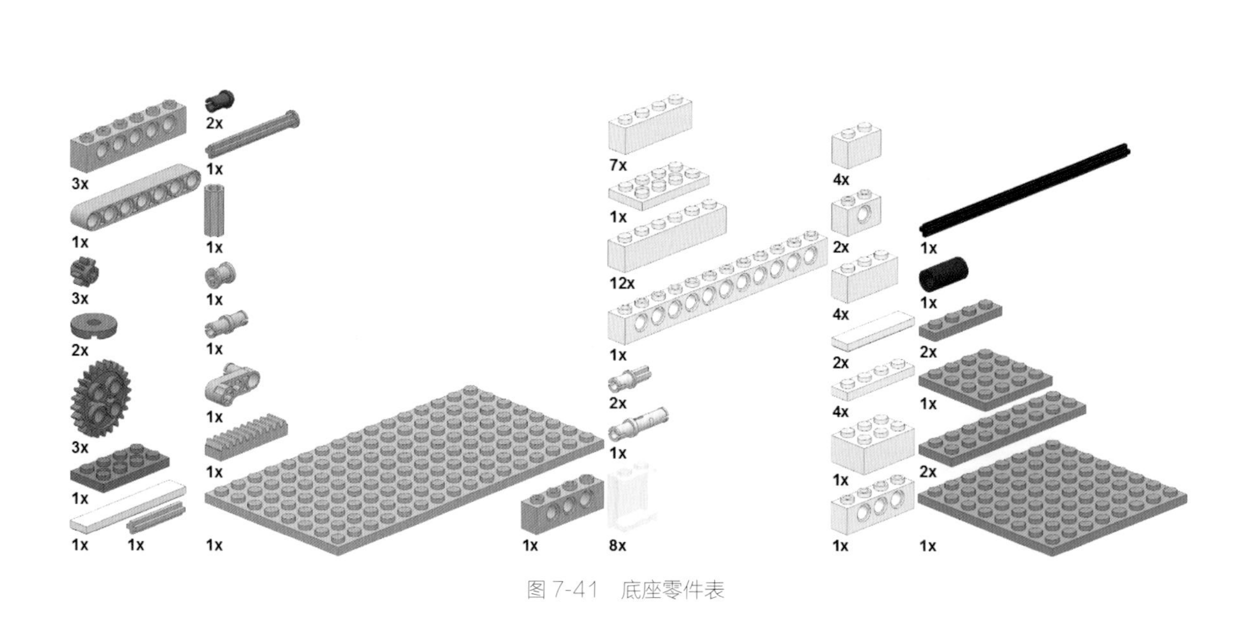

图 7-41　底座零件表

底座不仅仅是一个支撑和装饰，其内部还有一套曲柄连杆、滑块和齿轮齿条机构。

底座部分简要搭建步骤图:

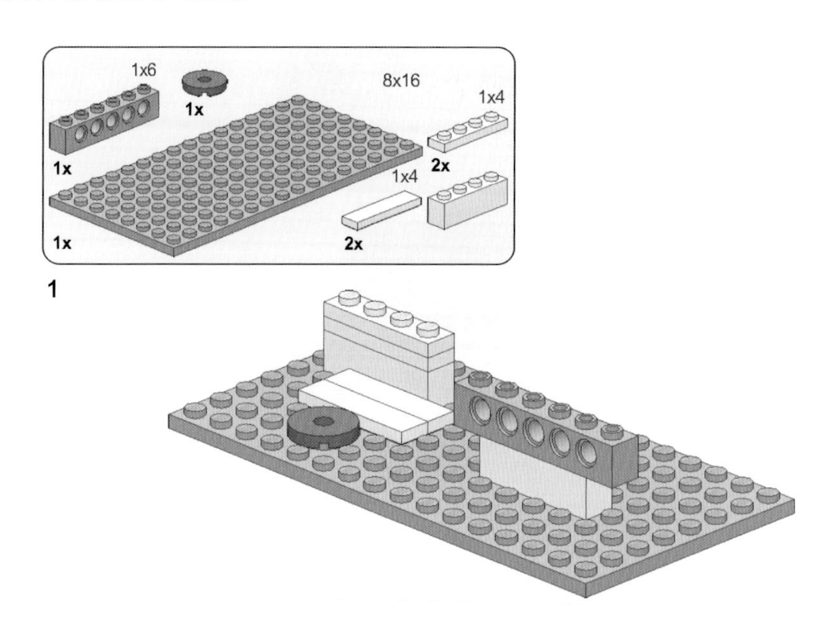

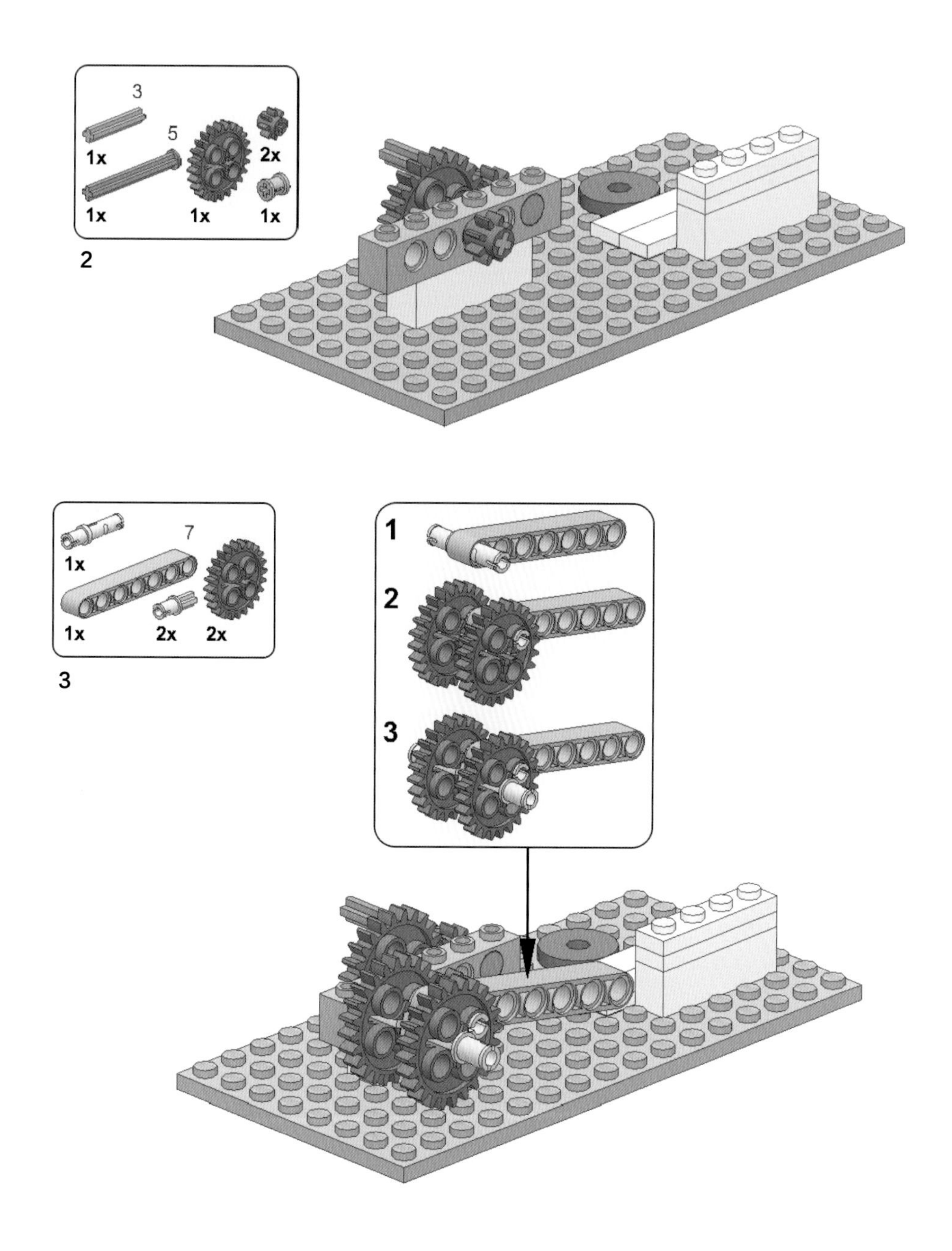
3
5
1x
2x
1x
1x
1x
2
1x
7
1x
2x
2x
3
1
2
3

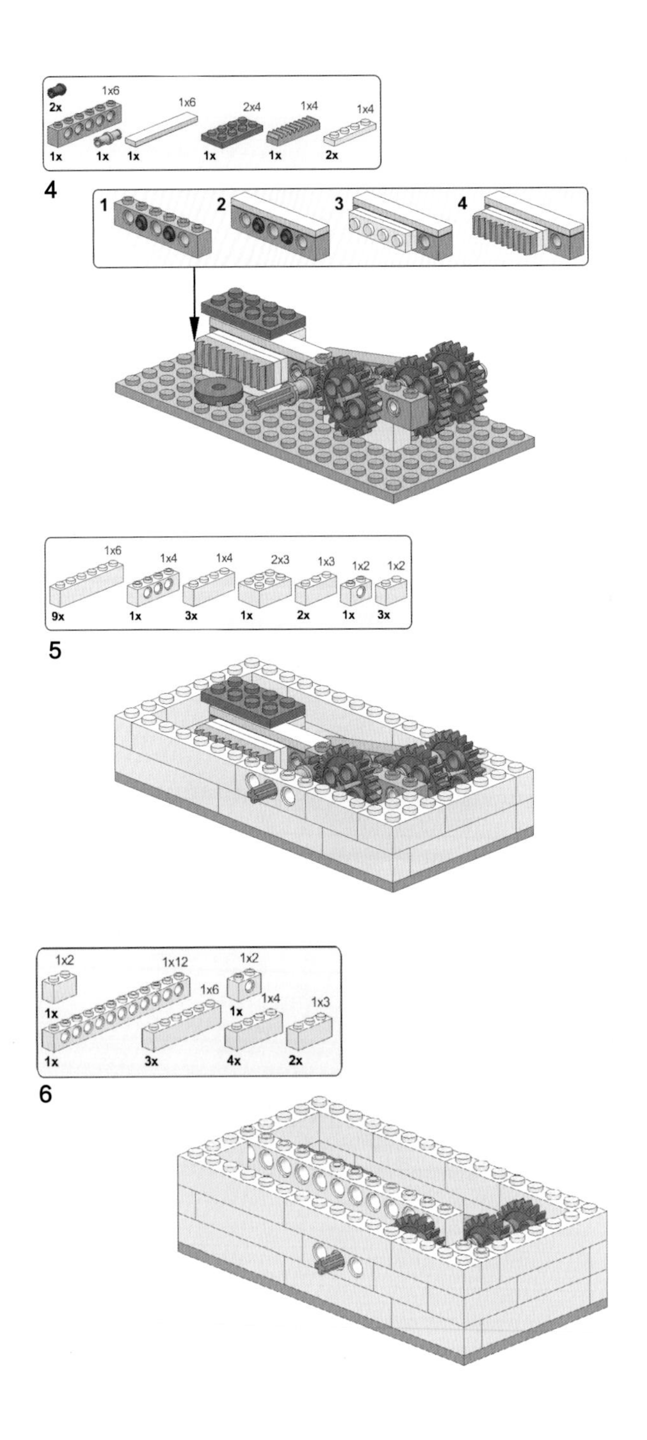
2x
1x6
1x
1x
1x6
1x
2x4
1x
1x4
1x
1x4
2x
4
1
2
3
4
1x6
9x
1x4
1x
1x4
3x
2x3
1x
1x3
2x
1x2
1x
1x2
3x
5
1x2
1x
1x12
1x
1x6
3x
1x2
1x
1x4
4x
1x3
2x
6

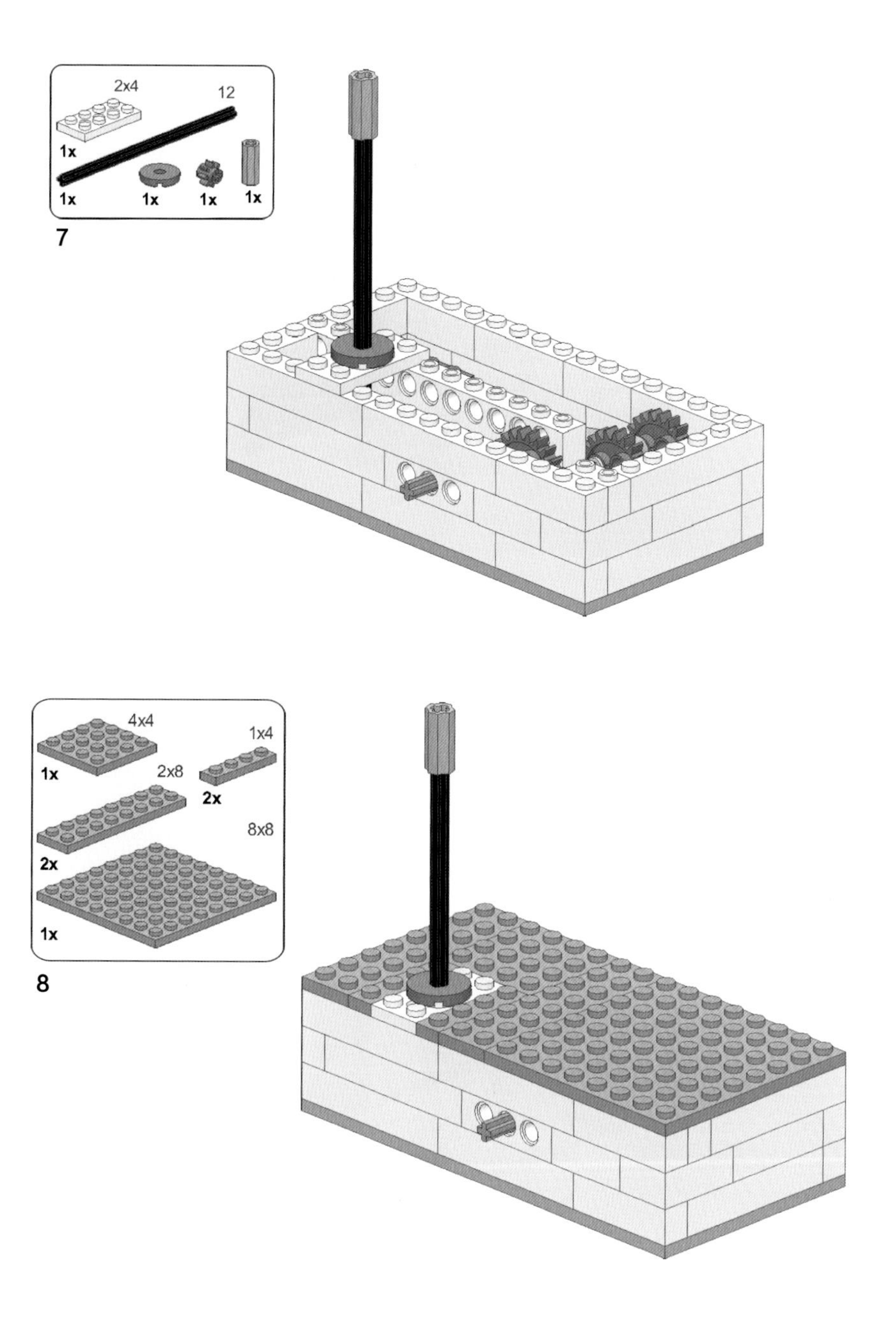

2x4
12
1x
1x
1x
1x
1x
7
4x4
1x4
1x
2x8
2x
8x8
2x
1x
8

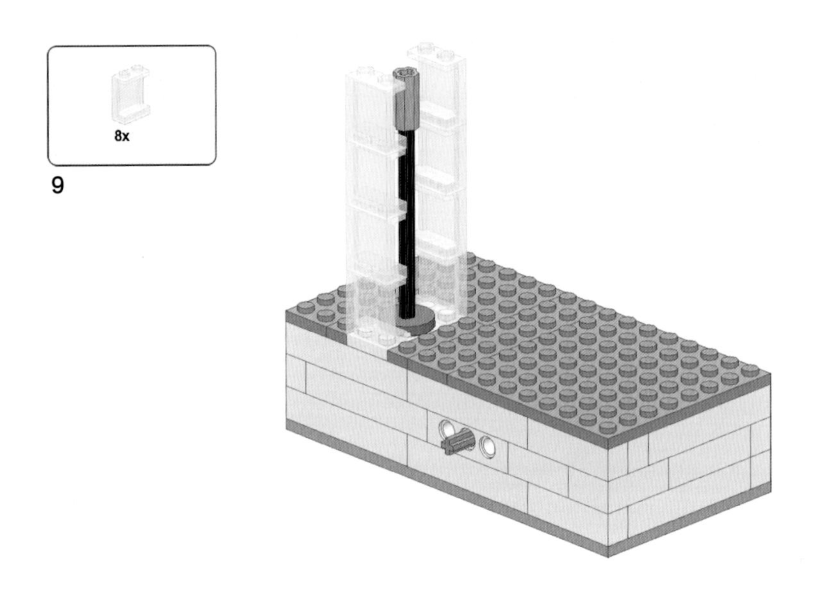
8x
9

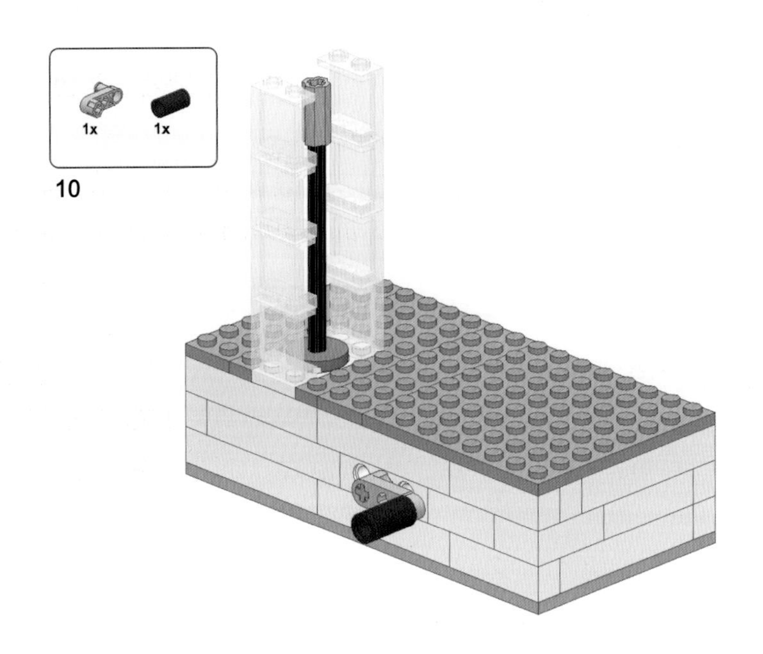
1x
1x
10

最终，将跑步者身体部分底部的轴与底座上的轴套、支架上的四个凸点安装在一起，即可完成组装，如图 7-42 所示。

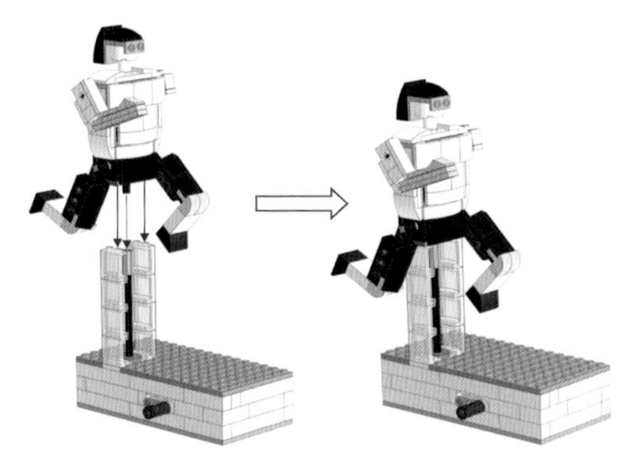

图 7-42 身体和底座的组装

扫码观看跑步机器人视频演示：

7.4.4 零件指南

在跑步者身体部分的搭建中，出现了几种弧面砖和斜面砖。作为乐高砖块中的特殊门类，这两种类型的砖块往往可以起到不可替代、特殊的装饰作用。

在奔跑者的腿部，就使用了 1×2×2 / 3 斜面砖（编号 85984）、2×2 / 45° 斜面砖（编号 3039）和 1×1×1 1/3 圆角砖（编号 6091）等零件，如图 7-43 所示。

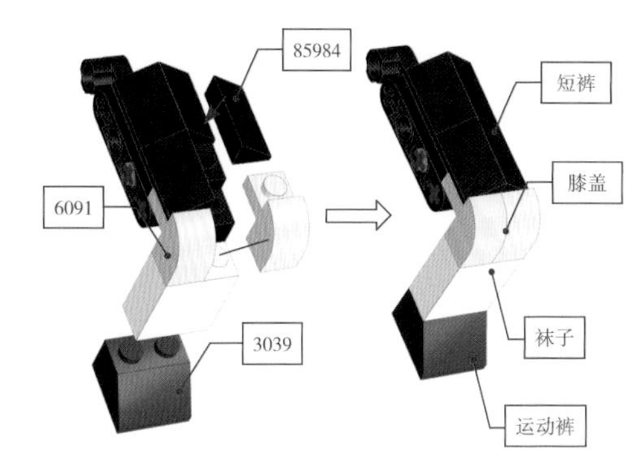

图 7-43 腿部的斜面砖和弧面砖

图中的斜面砖和弧面砖的运用，准确地表现了跑步者腿部的外形和色彩材质的变化。黑色的 85984 表现了黑色的短裤，肉色的 6091 表现了膝盖，蓝色的 3039 表现了运动鞋。

跑步者的躯干和头部，覆盖了多块弧面砖，用于表现人体表面的曲面、衣物、头发等。主要使用了2×2 弧面砖（编号 15068），1×4×2/3 双弧面砖（编号 93273），1×3 弧面砖（编号 50950）等。

采用黑色 15068 和 50950 表现跑步者的头发，如图 7-44 所示。

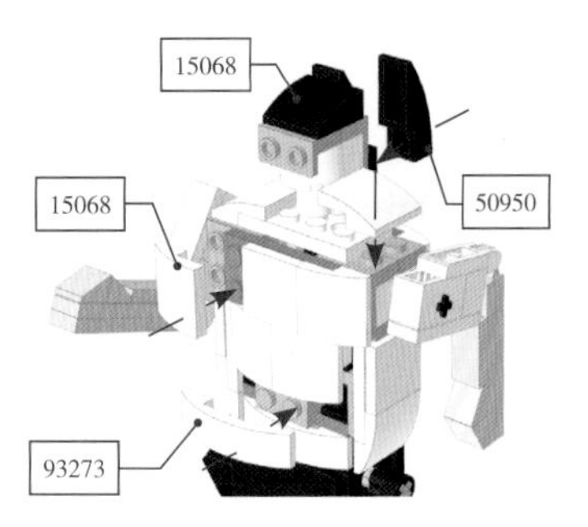

图 7-44　躯干部分弧面砖的运用

7.4.5　结构解析

这款作品的核心是传动机构的设计，要用传动机构表现出奔跑者的四肢规律性摆动的效果。

人类跑动时正常的上臂摆动范围在 120° 左右。双臂在这个范围交替往复摆动，而非连续转动，如图 7-45 所示。

图 7-45　人类跑步手臂摆动范围

要表现这个运动特征，比较常用的方法是，使用曲柄连杆机构，将连续的转动转换为一定角度范围内的摆动。

首先，在底座内部设计了一个曲柄连杆装置。这里的曲柄采用 24T 齿轮侧面的销孔替代，连杆为 7 孔梁。连杆带动一个齿条，齿条随连杆做往复运动。

接下来，齿条再与 8T 齿轮啮合，齿条的往复运动将带动齿轮往复转动。这套传动系统将连续转动的输入最终转换为输出轴的往复转动，如图 7-46 所示。

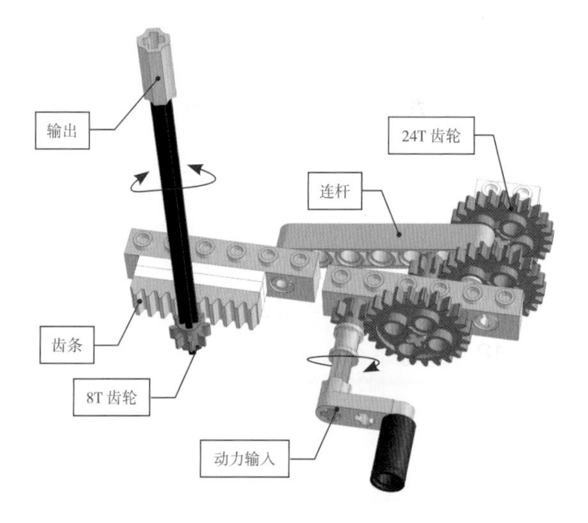

图 7-46　底座中的传动机构

齿轮、齿条机构可以在直线运动和转动之间转换。这个机构是双向的，如果是齿条主动、齿轮从动，则将把直线运动转换为转动。反之，齿轮主动、齿条从动，则将把转动转换为直线运动。本案例采用的是前者，如图 7-47 所示。

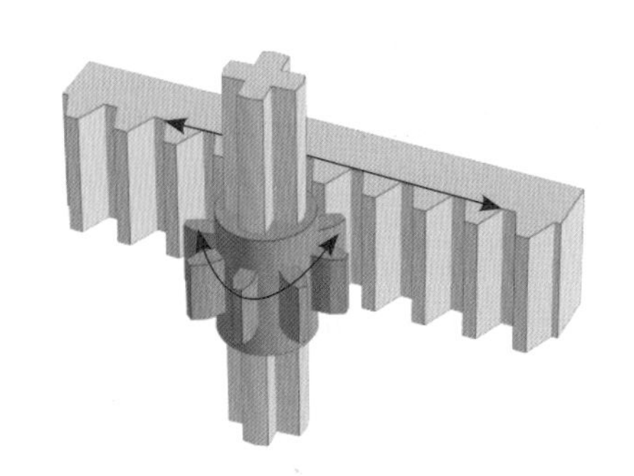

图 7-47 齿轮齿条机构

在跑步者体内，有两套锥形齿轮系统，将身体底部动力输入轴的纵向转动转换为横向转动，分别控制上肢和下肢的摆动。

横向安装的锥形齿轮两侧各有一枚，因此两侧的肢体转动的方向恰好相反。动态效果与真实跑动完全一致。

锥形齿轮都采用体积小巧的 12T 齿轮，这样可以尽量缩小齿轮系统的空间占用，如图 7-48 所示。

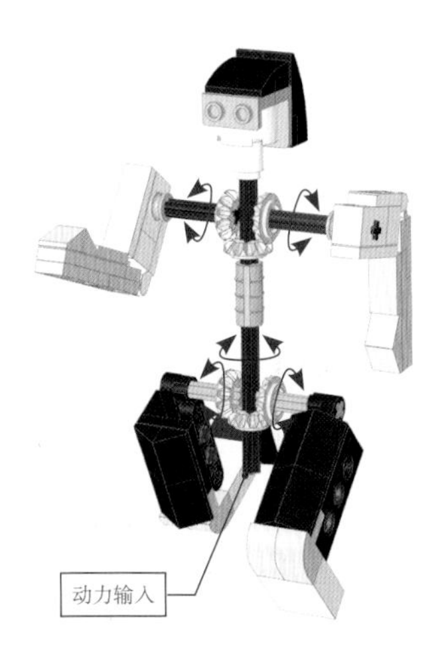

图 7-48 跑步者体内的齿轮系统

装配方面，也需要格外注意，连接左右两侧肢体转轴的初始角度一定要尽量一致，两侧肢体的相对角度恰好相差 90° ，否则两侧肢体的转动将会不对称，如图 7-49 所示。

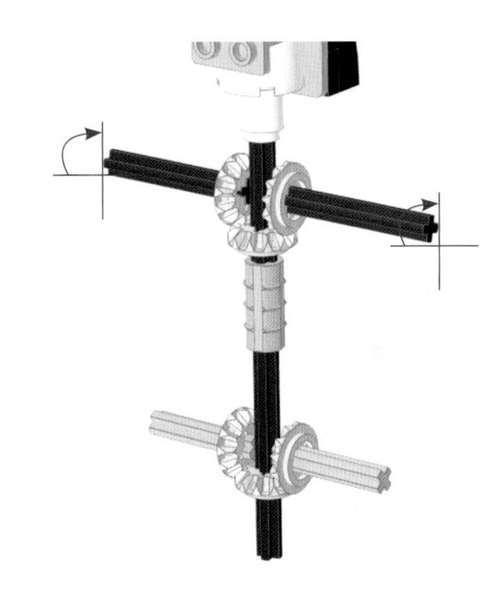

图 7-49 两侧轴初始角度保持一致

这个作品无论是机械结构还是装配都具有一定难度，搭建时务必细心。

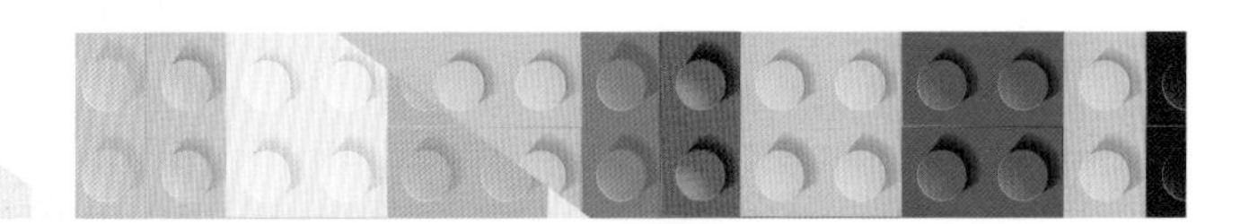

零件总表

（数量代表搭建书中所有案例所需要的最少零件数，颜色不限）

缩略图	编号	数量	缩略图	编号	数量	缩略图	编号	数量
	32062	4		23948	1		32270	4
	4519	6		3708	1		4019	9
	3705	4		50451	3		32269	2
	32073	5		15462	2		32198	2
	3706	3		87083	2		3648	4
	44294	2		6587	4		32498	1
	60485	2		3647	2		3649	2
	3737	2		6589	6		4716	1

续表

缩略图	编号	数量	缩略图	编号	数量	缩略图	编号	数量
	6573	1		44309	2		6558	32
	62821	1		30391	4		32556	10
	6588	1		2780	28		32054	1
	4185	5		6562	14		11214	6
	2815	5		3673	12		6628	4
	55982	4		43093	2		32138	1
	56145	2		32002	9		48989	2
	56891	2		4274	7		55615	4

续表

缩略图	编号	数量	缩略图	编号	数量	缩略图	编号	数量
	6590	12		41678	2		42003	10
	32123	7		87408	2		32184	2
	61903	1		32005	2		32039	2
	64179	3		87082	1		60483	2
	64178	2		32014	1		6536	5
	32557	6		32016	2		33299	4
	63869	2		32034	3		15100	2
	32291	6		32013	6		22961	10

续表

缩略图	编号	数量	缩略图	编号	数量	缩略图	编号	数量
	14720	1		41677	3		32006	8
	2853	2		6632	8		32056	2
	18948	3		32449	1		32249	4
	6538	1		11478	2		32250	2
	59443	4		32017	9		43857	4
	75535	3		32065	4		32523	25
	41669	2		2905	2		32316	8
	98585	2		44374	2		32524	8

续表

缩略图	编号	数量	缩略图	编号	数量	缩略图	编号	数量
	40490	3		32348	4		3009	12
	32525	5		3062	1		3245	2
	32278	8		4589	1		3003	2
	60484	4		6143	3	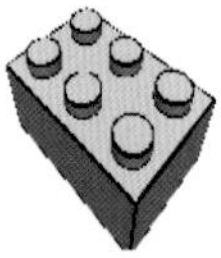	3002	1
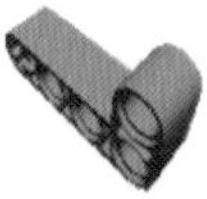	32140	4		3005	2		3001	12
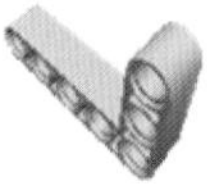	32526	4		3004	8		44237	1
	32271	4		3622	2		6541	4
	32009	8		3010	8		4070	12

续表

缩略图	编号	数量	缩略图	编号	数量	缩略图	编号	数量
	3700	6		3023	4		3034	2
	32064	2		3794	2		4282	1
	3701	5		3710	8		11212	2
	3894	6		3666	1		3031	2
	3702	2	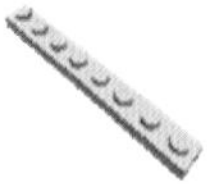	3460	2		6179	1
	2730	2		3022	6		3032	1
	3895	1		3021	2		3035	2
	3024	2		3020	5		3958	1

续表

缩略图	编号	数量	缩略图	编号	数量	缩略图	编号	数量
	3033	1		2431	3		50746	4
	3028	2		3068	4		85984	8
	41539	1		10202	3		93273	4
	92438	1		87079	2	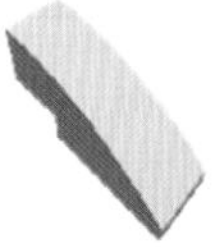	50950	2
	30356	1		63864	2		88930	2
	30355	1		3665	2		6091	4
	3069	2		3039	3		15068	12
	6636	1		3747	3		3709	6

续表

缩略图	编号	数量	缩略图	编号	数量	缩略图	编号	数量
	6141	6		32530	2		58120	1
	4032	3		50303	1		64228	1
	15535	3		98138	2		58119	1
	2817	1		44302	2		61100	1
	99781	1		44301	2	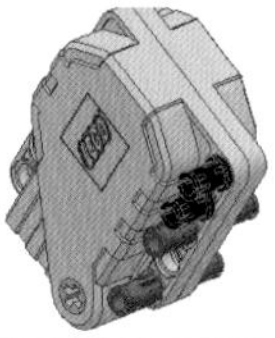	12799	1
	99780	2		84954	1		32580	2
	99207	2		87552	8		64712	3
	44728	7		32474	1